低碳城市建设评价指标体系研究

申立银 著

科学出版社

北京

内 容 简 介

　　碳排放所导致的气候变暖是当今人类社会可持续发展面临的最严峻挑战之一，而城市是碳排放的主要阵地，因此建设低碳城市是人类可持续发展的要求。这一时代背景迫切需要一套引导低碳城市建设的评价指标体系。本书论及了低碳城市建设评价指标体系的形成原理、低碳城市建设的过程性、低碳城市的发展机理、评价低碳城市建设水平的方法、低碳城市建设的评价指标体系及其应用、低碳城市建设的路径以及低碳城市建设的政策建议。

　　本书可为在低碳城市评价领域的研究人员提供参考文献，亦可为政府部门低碳城市建设的规划和制度设计提供决策参考。

图书在版编目(CIP)数据

低碳城市建设评价指标体系研究 / 申立银著. —北京：科学出版社，2021.6

ISBN 978-7-03-068731-9

Ⅰ.①低… Ⅱ.①申… Ⅲ.①节能-生态城市-城市建设-评价指标-研究-中国 Ⅳ.①X321.2

中国版本图书馆 CIP 数据核字 (2021) 第 081620 号

责任编辑：刘　琳 / 责任校对：彭　映
责任印制：罗　科 / 封面设计：墨创文化

科 学 出 版 社 出版

北京东黄城根北街16 号
邮政编码：100717
http://www.sciencep.com

成都锦瑞印刷有限责任公司 印刷

科学出版社发行　各地新华书店经销

*

2021 年 6 月第 一 版　　开本：787×1092 1/16
2021 年 6 月第一次印刷　　印张：14 1/4
字数：350 000

定价：128.00 元

（如有印装质量问题，我社负责调换）

前　言

低碳城市建设指标体系的本质是引导，只有正确的引导才能建设出低碳城市。碳排放所导致的气候变暖是当今人类社会可持续发展面临的最严峻挑战之一，而城市是碳排放的主要阵地，因此建设低碳城市是人类可持续发展的要求。这一时代背景迫切需要构建一套引导低碳城市建设的评价指标体系。

低碳城市建设是一个动态过程，通过过程实现结果。因此评价低碳城市建设的指标体系应该是既能反映过程又能体现结果的，是过程指标与结果指标的统一。低碳城市建设评价指标体系犹如一把尺子，所包含的指标必须既是可操作的又是合理的，才能起引领性的作用。只有指标是可操作的，才能在实践中得到应用；只有指标是合理的，才能反映低碳建设水平。基于"正确-可操作"的二元性，低碳城市建设评价指标分为强制性、引导性和倡导性三类指标。

本书论及了低碳城市建设评价指标体系形成的原理、低碳城市建设的过程性、低碳城市的发展机理、评价低碳城市建设水平的方法、低碳城市建设评价指标体系的应用、低碳城市建设的路径以及低碳城市建设的政策建议。在本书的撰写过程中，课题组对重庆、北京、天津、深圳、广州、杭州、上海、西安、延安、保定、石家庄等城市的相关政府机构和科研院所进行了实地调研。通过"理论分析—实践调研—理论完善—实践检验"这一循环往复的过程，构建了低碳城市建设评价指标体系。本书赋予了低碳城市评价指标体系新的内涵，突出地强调了将过程指标和结果指标相结合，将指标的合理性和可操作性相兼顾。因此指标体系的应用不仅能评价城市的低碳建设水平，更能诊断在低碳城市建设的动态演变过程中存在的问题，从而可以及时地采取有效措施提升低碳建设水平。

本书是基于作者所主持的国家社会科学基金重点项目"低碳城市建设评价指标体系研究"（编号：15AZD025）的研究成果。参加该课题的主要教师有冯长春、张林波、刘贵文、吴宇哲、曾德衡、叶贵、徐鹏鹏、钟韵等；参加该课题的研究生有：吴雅、杜小云、张羽、宋向南、娄营利、黄振华、帅晨阳、严行、焦柳丹、何贝、周景阳、廖世菊、陈进道、黄雅丽、任一田、魏小璇、易雪、郭振华、蒋译漫、郑倩婧、陈洋、熊宁、李生萍、罗琳燕、朱梦成、王青青、孙爽芸、张震宇、李兰春、赵宗南、张慧茗、龙志简、张倩、霍丽伟等。张羽、吴雅、谢怡欣参与了书稿各章节的整理和修改工作。在此对各位课题组成员从资料搜集、实地调研到著作撰写和修改付出的努力表示衷心的感谢！本研究项目的实施还得到了以下单位的大力支持：全国哲学社会科学规划办公室、中国环境科学研究院、中国科学技术发展战略研究院、生态环境部环境规划院气候变化与环境政策研究中心、上海市发展和改革委员会（资源节约和环境保护处）、重庆市发展和改革委员会、深圳市发展和改革委员会、保定市发展和改革委员会、上海建筑科学研究院、杭州市余杭区住房和城乡建设局、天津市中新天津生态城管委会、河北地质大学土地资源与城乡规划学院、广州建筑科学研究院、北京大学城市与环境学院、浙江大学公共管理学院和重庆大学建设管理与房地产学院等。在此，一并表示衷心感谢！感谢科学出版社编辑为本书出版付出的辛勤努力！

目 录

第一章　导　论

工业革命以来，以二氧化碳为主的温室气体排放急剧攀升，由此引发的全球气候变暖问题已成为当今人类社会的最大挑战之一。面对日益高涨的"碳减排"呼声，城市作为碳排放的集中地，如何实现"低能耗、低物耗、低排放、低污染"的经济发展模式是世界经济发展的必然趋势。在此背景下，低碳城市理念应运而生，在国外得到广泛践行。然而，该理念在我国作为一个全新的课题，尚处于起步探索阶段，缺乏成熟的理论和实践经验，其建设现状和水平值得深入探究。

第一节　问题的提出

一、选题背景

(一)快速城镇化所带来的碳减排压力

自工业革命以来，人类生产活动使用的大量化石燃料产生了规模庞大的二氧化碳等温室气体，被认为是导致全球气候变暖的罪魁祸首。联合国政府间气候变化专门委员会(IPCC，2013)指出，1983～2012 年是过去 1400 年间气候最暖的 30 年，由此引发了土地沙漠化、极端天气、物种灭绝、资源枯竭等不可持续的环境问题频繁发生。据联合国减少灾害风险办公室(United Nations Office for Disaster Risk Reduction，UNODRR)报道，在2005～2014 年间，受极端气候的影响，全球超过 60 万人遇害、41 亿人受伤，经济损失高达 1.9 万亿美元(UNODRR，2015)。与此同时，IPCC 第五次报告指出，若不对碳排放的增长速度进行合理控制，到 2100 年全球气温将会上升 1.1～6.4℃，并带来海平面上升16.5～53.8cm。这不仅会导致大量陆地被淹没，还会引发地面沉降、土壤盐碱化、海岸风暴潮等灾害。更为严重的是，当全球气温上升到 2℃的温度红线时，人类赖以生存的生态系统将会遭受毁灭性的打击(IPCC，2014)。面对如此严峻的气候形势，温室气体减排逐渐被世界各国所关注。1992 年，世界上第一个为控制温室气体排放、应对全球变暖而起草的国际公约——《联合国气候变化框架公约》正式开放签字，就此拉开了各国气候谈判的帷幕。1997 年，《京都议定书》的签订为发达国家和转型国家规定了有法律约束力的减排指标，为严格限制温室气体排放打开了新篇章。此后的"2007 年巴厘岛路线图"、"2009 年哥本哈根气候大会"、"2012 年多哈世界气候大会"、"2015 年巴黎协定"和"2017 年波恩全球气候大会"都象征着国际社会在控制温室气体、减缓气候变暖问题上的态度与决心。

面对气候变化给全球带来的巨大冲击，我国毫无疑问也未能幸免。不仅如此，作为世界最大的发展中国家，我国正经历着前所未有的快速城镇化，这使得我国所面临的可持续发展困境远超过世界平均水平(郭少青,2018)。一方面,城镇化以充足的劳动力和良好的基础设施等条件为改善城乡经济结构、扩展经济发展空间创造了有利环境。在城镇化过程中,大量人口从农村转移到城镇,为大规模的经济活动集聚了生产要素,促进了城市房屋建筑、工业、交通等产业的快速发展。2014 年,国务院发展研究中心发布的《中国:推进高效、包容、可持续的城镇化(总报告)》指出,过去 35 年里,我国经历了创纪录的经济增长,成功使 5 亿人口脱贫。国际货币基金组织 2017 年发布的统计结果显示,我国的GDP 占世界比重由 1978 年的 2.25%,上升到 2016 年的 14.81%,目前位居全球第二。为全面建成小康社会,2014 年 3 月我国颁布了《国家新型城镇化发展规划(2014—2020)》,提出到 2020 年常住人口城镇化率要达到 60%。国务院发展研究中心和世界银行的研究报告指出,到 2030 年,中国的城镇化率预计将达到 70%左右。

另一方面,快速城镇化推动了建筑面积快速扩张与其使用效率的背离、交通需求量的急剧攀升、居民消费力与日俱增等,导致我国能源消耗量和碳排放呈井喷式增长。根据《中国统计年鉴(2016)》,我国能源消耗从 1978 年的 57144 万吨标准煤,增加到 2015 年的430000 万吨标准煤,年平均增长率达 5.6%。据世界银行的数据显示,我国自 2005 年起就取代了美国成为全球碳排放量最大的国家,并且排放量占全球碳排放总量的比例也在逐年增加。截止到 2014 年,该比例达到了 28.5%,是全球第二大碳排放国家(美国)的近两倍。毫无疑问,这一巨大的碳排放总量使我国在国际"碳政治"博弈中面临着严峻的压力。国际社会甚至普遍认为,要实现联合国气候变化公约的最终目标,必然要以我国实现大量碳减排为先决条件。在此背景下,低碳经济发展成为我国可持续发展的内在要求和外在需求。作为一个负责任的发展中大国,我国毫不犹豫地积极响应全球碳减排的呼声,于 1998 年签署了《京都议定书》;2012 年多哈世界气候大会上,承诺到 2020 年单位国内生产总值的碳排放比 2005 年下降 40%～45%;2014 年的《中美气候变化联合声明》承诺,到 2030年左右将停止增加二氧化碳排放;2015 年 11 月 30 日开幕的巴黎气候大会上再次做出承诺,将于 2030 年左右实现二氧化碳排放量峰值目标并争取尽早完成,同时到 2030 年单位国内生产总值的碳排放将比 2005 年下降 60%～65%。

由此可见,快速城镇化带来了我国经济飞速增长的同时也导致了碳排放急剧增加,在国内经济发展需求与国际碳减排形势的双重压力下,如何既保证城镇化的有序进行,又保证碳排放承诺得以实现,是我国政府当前亟待解决的关键问题。

(二)低碳城市建设是我国可持续城镇化的必然选择

2001 年诺贝尔经济学奖得主 Joseph E.Stiglitz 教授指出,我国的城镇化是影响 21 世纪全球发展的两大重要事件之一。根据著名的诺瑟姆理论,当城镇化率在 30%～70%时,其会呈高速发展趋势,在较短时间即可突破 50%,进而上升到 70%。而我国的城镇化目前正处于这样一个快速发展区间,在这个阶段是选择一种低碳的、可持续的发展模式,还是延续发达国家已经走过的高碳的、先污染后治理的发展模式,对我国甚至是世界的未来都至关重要。

不仅如此,我国至少 80%总能耗和总碳排放来自城镇(Dhakal,2009;曾德珩,2017)。因此,在城镇化快速发展背景下,城市作为践行节能减排的主战场面临着严峻挑战,主要表现在以下方面：

首先，城市资源紧缺。在城镇化进程中，资源供给是经济发展的基础，大规模城市工业、建筑和基础设施的建设，需要大量的能源、钢铁、水泥等做重要支撑。而我国是人均资源稀缺的大国，在人均矿产资源和水资源等方面只有世界平均水平的1/3左右(任成好，2016)。《中国的能源政策(2012)》白皮书指出，我国人均煤炭、石油和天然气资源分别仅为世界水平的67%、5.4%和7.5%。与此同时，我国城市住宅的能源消耗比发达国家高3.5倍，且其建设面积正以每年10亿平方米的速度增加(曾德珩，2017)，势必会导致城市煤炭、石油、天然气和钢铁等资源日趋紧张。根据庄贵阳(2005)的研究结果，到2020年我国的石油、铁和铜的进口依存度将分别达到58%、52%和82%。

其次，城市生态环境问题日益突出。受碳排放急剧上升带来的气候变暖的影响，我国海平面变化明显。国家海洋局发布的《2015年中国海平面公报》指出，自1980年以来，我国沿海地区海平面正以每年3毫米的速度上升。这不仅严重加剧了海水的侵蚀和浪潮作用，使得海水的污染程度加重，还致使内河水更难向海中排污，造成更严重的河流污染(高如峰，2012；董锁成等，2010)。例如，上海市排入黄浦江的污水受长江涨潮等因素的影响，很难顺利排入海中，加剧了上海市的水质污染(董锁成等，2010)。与此同时，海平面上升引起的风暴潮、台风和洪涝等自然灾害危害了红树林等生态系统，影响了我国陆地生态系统的多样性。更严重的是，大气中的二氧化碳浓度升高会导致海洋被酸化、海水的自净能力下降，最终会使得我国沿海城市的生态系统遭到破坏。研究表明，我国近岸海域的珊瑚礁生态系统已受到严重破坏，珊瑚礁分布面积锐减了80%左右(齐文同，2002)。

再次，城市安全受到威胁。快速城镇化使得我国碳排放量攀升，气候问题引发的台风、洪涝、区域性的高温和强降水等灾害，对我国城市安全造成了巨大威胁。《2010年世界发展报告：发展与气候变化》指出，我国是受气候变化影响最大的国家之一。2013年中国社会科学院、中国气象局联合发布的《气候变化绿皮书：应对气候变化报告》显示，气候变暖不仅会对城市群排水和安全运行等产生巨大影响，还会加剧城市热岛效应，进而致使高温热浪对城市居民健康的危害加强。事实上，受气候变化的影响，我国近年来台风、区域干旱、洪水等灾害的发生频率和强度日益增长(郭少青，2018)。例如，登陆浙江沿海的台风个数从2000年以前的每年平均0.7个增加到了2000年以后的每年1.2个，且其强度也有加强趋势(孙志林等，2014)。在这些自然灾害的影响下，我国诸多沿海城市面临的洪水威胁和低地被淹没等安全风险与日俱增。

在上述资源、环境、安全及我国碳减排目标的刚性约束下，以高碳为核心的城镇化发展模式显然对我国和全球的未来都是一场灾难，已经不能适应新形势下发展的需求。与此同时，上述挑战已然对我国城镇化进程中的节能减排工作形成倒逼之势，走低碳发展道路，建设低碳城市，减少二氧化碳等温室气体排放以缓解气候变暖，是我国可持续城镇化的必然选择。

(三)低碳城市建设试点工作提供了可借鉴的经验

为确保实现我国控制温室气体排放的目标，我国国家发展和改革委员会先后三次在全国范围内组织开展了低碳省区和低碳城市试点工作。2010年7月19日，国家发展和改革委员会将第一批低碳试点范围确定在 5 个省(广东、辽宁、湖北、陕西、云南)和 8 个城市(天津、重庆、深圳、厦门、杭州、南昌、贵阳、保定);2012 年 12 月 5 日,国家发展和改革委员会将第二批低碳试点范围确定在 29 个省市(海南、北京、上海、石家庄、秦皇岛、晋城、呼伦贝尔、吉林、大兴安岭地区、苏州、淮安、镇江、宁波、温州、池州、南平、景德镇、赣州、青岛、济源、武汉、广州、桂林、广元、遵义、昆明、延安、金昌、乌鲁木齐);2017 年 1 月 7 日,国家发展和改革委员会将第三批低碳试点范围确定在 45 个城市(区、县)(乌海市、沈阳市、大连市、朝阳市、逊克县、南京市、常州市、嘉兴市、金华市、衢州市、合肥市、淮北市、黄山市、六安市、宣城市、三明市、共青城市、吉安市、抚州市、济南市、烟台市、潍坊市、长阳土家族自治县、长沙市、株洲市、湘潭市、郴州市、中山市、柳州市、三亚市、琼中黎族苗族自治县、成都市、玉溪市、普洱市思茅区、拉萨市、安康市、兰州市、敦煌市、西宁市、银川市、吴忠市、昌吉市、伊宁市、和田市、第一师阿尔拉市)。至此,我国总共确定了 6 个低碳试点省区和 81 个低碳试点城市。

我国低碳城市建设试点已经基本遍布全国各个经济带,为我国全面建设低碳城市打下重要基础。当然这些低碳城市试点的建设是一种探索,没有预设发展模式,积累的经验来自具有不同特征的城市。事实上,我国城市数目众多,其在城市化水平、经济发展水平、人口结构和产业结构等方面存在巨大差异,使得我们要找到一条适合所有城市通行的低碳建设道路显得不太现实,换句话说,不同背景的城市应该选择适合自身特征的低碳建设路径。但这些试点经验是我们选择低碳路径和广泛实践低碳城市建设的重要基础。

在国际上,有很多城市比较早就开始践行低碳城市建设行动,表 1-1 列出了一些已经开始实践低碳建设的典型国际城市,其经验为推动我国城市的低碳建设也具有宝贵的借鉴价值。然而,我国的大多数城市与西方发达国家的城市相比,在发展阶段、城市产业结构、能源消耗结构、历史文化背景和经济发展水平等方面差异大,这决定了我国的低碳城市建设不能照搬国外的发展模式。例如,阿联酋对新能源技术的重视度非常高,阿联酋政府投资了 220 亿美元在建一个零碳的马斯达城,但这个低碳城市的建设消耗的成本是一般城市无法承担的,被称为"只注重技术先进性而不计成本的零碳城市",这个城市的能源将只采用新能源,将是世界上第一座不使用一滴石油的绿色城市。显然,这种发展模式是其他城市无法模仿的,我国还没有一个城市能借鉴和实现这一低碳建设模式。

表 1-1　国外典型的低碳建设城市

城市	目标	行动
纽约	相对于 1990 年,到 2030 年碳排放总量减少 30%	分别制定针对政府、工商业和建筑业等五个领域的节能政策,增加清洁能源的供应和推进快速公交系统等
芝加哥	相对于 1990 年,到 2020 年碳排放总量减少 25%,到 2050 年减少 80%	通过推行风力发电和氢能汽车等方式大力推进能源结构的改善,在全市推行生态屋顶和 LED 交通信号灯等
哥本哈根	相对于 2005 年,到 2015 年碳排放总量减少 20%	将气候适应纳入市政与各个部门的规划
伦敦	相对于 1990 年,到 2025 年碳排放总量减少 60%	用小型可再生能源装置供电,引进碳价格制度,提高全民的低碳意识等
鹿特丹	相对于 1990 年,到 2025 年碳排放总量减少 50%	对政府、组织、企业和市民启动鹿特丹气候行动计划
首尔	相对于 1990 年,到 2030 年碳排放总量减少 40%	建立气候监测系统,开发首尔气候能源地图,启动碳排放交易系统等项目

续表

城市	目标	行动
东京	相对于 2000 年,到 2020 年碳排放总量减少 25%	制定东京气候变化策略与环境保护政策,以商业和家庭碳减排为重点来调整一次能源结构,提高新建筑节能标准和推广低能耗汽车等
悉尼	相对于 2006 年,到 2030 年碳排放总量减少 70%	颁布 2030 年悉尼可持续条约,旨在推进悉尼绿色可持续发展
圣保罗	相对于 2005 年,到 2012 年碳排放总量减少 30%	为应对气候变化推出了第一个全面的气候行动方案
马斯达城	零碳城市	达到零碳、零废物和可持续发展的目标

资料来源:李超骕等(2011)和 Tan 等(2017)

(四)需要一套符合我国国情的低碳城市建设评价指标体系

低碳城市建设是一个长时期的动态过程,为了保证这个过程的实施是朝着城市碳减排目标的,有必要对实施过程的碳减排表现进行评价。因此需要建立和选择对城市碳减排表现进行评价的正确指标。尽管我国的低碳城市建设总体水平还处于起步阶段,但越来越多的城市,包括中小城市,为提升自身竞争力已经纷纷提出和制定了实践低碳城市的规划和方案,但许多规划方案只是一种"口号式"和"跃进式"的低碳建设路径宣传,与城市的现实背景严重脱节,甚至造成了严重的城市资源浪费。有专家指出,当前我国的低碳城市建设呈现"未上马已脱缰"的状态,"低碳城市作为时髦的代名词,被炒得过热","我国并没有一个真正意义上的低碳城市"(曾德珩,2017)。许多问题需要在理论上理清或从实践中进行调查,例如什么是真正的低碳城市?低碳试点城市的碳减排表现如何?面对城市特征的差异性,如何在整个国家层面上全面建设低碳城市?这些问题的回答要基于一套符合我国国情的低碳城市建设评价指标体系的建立。这套评价指标体系必须兼具科学性和可操作性,从而可以综合评价城市的低碳建设现状和水平,评价结果可以帮助城市管理者系统地掌控城市低碳建设发展的成效和不足,制定个别城市"因城而异"的低碳建设路线图,促进我国低碳城市建设的全面、顺利开展。

二、低碳城市评价研究综述

有关低碳城市评价的研究文献可以归纳为以下主要领域:

(一)将低碳城市结合于城市的可持续发展的研究

有学者把低碳城市评价研究与研究城市可持续发展评价结合起来。联合国(2007)、联合国人居署(2004)、世界银行(2012)、欧洲基金会(1998)、欧洲科学研究与发展委员会(2000)等国际组织都建立有城市可持续发展评价指标体系。这些体系中有许多指标直接体现碳减排的表现。有些城市也根据自身实际情况和发展目标建立了可持续发展评价指标体系,如墨尔本于 2000 年颁布了 *City Plan 2010*,并以此为基础从经济、社会和环境三方面构建了墨尔本可持续城市评价指标体系。墨西哥从土地有效利用、水资源、废弃物管理等方面构建了墨西哥城市可持续发展评价指标体系。有些学者提出了城市可持续发展评价的一般指标体系,如 Shen 等(2011)基于国际主流城市的可持续指标体系,构建了包含经济、社会、环境、政策等维度的可持续城市评价指标体系。这些指标体系里都包括有评估低碳表现的指标。

(二)基于城市特征的低碳城市评价指标研究

有些学者在研究低碳城市评价方面强调要针对城市特征选择评价指标体系。Baeumler 等(2012)结合中国城市的特点,从碳排放、能源、绿色建筑、可持续交通、智慧城市等五大方面提出了一套低碳城市评价指标。Price 等(2013)认为工业、交通和建筑是一个城市产生碳排放的主要方面,通过调查工业、住宅、交通等部门的碳排放情况,构建了一套旨在指导城市低碳实践的评价指标体系。Li 等(2012)提出包含经济、社会、设计、技术、循环利用等多维度的低碳城市建设的评价指标体系。Cao 和 Li(2011)强调结合城市特征从低碳能源技术、低碳经济模型和低碳社会消费等维度来指导低碳生态城市的建设,从而从不同的维度构建相应的评价指标体系。Lin 等(2014)在研究我国碳减排措施时,将国家减排强度目标进行逐级分解,以厦门市为例,构建了一套包含森林、农业、垃圾处理等六大方面共 16 个指标的低碳城市评价指标体系。

(三)基于低碳城市因素分析的低碳城市评价指标体系研究

Tan 等(2017)在对低碳城市概念因素进行剖析的基础上,构建了包含经济、能源、交通、水、社会生活、碳环境、固体废弃物等 7 个维度共 20 个低碳城市综合评价指标体系。杜栋和王婷(2011)认为低碳技术是影响低碳城市建设的关键因素,是实现城市能源、经济、社会低碳的重要支撑和保障,并基于此提出包含低碳经济、低碳资源、低碳社会、低碳政策、低碳技术五大方面的低碳城市评价指标体系。辛玲(2011)在明晰低碳城市建设内涵及特点基础上,剖析了影响低碳城市建设的因素类别,提出包含经济低碳、基础设施低碳、生活方式低碳、低碳技术、低碳政策和生态环境六大维度的低碳城市评价指标体系。潘文砚和王宗军(2016)应用"驱动力-压力-状态-影响-响应"(Driving forces-Pressure-State-Impact-Response,DPSIR)因素模型框架,分析了影响低碳经济发展的主要因素,构建了低碳经济发展水平评价指标体系,并应用指标体系对 2012 年我国 30 个省(自治区、直辖市)的低碳经济进行了综合评价。朱婧等(2017)采用"压力-状态-响应"(press-state-response,PSR)分析方法,剖析了影响城市碳排放的因素,构建了涉及能耗、碳排放、城市主要领域(工业、交通、建筑)等方面的低碳城市评价指标体系。杨艳芳(2012)采用因素模型 DPSIR,从生产、消费、环境和城市规划四个方面来评价北京市 2004~2009 年的低碳城市发展水平。王爱兰(2012)从低碳城市的关联因素出发,识别了经济发展等 7 个影响低碳城市建设的因素,并从这 7 个维度构建了一套可以用来规范与引导城市低碳建设的指标体系,并用其对我国北京、上海、天津、重庆、广州和深圳 6 个城市的低碳建设状况进行了实证分析。

(四)基于可持续发展原则的低碳城市指标体系研究

有许多学者基于可持续发展的根本原则,提出了一系列低碳城市评价指标体系。杨德志(2011)以可持续发展理论为指导思想,利用层次分析法构建了由经济发展、低碳技术、低碳环境以及低碳社会四大子系统构成的低碳城市评价指标体系。胡翔等(2014)运用可持续发展原理、低碳思想、系统科学思想、投影寻踪、RAGA 和 IEA 算法等理论,从经济、社会、人口、资源环境和开放系统等五个子系统构建了低碳城市评价指标体系框架,并进一步采用频度分析法和德尔菲法来筛选指标,最终构建了共含 46 个指标的低碳城市建设评价指标体系。中国标准化研究院资源与环境标准化研究所在 2010 年从经济、社会和环境等三个方面,构建了共有 23 个指标的低碳城市评价指标体系(付允等,2010)。李云燕等(2017)基于可持续发展原则,从社会系统、经济系统、环境系统、科技系统四个子系统出发,构建了包含 18 个指标的低碳城市发展评价指标体系。2012 年,中国社会科学院城市发展与环境研究所提出了包含经济转型、社会转型、设施低碳、资源低碳和环境低碳等五个维度共 10 个指标的中国低碳城市评价指标体系(朱守先和梁本凡,2012)。牛胜男(2012)对关于低碳城市评价指标体系和方法的相关文献进行了综合分析,在此基础上提出了基于可持续发展的低碳城市评价指标体系。孙菲等(2014)运用可持续发展原理构建了针对大庆市的低碳城市建设评价指标体系,包含经济发展、社会发展、生态环境、低碳发展等四个方面的指标。

(五)基于生态文明建设的低碳城市评价指标体系研究

生态文明建设是推动我国社会经济发展的重要战略措施,是近年来研究的热点。仇保兴(2009)提出把生态城市建设与低碳城市建设结合起来,认为二者是相辅相成的。孙菲和罗杰(2011)采用对比分析法对国内外生态城市建设评价指标体系和低碳建设社会指标构成进行了分析,并以此为基础构建了低碳生态城市评价指标体系。陶许等(2018)认为生态系统与低碳建设有密切联系,并基于复杂适应性系统(complex adaptive systems,CAS)理论构建了包含自然生态、经济低碳、社会和谐的三维低碳生态城市评价模型。赵国杰和郝文升(2011)从自然生态、经济低碳、社会幸福三个维度构建了低碳生态城市发展结构模型和三维目标的多层评价指标体系。王波和尤志斌(2014)讨论了生态文明和低碳发展的相关性,运用层次分析法,构建了一套包含低碳能源、低碳产业、低碳消费、碳汇能力、低碳技术和低碳政策等六方面的城区生态文明低碳发展评价指标体系。

(六)基于碳源和碳汇组成要素的低碳城市评价指标体系研究

低碳建设必须要认识碳减排产生的来源和吸收二氧化碳的物质或措施。因此以往有学者从分析碳源和碳汇的视角建立低碳城市评价指标体系。路立等(2011)从城市减碳和固碳两个方面,选取有代表性的评价指标,包括城镇空间、产业发展、交通出行、基础设施、能源利用、生态环境等 16 个指标层指标,并应用这些指标对天津市发展现状(2009 年)和规划近期(2020 年)的低碳化程度进行了评价。楚春礼等(2011)从碳源和碳汇出发将低碳发展规划的指标归纳为碳源、碳汇两个方面。张良等(2011)从城市碳源和碳汇的角度出发,识别和分析了低碳城市评价指标体系,建立了包括工业低碳指数、交通低碳指数、建筑低碳指数和土地碳汇指数的指标结构,由 28 个三级指标构成。应用该指标体系可以定量评价城市能源利用和土地利用造成的碳排放,通过对各级指标进行综合,最终可以用城市低碳综合指数来判定城市的低碳化水平。袁艺(2011)认为认识碳源、碳汇对城市的低碳建设十分重要,并从资源禀赋、经济发展水平、产业因素、能源因素、低碳基础设施、社会消费模式和政策因素方面设置了 20 个评价低碳城市发展的指标。刘骏等(2015)指出城市的碳源主要包括生产、交通、建筑与居民生活,而城市碳汇主要是森林绿地,从碳源、碳汇的角度提出了评价低碳城市水平的指标体系。

(七)其他有关低碳城市评价指标体系研究

还有一些学者从其他视角探索了低碳城市建设评价指标。连玉明(2012)从城市价值最大化角度出发提出了一套低碳城市的评价指标体系,包含经济发展、社会进步、资源承载、环境保护及生活质量 5 个方面。也有学者采取因子分析法来帮助构建低碳城市建设评价指标体系。谈琦(2011)使用因子分析法,建立的低碳城市建设评价指标体系包括三方面的指标:技术经济指标、空气环保指标、城市建设指标,并应用于评价上海市和南京市低碳水平的动态发展。有的学者探索了低碳城市建设过程中的要素投入产出关系。黄宗盛等(2014)认为低碳城市的建设投入包含资本输入、劳动力输入、能源消耗以及环境保护投入四个部分,而产出则为城市生产总值、地方财政税收和二氧化碳排放量。杜栋和葛韶阳(2016)从投入、产出的角度选取指标体系,将技术、资金和政策作为投入指标,从生产、生活的内涵选取低碳城市建设的产出指标。

从上述对国内外研究文献的综述可以看出,以往的研究关于低碳城市评价指标体系的概念和内涵都比较杂乱,缺乏清楚的界定。主要强调了低碳建设的状态结果,少有的强调建设的过程。如果对评价的对象和内涵不清晰就会影响评价结果的准确性。实质上这种对结果状态的评价是一种"以评促建"的思维,即根据对结果的评价,判断是否有差距,从而提出进一步的低碳城市建设方案。这是传统评价方法的普遍模式,缺乏对低碳城市建设过程中的演变规律分析。事实上,建设是一个动态过程,结果是过程的状态表征,因此对建设的认识应该是要将过程和结果有机结合起来。一套科学的低碳城市建设评价指标体系应该将"过程"与"结果"相结合,才能真实地反映城市低碳建设的水平,才能引导低碳城市的全面建设。因此,本书认为在构建低碳城市建设评价指标体系时,必须要清楚地界定低碳城市建设的基本内涵,必须清晰认识碳在城市系统中的转换和流通过程,认识城市从高碳状态演变为低碳状态的规律,必须强调低碳城市建设过程和结果的有机统一,并提出从建设过程和结果两个视角构建指标体系。应用这一评价指标体系才能全面反映低碳城市建设水平,才能系统地引导城市低碳建设的实施操作和政策落实。

第二节 目的与意义

一、目的

本书旨在阐述构建低碳城市建设评价指标体系的原理和方法,对引导和推动我国城市低碳建设具有理论和现实意义。

低碳城市建设是一种新型的城市发展模式,指导城市低碳建设的理论基础需要进一步完善，引导实践低碳城市建设的评价指标体系需要理论方法作指导。我国在管理制度、发展过程以及历史文化背景等方面与其他国家有所不同，我们不能简单照搬其他国家的低碳城市评价指标体系来指导我们的低碳建设实践，必须结合我国城市特征构建低碳城市建设评价指标体系。本节将主要论述低碳城市建设评价指标体系的目的与意义。本书提出了一套将低碳建设过程和低碳建设结果相结合、将指标的科学性和可操作性相结合的低碳城市建设评价指标体系，鼓励城市管理者在低碳城市建设过程中应用构建的指标体系，从而提升我国低碳城市建设水平，为推动全球的低碳城市建设作出贡献。该指标体系主要包括三方面功能：评价城市低碳建设水平；控制低碳城市建设过程；指导低碳城市建设的路径设计。

1. 评价城市低碳建设水平

对城市的低碳建设水平进行评价是对城市低碳水平现状的科学判断和认识，只有在这个基础上才能制定符合城市自身状况的低碳建设目标与具体措施，从而有效开展低碳城市建设。我国地域辽阔，城市间的自然条件、资源禀赋以及经济发展水平差异巨大，不同城市的经济社会结构、能源消耗量、能源消耗结构、碳排放状况等差异显著。因此，不同城市的低碳建设水平客观上存在差异。本书构建的低碳城市建设评价指标体系可以帮助不同城市的建设管理者正确认识城市自身的低碳建设状态与发展阶段，合理制定有针对性的提升低碳城市建设水平的措施和路径，从而全面提升我国低碳城市建设的整体水平。

2. 控制低碳城市建设过程

低碳城市建设是一个复杂而动态的过程，只有对这个过程进行动态控制，才能确保城市实现低碳建设的目标。本书构建的低碳城市建设评价指标体系强调了引导低碳建设的过程指标。过程指标的应用可以帮助城市管理者总结和诊断在低碳城市建设的动态演变过程中积累的经验和存在的问题，从而分享成功的经验和及时纠正出现的偏差或问题，从而保证低碳建设目标的实现。

3. 指导低碳城市建设的路径设计

低碳城市建设的路径设计旨在正确把握提升城市低碳建设水平的方向。只有设计出科学、可行的城市低碳建设路径，才能引导低碳城市建设工作的有效开展。本书构建的低碳城市建设评价指标体系，能帮助城市管理者基于对自身城市现状的诊断和认识以及对其他城市低碳建设的经验借鉴，有针对性地设计提升低碳城市建设水平的路径，为实践低碳城市建设指明方向，从而保证低碳城市建设走向规范化、有序化和科学化。

二、意义

本书科学合理地构建了低碳城市建设水平的评价指标体系，为城市管理者提供了指导低碳城市建设工作的理论工具，力求使全社会对低碳城市建设内涵有正确的认识，从而能积极有效地参与低碳城市建设。

(一) 理论意义

本书构建的低碳城市建设评价指标体系创新性地提出了过程指标和结果指标，并强调了二者在应用中有机的结合，丰富了低碳城市建设评价理论。评价指标体系的构建综合应用了城市碳循环、城市可持续发展理论、目标管理理论和系统理论等科学理论。因此，本书不仅为城市低碳建设评价提供了新的理论指导，而且为经济学、环境学、管理学和计算机科学等领域的理论在低碳城市建设领域的交叉应用提供了典范。

本书从新的研究视角提出了低碳城市评价指标体系。通过对已有的关于低碳城市评价指标体系的理论文献的审视和解析，作者发现传统的指标体系构建比较凌乱，没能结合低碳城市建设形成机理、内涵和特征。基于这一背景，本书剖析了城市系统碳循环和碳平衡的机理，界定了低碳城市建设的内涵，提出了低碳城市建设的动态过程性和多维系统性的视角，从而构建了新视角下的低碳城市建设评价指标体系，为低碳城市评价指标体系的研究提供了新的理论参考。

本书紧密结合时代背景，秉承"从实践中来、到实践中去"的思想，系统地梳理了低碳建设相关政策文件，以实现国家低碳建设的既定目标为指南，构建了适用于当代背景的低碳城市建设评价指标体系。低碳城市建设是一个动态演变的过程，未来在新的时代背景下将需要新的低碳城市建设评价指标体系，为此，本书提供了构建低碳城市建设评价指标体系阶段性的理论指导。

(二) 实践意义

本书为城市管理者从事低碳城市建设的规划和顶层制度设计提供指引。在本书中建立的低碳城市建设评价指标体系是一套"有刻度的尺子"，能帮助城市管理者认清自身城市的低碳建设水平、关键环节和存在的问题，从而实现为低碳城市建设的合理规划和顶层制度设计提供指引的功能。

本书为评价低碳城市建设提供了规范性的工具。现有的低碳城市建设水平评价指标体系种类繁多，这会对在实践中选取评价指标体系带来一定的盲目性，导致选取的指标难以帮助准确地认清城市低碳建设的现状。本书基于对城市碳排放机理的认识，构建了过程和结果相结合的低碳城市建设评价指标体系。指标体系的构建过程中紧密结合时代背景，充分考虑指标的合理性和可操作性，使低碳城市建设评价指标体系规范化，为低碳建设水平评价工作提供了规范性工具，对不同城市选择适合自身城市的指标体系具有指导作用，从而保证识别出的低碳建设问题的可比性和低碳建设经验分享的可行性。

本书构建的低碳城市建设评价指标体系为把控低碳建设整体水平提供操作性较强的工具。本书在构建指标体系时进行了大量的实际调研考察工作，充分将理论与实践相结合，力求指标体系具有很强的可操作性，可以在实践中广泛使用和推广，从而帮助政府全面地把控低碳城市建设的整体现状，以指导低碳城市建设的全面推进，提升低碳城市建设的整体水平。

本书提出的低碳城市建设评价指标体系为全社会积极参与低碳城市建设提供了着力点。本书建立的低碳城市建设评价指标体系兼顾合理性和可操作性，包含了产业结构、能源结构、能源效率、碳汇水平和管理制度等多维目标的评价指标，建设水平在这些维度的提升需要政府主导、企业行业合作和公众参与。指标体系的应用可以使不同参与主体找出其参与低碳城市建设的着力点，从而充分调动了城市管理者、企业行业实践者和公众参与低碳城市建设的积极性。

本书立足我国国情，构建出具有中国特色的低碳城市建设评价指标体系，为国际上其他国家构建符合其国情的低碳城市建设评价指标体系提供了重要参考，从而为带动全球范围内的低碳建设水平的提升做贡献。

第三节　主要观点与创新之处

一、主要观点

(1)低碳城市建设评价指标体系的构建必须建立在对低碳城市建设内涵的准确界定、对城市系统碳循环关键环节的准确把控、对低碳城市建设过程性和系统性特征准确认识的基础上。

科学界定低碳城市建设内涵直接关系到构建的低碳城市建设评价指标体系的有效性和准确性。因此，本书理清城市系统的碳循环和碳平衡以掌握碳在城市系统的流通过程和关键环节，保障了低碳城市建设评价指标体系的正确性和全面性。低碳城市建设是一个从高碳演变为低碳的动态过程，在这个转变过程中，能源结构、能源强度、产业结构、经济发展和人口等影响低碳城市建设的关键要素呈动态变化，因此评价低碳城市建设水平的指标体系必须要体现这一过程性和系统性。

(2)低碳城市建设评价指标体系的构建必须建立在对指标体系的评价、控制、指导功能的科学认识基础上。

科学合理的低碳城市建设评价指标体系应能帮助城市通过有效地评价城市低碳建设水平准确认识自身低碳建设水平；低碳城市建设是一个复杂、动态的演变过程，因此合理的低碳城市建设评价指标体系应能控制低碳城市建设的过程，保证建设过程不偏离低碳建设目标；低碳城市建设评价指标体系应能帮助城市管理者通过比较认清自身存在的优势和不足，汲取其他城市低碳建设累积的经验，从而有针对性地指导低碳城市建设路径的设计。

(3)能有效引导城市低碳建设的低碳城市建设评价指标体系必须有机地结合引导建设过程的指标和体现结果水平的指标。

控制建设过程的指标是用来对低碳城市各个方面的建设过程的表现进行评价的指标，旨在判断低碳城市建设过程是否沿着低碳目标，过程中是否存在问题。反映建设结果水平的评价指标是用来对一定时期低碳城市建设的水平状态进行识别，旨在通过与设定的低碳建设目标比较从而判断城市低碳建设的效果。只有将低碳城市建设的建设过程和结果水平相结合，才能系统地认识城市的低碳建设水平，才能帮助管理者既能把握低碳城市建设的动态演变过程又能实现计划的低碳建设目标。

(4)兼顾指标的合理性和可操作性是低碳城市建设评价指标体系能在实践中有效应用的前提。

指标的合理性是保障低碳城市建设的科学内涵反映在建设过程中,保证对建设水平认识的正确性。只有合理的指标体系才能正确反映城市的低碳内涵,才能反映低碳的水平,从而从真正意义上指导城市的低碳建设工作。另一方面,指标的可操作性是保障指标数据可获取的前提。具有可操作性的指标体系才能得到有效使用和推广,从而帮助政府全面地把控低碳城市建设的整体现状,提升低碳城市建设整体水平。只有兼顾这两种属性的指标体系才能保障指标体系被有效应用,从而科学、合理地指导低碳城市的全面推进。

二、创新之处

(1)本书创新性地提出了低碳城市建设是一个动态演变的过程,界定了低碳城市建设评价指标体系的评价、控制和指导三维功能。

科学认识和评价城市低碳建设水平是有效开展低碳城市建设并实现计划的低碳城市目标的前提。低碳城市建设是一个复杂、动态的演变过程,通过应用评价指标系统对这一过程进行把控是保证低碳建设过程的正确方向,通过对结果评价是实现城市低碳建设目标的保障。应用低碳城市建设评价指标体系的结果必须能帮助城市管理者认清自身城市在低碳建设过程中存在的不足,从而有针对性地指导低碳城市建设提升路径的设计。基于上述认识,本书首次提出了低碳城市建设评价指标体系的评价、控制和指导三维功能。

(2)本书首次提出了低碳城市建设评价指标体系的"过程-结果"二维框架。

为了使低碳城市建设评价指标体系具有评价、控制和指导的三维功能,指标必须能反映低碳建设的过程表现和结果状态,因此本书首创性地提出了低碳城市建设评价指标的过程和结果二维性。过程指标用来对低碳城市各个方面的建设过程的表现进行评价,从而判断建设过程中的低碳水平,并采取必要的控制措施来引导低碳城市的建设过程,以达到促进城市低碳建设的作用。结果指标可反映低碳城市建设一定时期的状态水平,以帮助认识其结果表现与预期目标是否一致,从而为确定下一阶段的目标提供重要依据。

(3)本书创新性地基于城市系统碳循环机理构建低碳城市建设评价指标体系。

碳循环机理展示了碳排放在一个城市内部的社会经济系统和所处自然系统之间的流通规律以及碳排放与城市系统的外部环境间的流通规律。本书通过研究这一机理,认清了碳排放在城市系统中的多环节流通过程,从而指出了低碳城市建设的多维度本质,为从各维度构建低碳城市建设评价指标奠定了基础,保证了构建的低碳建设评价指标体系的系统性和全面性。另一方面,城市碳循环机理也是认识低碳建设过程中碳平衡状态的理论基础,进而通过对碳平衡状态的认识可把控关键的碳源碳汇环节,明确城市碳减排的重点领域和控制对象,从而提高低碳建设措施的有效性。

(4)本书基于Kaya恒等式识别低碳城市建设过程的关键要素,创新性地将过程要素运用到构建低碳城市建设评价指标体系的过程中。

本书基于城市发展与碳排放的动态相关性,运用库兹涅茨曲线规律首次界定了城市从高碳城市演变为低碳城市需要经历的四个建设阶段;从Kaya恒等式中识别了影响低碳城市建设的过程要素,分析了低碳建设过程要素在不同的城市低碳建设阶段的动态变化。基于此,本书创新性地将低碳城市建设的过程要素运用到构建低碳城市建设评价指标体系的过程中，突破了传统上构建评价指标体系"轻过程重结果"的局限，强调了通过对建设过程的监测、控制和指导从而实现城市的低碳建设的重要性。

（5）本书创新性地将多目标集成管理思想运用到低碳城市建设的维度识别过程中，保证了低碳城市建设评价指标体系的全面性。

本书对低碳城市建设内涵进行了系统的认识，形成了正确的低碳城市建设的多个维度目标，因此，多目标集成管理的原理被创新性地应用到构建低碳城市建设多维度的评价指标体系。以多目标维度为基础构建的低碳城市建设评价指标体系，能全方位地反映城市低碳建设的内容，从而保证低碳城市建设评价指标体系的可操作性和全面性。

（6）本书首次提出将低碳城市建设评价指标的合理性和可操作性有机地结合，将低碳城市建设评价指标体系划分为强制性、引导性和倡导性三类指标。

我国地域辽阔，城市间的发展阶段、经济水平和资源禀赋差异较大。为了有效地指导各类城市的低碳建设，评价指标体系应能灵活地适用于不同特征的城市。传统的评价指标体系主要是从可操作性或合理性单视角出发，局限了指标体系在指导低碳城市建设的有效性。本书创新性地将评价指标体系的合理性和可操作性有机地结合起来，将指标划分为强制性、引导性和倡导性指标三类，为处于不同发展阶段的城市选取评价指标提供了灵活性。

（7）本书创新性地引入成熟度分析模型，构建了具有刻度的低碳城市建设水平评价模型，从而可以对不同城市的低碳建设水平进行等级划分。

本书将成熟度模型机理运用于低碳城市建设评价的研究领域，构建了评价城市的低碳建设成熟度模型，并用低碳城市建设成熟度来反映城市的低碳建设水平。本书进一步对该成熟度评价模型在我国低碳试点城市间进行了实证应用，对这些试点城市的低碳建设水平进行了等级演变规律和等级特征分析。

（8）本书创新性地运用经验挖掘理论和案例推理技术提出了设计城市低碳建设路径的方法。

低碳城市建设是一个全球性的长期战略任务，在实践这个战略目标的过程中，不同的城市会产生各种有效的经验或失败的教训。许多经验教训难以用结构化数据表达，难以用数学模型进行规则化处理，而是隐含在各种案例中。为了使在实践中积累的经验可以帮助城市设计提升低碳建设的路径，本书创新性地将经验挖掘理论和案例推理技术应用到设计城市低碳建设路径的方法中，并建立了基于案例推理来挖掘低碳城市建设经验的基本程序。这种路径设计方法为帮助城市管理者制定有效的低碳城市建设提升路径提供了决策依据。

第二章 理 论 基 础

低碳城市建设需要有正确的理论指导。本章阐述了构建低碳城市建设评价指标体系的理论基础。只有对相关理论有准确清晰的认识，才能保障构建的指标体系的科学性和可操作性，从而有效地指导城市的低碳建设实践。

第一节 可持续发展理论

一、理论概述

可持续发展的概念最早可以追溯到 1930～1960 年的"八大公害事件"[①](李强，2011)。这些公害事件使人们意识到环境问题的严重性和寻找措施解决这些问题的迫切性。在这一背景下，科学家们从事了大量的关于公共环境与未来发展的研究工作，提出必须改变传统上以经济增长为第一要务的发展道路，应该选择一条全新的、能处理经济社会和生态环境关系的可持续发展道路(李强，2011)。1972 年，联合国通过的《人类环境宣言》强调了"为了人类的生存和发展，必须重视和控制环境问题""人类在享有自由和平等生存权利的同时，有责任去保护和改善这一代和后代赖以生存的生态环境"等重要观点(万以诚和万岈，2000)。这些观点标志着可持续发展思想的初步诞生。1980 年，国际自然保护同盟发布了《世界自然资源保护大纲》，主要强调了社会、经济、生态和自然资源相互作用的基本关系，为完整地阐释可持续发展概念奠定了基础(IUCN，1980)。1987 年，时任挪威首相的布伦特兰(Brundtland)在世界环境与发展委员会(World Commission on Environment and Development，WCED)发表的题为《我们共同的未来》的报告中，将可持续发展理念正式提出来，并进行了系统性的阐述(约翰·德赖泽克，2008)。在 1992 年的联合国环境与发展大会上，各国政府对可持续发展理念达成共识，认为可持续发展是既能满足当代人的需要，又不对后代人满足其需要的能力构成危害的发展模式，是人类社会应该共同遵守的发展模式。

可持续发展理念的提出得到全球纷纷响应，许多国家逐步建立起贯彻实施这一理念的机制。美国在 1993 年专门成立了美国总统可持续发展理事会，并相应地提出了"循环经济""工业生态经济"体现可持续发展的发展模式。英国政府环境保护部门在 1994 年正

---

① 八大公害事件是指：①比利时马斯河谷烟雾事件(1930 年 12 月)，致 60 余人死亡，数千人患病；②美国多诺拉镇烟雾事件(1948 年 10 月)，致 5910 人患病，17 人死亡；③伦敦烟雾事件(1952 年 12 月)，短短 5 天致 4000 多人死亡，事故后的两个月内又因事故得病而死亡 8000 多人；④美国洛杉矶矶光化学烟雾事件(20 世纪中叶每年 5～10 月)，烟雾致人五官发病、头疼、胸闷，汽车、飞机安全运行受威胁，交通事故增加；⑤日本水俣病事件(1952～1972 年间断发生)，共计造成 50 余人死亡，283 人严重受害而致残；⑥日本富山骨痛病事件(1931～1972 年间断发生)，致 34 人死亡，280 余人患病；⑦日本四日市气喘病事件(1961～1970 年间断发生)，致 2000 余人受害，死亡和不堪病痛而自杀者达数十人；⑧日本米糠油事件(1968 年 3～8 月)，致数十万只鸡死亡、5000 余人患病、16 人死亡。

式发布了英国可持续发展战略——《可持续发展：英国的战略选择》。我国政府于 1994 年发表了《中国 21 世纪议程——中国 21 世纪人口、环境与发展白皮书》，明确提出了可持续发展的总体战略框架和目标，随后逐步提出了科学发展观、生态文明建设等可持续发展指导思想(颜廷武和张俊飚，2003)。在 2015 年召开的"联合国可持续发展峰会"上，经过 2 个月的讨论和协商，联合国 193 个会员国同意并形成了一份旨在在全球推动可持续发展的纲领性文件——《变革我们的世界：2030 年可持续发展议程》。可以看出，可持续发展已成为人类社会发展的重要指导思想。事实上，在推动可持续发展模式的过程中，众多学者从各种视角和范畴探索了可持续发展思想的内涵，丰富了可持续发展的理论。有关可持续发展比较典型的学术观点可以概括为如下几个：

● Brundtland(1987)提出了代际公平性理念，强调当代人和后代人在利用自然资源、满足自身利益、谋求生存与发展几方面上权利均等。

● Redclift(1990)指出可持续发展是建立在生态可持续的基础上，强调可持续发展是一种在经济和环境之间寻求动态平衡的发展模式。

● 吴季松(2000)提出可持续发展是通过对资源的合理开发、集约利用以及污染防治和环境保护，从而维护生态系统动态平衡的发展模式。

● 李强(2011)提出可持续发展是建立在环境与自然资源基础上，关注人类的长期发展模式，认为在认识环境与自然资源的长期承载力对经济和社会发展的重要影响的同时，也同样要认识到经济与社会发展对改善生活质量与生态环境的重要反作用影响，强调对这种作用和反作用影响都必须给予高度重视。

● 方行明等(2017)认为可持续发展要求当代人在努力解决自身的公平发展、满足自身的生存与发展需要的同时，要努力增强后代人满足需要与生存发展的能力。

● 张宁(2017)阐述了可持续发展内涵的主要原则，认为可持续发展强调尊重系统原则、公平原则和共同原则。

从上述这些对可持续发展的定义来看，该理论的核心是强调环境、经济和社会的协调发展，以实现人类发展的代际公平，其内涵的原则可以做如下进一步解释。

(1)系统平衡性原则。人类的发展是一个动态的系统，这个系统包括了经济、社会、和自然环境子系统。可持续发展是建立在这些子系统之间的相互支持和相互作用的基础上的。然而人类社会发展到当今时代时，有越来越明显并广泛存在资源消耗、自然环境与社会发展相矛盾的现象，人类的经济社会活动与自然环境间的关系出现严重失衡。换句话说，人类发展这一动态系统内部的构成要素(经济、社会、环境)间的平衡性正在被破坏，直接影响了人类社会可持续发展的前提。因此在经济、社会和自然环境中孤立地强调或弱化某单个子系统功能就必然会对其他子系统造成影响，从而影响人类的可持续发展。因此可持续发展是一个动态过程，强调经济、社会和环境在人类发展史上动态平衡。

(2)共同性原则。可持续发展是全人类追求的共同目标。这一目标的实现需要全人类的共同参与和行动。可持续发展不只是关系到某特殊群体的利益或局部范围的发展，而是关系到全人类的利益。因此人类必须携手共同应对挑战，坚持平等和协同发展的价值观方能实现全人类的可持续发展。人类应该分享先进的科学技术，共同行动与自然界保持协调关系，对自然资源要在保护与利用间实现平衡，提高资源的利用效率，使自然资源能得到持续再生而支撑人类的可持续发展。

(3)质量优先原则。人类发展的过程是追求提高质量的过程。可持续发展理论强调人类的社会经济活动应该是质量优先的活动。人类发展是质量、数量、速度的有机结合,然而只有质量优先的发展模式才是可持续发展模式。质量优先强调人类创造的各种产品的生命期价值,要求提高对自然资源利用的效率。质量优先并非要衰减或阻碍经济的发展。质量优先的经济发展观要求人类改变盲目追求经济效益、速度和规模的观念。

(4)公平性原则。基于可持续发展理论的公平性原则是指人类保证代内公平和代际公平两方面的公平性。代内公平是指同一代内的国家间、地区间、民族间、个人间有同等的发展机会和权利。代际公平是指后代人与当代人享有同等的发展机会和权利,当代人的发展不能以牺牲后代的发展机会为前提。可持续发展理论要求无论是代内或是代际的公平和权利都必须得到尊重和保障。人类社会发展到当今的时代已经是竞争激烈的时代,激烈竞争的结果是大批弱势群体的产生。因此可持续发展理论主张公平的适度的竞争,缩小不同群体间的差距。人类发展应该是逐步从物竞天择的规律发展到和谐共处的境界。

二、可持续发展理论对低碳城市建设的指导作用

低碳城市建设的根本目的是提高人类从事社会经济活动的自然环境质量,从而更进一步推动人类社会经济活动的发展,呼应了可持续发展理论的系统平衡性、公平性和质量优先原则,因此可持续发展理论能有效地指导低碳城市建设。低碳城市建设是在各种社会经济活动中贯彻碳减排原则。由于城市是社会经济发展的主要载体和平台,可持续发展理论要求要保障社会经济活动的发展,而不是为了减少碳排放就抑制社会经济活动的发展。可持续发展理论要求人类变革传统的社会经济发展模式,在实践社会经济活动的过程中尽可能采取有效的政策措施和科学技术减少碳排放,高效、循环地利用自然资源,使生产过程和消费过程都尽可能低碳化。

第二节　环境经济学理论

一、理论概述

自然环境是人类赖以生存的基础,是人类生命进化的前提条件。环境经济学将环境科学与经济学有机地结合,强调环境与经济的相互作用、相互依赖的关系。人类经济活动的发展所带来的环境问题已经在相当长的时间引起了人们的关注,特别是在19世纪50年代以来经济学家和生态学家突破了传统上两个学派的壁垒,开始思考传统经济学理论对环境问题的忽视以及生态环境对经济发展的制约,逐步将环境问题和生态科学的内容融入经济学领域,延伸和扩展了传统经济学理论。意大利社会学家兼经济学家帕累托(V. Pareto)在1906年提出了经典的"帕累托最适度"理论,认为促进经济活动发展的资源要素应该进行优化配置。新制度经济学家罗纳德·哈里·科斯(Ronald H. Coase)提出著名的"科斯产权理论",认为私有企业的产权人享有剩余利润占有权,产权人有较强的激励动机去不断

提高企业的效益。这些理论奠定了环境经济学形成的基础，并逐渐发展为运用经济理论解决环境问题的学科。

环境经济学的概念可以从狭义和广义两个层面去理解。从狭义层面上讲，环境经济学主要侧重于从经济规律的视角来研究环境问题的产生原因和解决方法。广义的环境经济学概念涵盖了生态经济学和资源经济学的内涵，强调环境问题的解决方法是基于自然、人和社会复合生态系统的协调性基础上的。就其本质而言，环境经济学主要阐述如何运用经济手段来协调经济发展与环境保护的关系，从分析经济要素的视角发现环境问题产生的原因和找寻解决环境问题的方法。环境经济学不仅扩展了经济学的内容，也扩展了环境学的内容，使人们在原有的环境问题的基础上增添了经济学分析视角，对探索和克服环境问题具有重要的理论和现实意义（秦耀辰，2013）。

环境经济学的基本内容包括环境与经济相互关系、环境保护与生产力要素的合理结合、环境污染防治和环境保护的成本及经济效果、环境经济政策、环境价值评估核算、环境计量的理论和方法、环境问题的预测与预警系统（姜仁良，2012）。关于环境经济理论的主要研究领域包括可持续性问题、资源环境的价值评估、基于市场的环境管理政策工具、空间维度的环境经济分析、环境问题的数量模型、经济全球化背景下的贸易与环境问题、非政府环境组织的发展、环境与资源管理中利益相关者的行为、环境经济政策、基于环境伦理学的环境经济政策措施、经济发展与环境资源短缺的矛盾等领域。

二、环境经济学理论对低碳城市建设的指导作用

环境经济学理论将指导在低碳城市建设过程中如何在发展经济活动的同时，降低能源消耗、减少碳排放、减少温室气体排放带来的全球气候变化，实现低碳经济的发展模式。碳排放问题是一种典型的环境污染问题，具有"越境污染"的特征。碳排放作为一种空气污染是没有界限的，会波及整个地区、或整个区域、或整个国家乃至全球。通过减少碳排放来提高环境质量和缓解全球气候变暖是人类共同关注和希望的发展路径，环境经济学理论提供了如何实践这种发展路径的方法。基于环境经济学理论，例如，碳交易策略被引入并被认为是解决减排和减缓全球气候变暖的有效方法。碳交易措施是把二氧化碳排放权作为一种商品，在国家、地区、部门或企业间流通，对那些减排效果好的国家和地区就会产生经济收入效益。不少国家特别是欧洲国家近年来一直在推动碳交易机制的发展，在实践应用中取得了很好的效果。许多大型金融机构如美林证券、高盛集团、摩根士丹利等设立了碳交易机构来帮助推广碳交易措施的应用（巴里·菲尔德和玛莎·菲尔德，2010）。又例如，基于环境经济学理论所提出的碳税政策也得到广泛应用。征收碳排放税是一种温室气体减排政策手段，主要征收能源税和碳税，通过对特别是那些不可再生的能源的消耗和对产生的碳排放加以征税，从而达到鼓励节能减排的目的，是实践低碳城市建设的重要举措。碳税制度于1990年在芬兰开始实施，此后众多欧洲国家也都相继开始实施，特别是在瑞典、挪威、荷兰、丹麦、英国、瑞士等国家。碳交易和碳税机制是环境经济学理论在实践中得到应用的典范，相信这一理论将在指导低碳城市建设过程中继续引导出有效的政策措施和管理方法。

第三节　低碳经济理论

一、理论概述

　　人类社会发展的经济全球化趋势使生态文明成为一种全球尺度的文明发展形态。在这一时代环境背景下，出现了低碳经济及其相关概念。2003 年，英国的能源白皮书——《我们能源的未来——创建低碳经济》最先提出了低碳经济的概念（DTI，2003）。该政府文件基于英国的国情，以控制温室气体排放及发展低碳经济为主要目标，提出在 2050 年前将二氧化碳排放量减少 60%。为了将英国建设成为低碳经济国家，实现能源白皮书的目标，英国政府先后制定了多项政策，包括提高能源利用效率、采用低碳发电技术、发展新能源汽车等。自从英国政府倡导并发展低碳经济后，世界各国掀起了发展低碳经济的浪潮。美国参议院在 2007 年提出《低碳经济法案》（McDonald et al.，2009），倡导把开发新能源、发展低碳经济、应对气候变化作为美国经济的战略转型目标。2010 年 1 月，韩国政府颁布《低碳绿色增长基本法》，旨在为韩国的低碳经济、绿色社会发展奠定法律基础（Mahlich and Pascha，2012）。2010 年 8 月，中国发展和改革委员会在 13 个省市开展低碳产业试点建设以探寻低碳经济的发展模式（Khanna et al.，2014）。事实表明，发展低碳经济已成为全球应对气候和环境变化的必然选择，是经济转型的目标、是循环经济的体现、是科技革命的核心、是生态文明的基础、是绿色产业的前提。表 2-1 回顾和归纳了全球在低碳经济发展历程中的标志性举措。

表 2-1　低碳经济发展历程中的标志性举措

序号	低碳经济发展历程中的标志性举措
1	《联合国气候变化框架公约》（1992）和《京都议定书》（1997）：低碳经济实践的萌芽
2	英国能源白皮书（2003）：低碳经济见之于政府文件
3	《京都议定书》（2005）：首次以法规的形式限制温室气体排放，承载着低碳经济发展的希望
4	英国《气候变化的经济学：斯恩特报告》（2006）：定量评估全球变暖带来的经济影响，号召世界各国向低碳经济发展模式转型
5	政府间气候变化专门委员会（IPCC，2007）：论证气候变暖的现象客观真实存在，而应对气候变化的关键就是大幅度降低化石能源的消耗
6	"巴厘岛路线图"（2007）：为 2009 年前全球应对气候变化谈判的关键主题明确了议程，对全球发展低碳经济发挥了积极的作用
7	G8 峰会（2009）：国际社会加强了对建设低碳经济以应对气候变暖的共识
8	哥本哈根会议（2009）：呼吁世界各国从以高碳排放为基本特征的工业文明向以低碳消耗为基本特征的生态文明转型
9	坎昆会议（2010）：坚持《联合国气候变化框架公约》、《京都议定书》和巴厘岛路线图，坚持在减小碳排放量的过程中有共同但也有区别的责任原则
10	德班会议（2011）：使《京都议定书》获得有保障的第二个承诺期，让相关政策有了更大的确定性；同时，这次会议还为建立一个更加广泛的、以法律形式适用于所有国家的气候应变机制奠定了基础
11	多哈世界气候大会（2012）：讨论拯救地球、遏制全球变暖的整体性行动方案

续表

序号	低碳经济发展历程中的标志性举措
12	华沙会议(2013)：聚焦温室气体减排，争取落实此前多次全球气候大会的决议，特别是发达国家的气候基金承诺，探讨气候变化带来的损失与损害机制问题
13	利马会议(2014)：重申各国需在 2015 年早些时候制定并提交 2020 年之后的气候目标预案
14	巴黎会议(2015)：完成 2020 年后国际气候机制的谈判，制定出一份新的全球气候协议，以确保强有力的全球减排行动

资料来源：李远慧(2016)

表 2-1 中的举措对在全球范围内发展低碳经济起到了极大的推动作用，然而没能对低碳经济的概念和内涵进行界定。可以说，目前还未对低碳经济概念达成共识，现有关于低碳经济的典型观点如表 2-2 所示。

表 2-2　关于低碳经济的典型观点

作者	低碳经济观点
DTI(2003)	低碳经济是在减少自然资源消耗和环境污染的前提下取得更多的经济产出，有助于提高生活标准和生活质量。低碳经济为发展、应用和输出先进技术提供了机会，也提供了新的商机和就业机会
潘家华(2004)	低碳经济的重点是低碳，目的是发展，从而实现全球的可持续发展
庄贵阳(2005)	低碳经济的核心是实现能源技术创新和制度创新，关键是解决清洁能源结构和能源效率的问题，从而促进人类可持续发展和减缓全球气候变化
王韬(2008)	广义的低碳经济是以低排放和低能耗作为经济发展的基础，实现经济和环境的共同发展；狭义的低碳经济是要达到经济发展和碳排放增长脱钩的目标，主要是涉及生产过程中产生的碳排放
付允等(2008)	低碳经济的基础为低能耗、低排放、低污染和高效能、高效益、高效率，技术为碳中和、碳捕获等，手段为节能减排，方向为低碳发展
气候变化组织(2011)	低碳经济的变革来自能源安全和气候变化等因素的驱动，与政府、企业、金融机构和公众等有关。低碳经济变革改变了政策、制度的安排、生产方式和消费模式，重构了社会经济结构
方时姣(2010)	低碳经济是在经济发展中产生的碳排放量、生态环境代价和社会经济成本最低的经济，能够有效改善地球生态系统的自我调节能力，实现生态可持续性发展
牛文元(2010)	低碳经济是低碳城市、低碳产业、低碳技术、低碳生活等经济形态的总称，其基本特征为低能耗、低排放、低污染，基本要求为应对化石能源对气候变暖的影响，从而达到经济社会的可持续发展的目的

基于表 2-2 的资料可以看出，目前对于低碳经济的内涵主要有三种观点：①低碳经济是指尽可能多地减少温室气体排放的一种经济发展方式，其目的是有效地控制与减少温室气体排放；②低碳经济的经济形态有低碳城市、低碳生活、低碳产业、低碳技术，是一种社会经济成本最低的经济模式；③低碳经济的基本特征是实现全球化的低能耗、低排放、低污染，其本质是人类社会生产模式、生活方式、价值观念的转变。这些观点表明低碳经济属于经济学分支，可以运用经济学的相关理论和规律解决经济发展与温室气体减排之间的不协调关系。本质上，推行低碳经济是可持续发展的一个重要策略。低碳经济发展的驱动力主要有三个维度：一是产业升级。前工业化时代以农耕为主，工业化时代以能源密集型产业为主，后工业化时代以服务业和技术为主导。二是能源安全。目前经济发展过度依赖石油等化石能源，而低碳经济倡导全球摆脱对化石能源高度依赖的经济发展模式。三是

应对气候变暖。全球气候变暖问题已成为既定的事实，世界各国达成了通过积极发展低碳经济来应对全球变暖的共识。

二、低碳经济理论对低碳城市建设的指导作用

低碳经济理论是低碳城市建设的理论基石。低碳经济所强调的碳排放总量控制目标，以及在生产、流通和消费环节的低碳化都属于低碳城市建设的核心内容。在实践中，低碳经济被狭义地解释为只解决生产领域碳排放减少的问题。事实上，低碳经济应该指导在人类所有活动中的低碳行为。而城市作为人类活动的中心，应该是全方位减少碳排放的核心阵地。所以说，低碳城市建设实质上是低碳经济发展模式在城市发展的落实。低碳经济理论为低碳城市建设的内涵以及低碳措施实践提供了理论支撑，能够让城市管理者和市场经济主体围绕低碳理念寻找具有碳排放竞争能力的城市发展路径，从低碳能源技术、低碳产业结构、低碳制度创新、低碳减排技术等方面加快推进低碳城市建设。

第四节　创新驱动理论

一、理论概述

2010 年中共十七届五中全会首次提出"我国经济发展更多依靠科技创新驱动"；2012年全国科技创新大会指出了创新驱动的战略要求，同年，党的十八大报告提出实施创新驱动发展战略，创新驱动发展战略成为国家发展战略的核心；2017 年 10 月我国召开了党的十九大，十九大报告确立了创新在推动经济社会发展中的重要作用，在新时代中国发展的进程中，作为基本国策的创新驱动将凸显出越来越重要的战略支撑作用。十九大提出从以下四大方面的具体举措实施创新驱动发展战略、加快建设创新型国家：一是关注全球科技前沿，对具有前瞻性、引领性的基础研究进行科技创新；二是转变现实生产力、促进经济朝着全球价值链中高端的应用基础研究科技进行创新；三是提高创新积极性、推动科技成果转化的机制创新；四是建设科技人才队伍，对创新人才和创新团队进行培养。创新的"硬件"建设和"软件"建设均包括在这四个方面里。其中的"软件"建设，即体制机制创新，是推动创新驱动发展的制度保障。

科技创新是创新驱动的本质，来源于两个方面，一是大学和科研院所的创新成果和科学新发现；二是接纳和创新引进的先进科学技术。创新驱动经济发展的主体是全社会，不仅需要企业的新发明转化为新技术，还需要推广和扩散新的科学技术到全社会。特别是人才创新和自主创新是我国创新驱动的关键，包括了原始创新、集成创新和引进消化吸收创新。

二、创新驱动理论对低碳城市建设的指导作用

低碳城市建设不同于传统的经济发展模式，需要通过技术创新、制度创新等来指导和驱动经济发展的低消耗、低污染和低排放。创新驱动理论是强调只有技术创新才能驱动和

指导低碳城市的建设。换句话说，对于低碳城市建设这一新生事物，必须通过新技术、新人才、新制度才能达到低碳城市建设的目标。

第五节　相关理论的综合运用

上一节讨论了指导低碳城市建设的主要基础理论包括可持续发展理论、环境经济学理论、低碳经济理论以及创新驱动理论。这些理论在指导低碳城市建设的过程中是有机互动的，其相互作用关系可用图2-1表示。

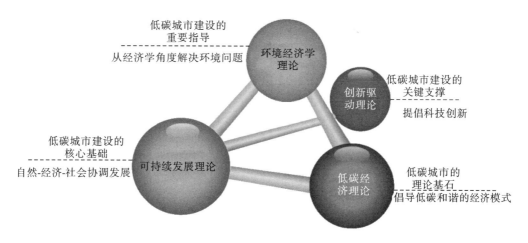

图2-1　低碳城市建设的基础理论的相互作用关系

可持续发展理论是低碳城市建设的核心理论，强调自然-经济-社会的协调发展。该理论要求必须基于社会可持续、经济可持续、生态可持续的协调观念构建低碳城市建设评价指标体系，从减少碳排放的角度出发，充分考虑人口、资源、环境与经济的协调发展。

环境经济学理论强调从经济学角度研究环境污染产生的原因及控制环境污染的途径。碳排放问题是环境经济学关注的污染问题的重要组成部分。环境经济学衍生的循环经济理论、生态经济理论、绿色经济理论都是指导低碳城市建设的理论工具。基于环境经济学理论，构建低碳城市建设评价指标时要充分认识城市化过程中经济与碳排放的关系，分析自然-经济-社会系统中的碳循环原理，认识低碳城市建设的关键环节，这样才能构建一套有效的评价指标体系。

低碳经济理论指导城市向环境和谐的方向发展，强调一种以低消耗、低排放和高效率为基本特征的经济模式，以达到资源的高效利用和经济与生态的可持续发展的最终目的。低碳经济理论是选取低碳城市建设评价指标体系以及构建低碳建设提升路径的重要理论依据。

创新驱动理论强调科学技术创新是发展的动力源泉。借鉴该理论的核心思想，低碳城市建设的关键支撑在于技术、管理制度、市场机制等方面的创新。在技术创新方面，通过技术创新提高能源的利用效率，开发新能源和清洁能源，减少对传统化石能源的消耗，促进能源系统高效利用和可持续发展,以实现低碳减排。在制度政策方面,通过建立有效的创新激励机制,对城市的低碳建设过程进行约束和激励,激发城市建设者的创造性和积极性,促进知识体系的不断创新和社会资源的合理配置,推动经济长期持续健康发展,为培育低碳城市价值观念、升级生产要素提供保障。在市场机制创新方面,充分发挥市场驱动功能的作用,激发市场要素的活力,包括资本、人力资源、知识产权、信息等方面的要素,从而推动低碳产业、低碳供应链等低碳相关行业的发展。

上述分析显示,每个理论都能从某一重点视角指导低碳城市评价指标体系的构建和低碳建设的实践。可持续发展理论强调了低碳发展的理念和导向是经济-社会-自然的协调性,环境经济学理论强调碳排放、能源与经济的关系,低碳经济理论指导低碳发展的经济模式,创新驱动理论指出在低碳城市建设过程中技术创新的核心作用。这些理论互相联系指导城市的低碳建设,是本书构建低碳城市评价指标体系的理论基础。

第三章 城市系统的碳循环和碳平衡

正确认识城市系统的碳循环和碳平衡是制定评价低碳城市建设指标的重要基础。低碳城市建设的主要目标是在保持城市社会经济发展水平的同时控制并减少碳排放，提升城市的环境质量，提供城市社会经济可持续发展的自然环境。为此，就必须对城市系统产生的碳如何循环的以及如何达到平衡的要有清楚的掌握，就需要识别出影响城市系统碳平衡的关键环节。本章通过认识城市系统的碳循环机理，构建城市系统的碳循环图，结合定量分析方法对城市系统的碳平衡状态进行分析，为低碳建设评价指标的构建提供理论支撑。

第一节 城市系统概念

著名科学家钱学森指出"城市是一个以人为主体，以空间利用和自然环境利用为特点，以集聚经济效益、社会效益为目的，集约人口、经济、科学、技术和文化的空间地域大系统"。城市系统有明显的空间范围特征，城市系统的空间范围划分是用城市边界来实现的。

一、城市系统边界

城市系统边界是区分城市与乡村、城市与城市之间的界线。当一个城市的边界划定过大（一般称为跨界城市），会给人类带来空前丰富的物质财富和精神财富，但是也会导致社会问题和环境问题丛生，造成人力、物力和财力的浪费。反之，当城市的边界过小（被称为界内城市），虽然出现的环境问题如固体垃圾围城、雾霾等较少，但是会面临较大的社会问题，如教育、医疗水平落后，科技创新能力低，就业机会较少等。因此准确地认识城市边界对分析城市系统的碳循环和碳平衡十分重要，也是构建评价低碳城市的指标体系的重要前提。

城市边界的划分主要有四种形式：城市交错带、城市经济边界、城市增长边界、城市实体地域边界。城市交错带是指城乡接合部或城乡过渡带，即城市在扩张过程中形成的、建成区以外的、具有城市和乡村双重属性的区域（余强毅等，2010）。城市经济边界既包括有形的土地又包括无形的知识、技术等，是指城市运用自身资源及影响力寻求经济发展的势力空间范围（欧定余和尹碧波，2006）。城市增长边界是一种新的城市规划理念，即通过立法来划定一条包含足够用于未来 20 年居住发展的土地界线（Nelson and Moore，1993）。城市实体地域边界是用建成区的人口规模、非农业化水平和人口密度三个指标的下限来制定的，用于区分乡村和城市。

根据城市的行政功能和景观功能，城市边界又可以划分为景观边界和行政边界（国务院发展研究中心"中国特色城镇化战略和政策研究"的重大课题组，2010）。景观边界是城市内的建筑物和基础设施的实物范围（李雪铭，2017）；行政边界是政府部门为发挥行政管理职能所划分的边界，具有确定性强、稳定性高和应用性广的特征。

联合国政府间气候变化专门委员会（IPCC，2006）颁布的温室气体分配指导方针中提出按行政区来划分城市边界，同时考虑到我国主要实行的是以行政区为单位的城市管理制度，因此本书以城市行政区边界作为城市系统的边界。基于这一界定，城市系统边界内碳排放是指在城市所管理的行政区领土内和城市有管辖权的近海地区所产生的排放（IPCC，2006），包括行政区域范围内的社会经济部门和居住活动直接产生的排放（Barrett et al.，2013）。关于垂直方向的城市边界界定，由于地面 1000 米以上的大气流动往往受到其他地区的影响，因此本书将城市系统垂直方向上的边界定义为距地面 1000 米以下的空间，而垂直方向地面以下的城市系统边界为岩石层，因此土壤被包括在研究范围内（Barrett et al.，2013）。

二、城市系统构成

城市系统是一个由多要素、多层次、多个子系统组成的复合系统，各子系统之间存在错综复杂的能量和物质交换流通的过程。碳排放是城市系统中能量和物质的衍生物，其循环过程贯穿于城市系统的各子系统之间。因此，研究城市系统的碳循环和碳平衡，需要理清城市系统内部的子系统构成。

描述城市系统的子系统构成有两类方法。第一类方法是按城市功能性质与形态来划分城市系统的子系统，分为人口、环境、资源与能源、产业、财政、交通与邮电、科教文卫等 7 个子系统（张世英，1994）。第二类方法是基于城市生态系统理论的划分方法，将城市空间系统划分为自然系统、社会系统、经济系统（吴仑，2015）。基于空间范围的城市系统构成要素也是城市可持续发展的三支柱，遵循了可持续发展理论的核心思想，所以本书选择基于城市空间范围划分方法将城市系统划分为自然子系统、社会子系统和经济子系统。再有，一个城市的社会和经济活动的碳行为是相互交融的，所产生的碳减排也是密切相关的，从碳循环的视角来看，城市系统具有明显的"自然-社会经济"二元碳行为特征（赵荣钦和黄贤金，2013）。因此本章论及的城市系统是由城市社会经济和城市自然两大子系统相互作用、相互影响的耦合系统。

城市社会经济系统又可以被进一步分解为生产子系统、交通子系统、建筑子系统、金融子系统、政府治理子系统等构成要素（李金兵和唐方方，2010）。城市自然系统包括森林、农田、草地、城市绿地和水域等子系统（吴仑，2015）。城市社会经济系统是由人类活动主导的系统，该系统从城市自然系统和城市外部系统获取各种资源来满足城市系统内人类生产和生活的需求，同时又将生产生活中产生的废弃物释放并分解后流入城市自然系统和城市外部系统中（吴仑，2015）。基于上述的剖析，我们可以把城市系统用图 3-1来表示。

城市自然系统是城市社会经济系统发展的基础，因此人类的生产生活方式应该保持让城市社会经济系统与城市自然系统成协调关系，避免城市的社会经济系统对自然系统造成破坏。然而，传统上，人类在发展社会经济活动时往往缺乏这些活动对自然系统环境影响的认识，例如造成资源浪费，大量排放二氧化碳和污染物，产生环境污染，出现资源短缺现象等。人类必须清醒地认识，当城市自然系统的资源被消耗到不能有效支撑城市经济社会系统时，人类的可持续发展便会受到严重的挑战。

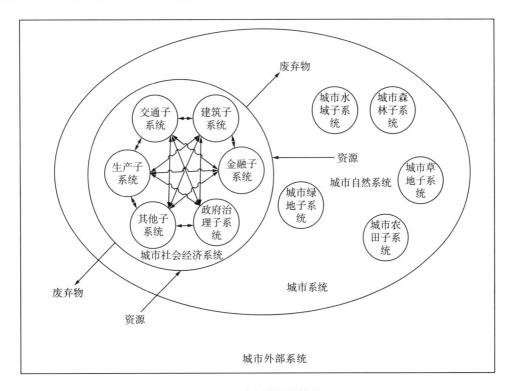

图 3-1 城市系统的构成

第二节 城市系统碳循环机理

如果没有人类社会经济活动的干扰，碳含量在"大气-生物-土壤"圈中会保持稳定的循环，即二氧化碳在自然系统中的循环保持平衡状态。但由于人类社会经济活动的干扰，这种在城市自然系统中的碳平衡不断被打破，表现在城市大气中的碳浓度不断增加。本节将论述人类活动影响下的城市系统碳循环机理，为制定实现城市系统中的碳平衡状态的政策措施提供理论支撑。

一、城市系统碳循环特征

本节前面已述，基于碳循环的视角，城市系统包含社会经济系统和自然系统。因此，城市碳循环可以通过三方面的过程来解析：自然与社会经济碳循环过程、水平与垂直碳循环过程以及城市内部与外部碳循环过程(赵荣钦和黄贤金，2013；曾德珩等，2016)。

(1)城市系统内部的自然与社会经济碳循环过程是由社会经济子系统和自然子系统两

个子系统之间通过能源和物质的消费和流通来实现碳循环的过程。以有机物形式储存的碳在城市系统内不仅分布于自然系统中，还分布在建筑、图书和家具等社会经济系统中。

(2)城市系统碳循环在空间上有水平和垂直两个方向的循环过程。水平方向的碳循环过程指的是城市自然系统与社会经济系统间的碳流通过程，垂直方向的碳循环是指城市系统和大气系统间的碳流通过程。然而，无论是水平方向还是垂直方向的碳循环过程，城市系统内部的区域间存在空间异质性特征。受区域能源结构、产业结构、能源利用效率等因素的影响，城市各区域在碳循环过程中流通的碳量是不同的。

(3)城市内部与外部碳循环过程是城市系统与其外部环境碳交换过程。任何城市都是一个开放的动态系统，与其外部环境，例如其他城市，有着密切的碳交换过程，通过进行能源和含碳产品的输入或输出产生碳交流。在人类社会发展的过程中，城市系统内部要素和城市系统外部环境都是动态发展的，因此，城市系统内部与其外部环境间的碳循环过程是动态变化的。

二、城市系统碳通量和碳储量

城市系统碳通量和碳储量是认识城市系统碳循环机理的两个基础概念。

(一)城市系统碳通量

城市系统的碳通量分为水平和垂直两个方向的碳通量。水平方向的城市碳通量是指以碳水化合物形式在城市各要素间流通的量；垂直方向的城市碳通量是指以气态含碳有机物(主要是二氧化碳和甲烷)形式在城市空间与大气间流通的量。基于量化分析的视角，城市系统碳通量是在一定时间内城市系统的输入碳通量和输出碳通量。城市系统的输入碳通量是指大气系统或城市系统的外部环境，包括其他城市系统等输入到城市系统中的碳通量，如煤炭等化石能源的输入量、工业及建筑木材的输入量和建筑材料无机碳的输入量等。城市系统的输出碳通量是指从城市系统输出到大气系统或其他城市系统的碳通量，如植物与土壤呼吸作用的输出量、人类(动物)呼吸作用的输出量和化石燃料燃烧的输出量等。基于上面的讨论，城市系统的碳通量的内涵和构成可以用图3-2来表示。

(二)城市系统碳储量

城市系统碳储量是指城市系统内储存的碳量，储存碳的载体为碳库。城市碳库包括：①比较稳定的有机碳库——城市土壤碳库；②以农业植被和绿化植被为主的城市植被碳库；③由有机木质构件和无机碳酸盐石材及水泥等组成的建筑物碳库；④以木材和农作物秸秆为主要原料的家具和图书碳库；⑤由人体和动物体内的有机碳所组成的碳库；⑥城市水域碳库，包含城市水体自身溶解的碳、水域内藻类和水生动物体内含有的碳，以及水域底泥中沉积的碳；⑦城市垃圾碳库。这7类城市碳库中，土壤碳库，植被碳库和水域碳库中储存的碳为自然系统碳储量，其余碳库中储存的碳量为社会经济系统碳储量。

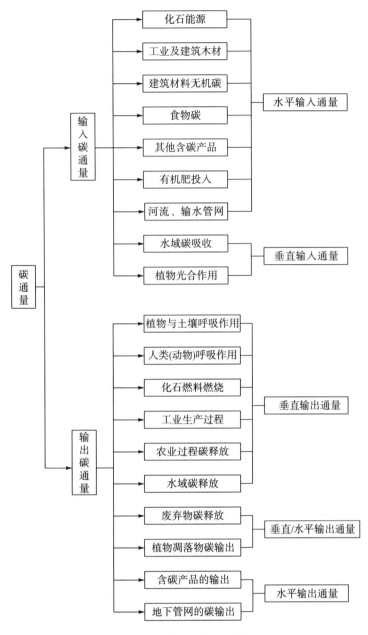

图 3-2　城市系统碳通量

基于上述解析，城市系统碳储量可以归纳为图 3-3。

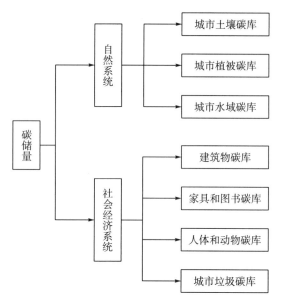

图 3-3　城市系统碳储量

三、城市系统碳循环框架

基于对城市系统的碳通量和碳储量的概念认识，城市系统碳循环的主要路径可以用图 3-4 表示。

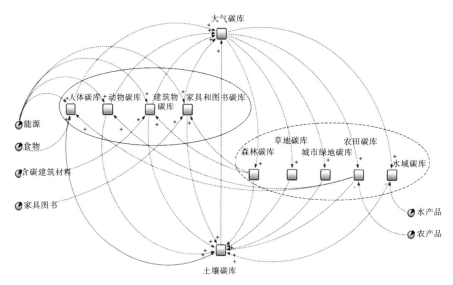

注：实线范围内为社会经济系统碳库，虚线范围内为自然系统碳库
　　　和　　　：水平方向碳通量；　　和　　：垂直方向碳通量

图 3-4　城市系统碳循环图

图 3-4 显示，城市系统的碳循环主要内容如下：

(1)社会经济系统的碳通量与自然系统、外部系统和大气系统都存在输入输出关系。社会经济系统的碳输入量来自外界系统的能源、食物、原材料等，来自自然系统的含碳产品的碳输入，以及来自大气系统被污染的空气。社会经济系统的碳输出通量包括含碳产品向外界系统、自然系统和大气系统输出的碳通量。社会经济系统在垂直方向上只存在向大气系统的碳输出，其形式主要是通过能源活动、人和动物的呼吸作用向大气系统释放二氧化碳。

（2）社会经济系统的碳库包括人体、动物、建筑、家具、图书和垃圾等碳库。这些碳库负责存储来自外部系统、自然系统的输入碳通量以及吸收部分由社会经济系统自身产生的碳通量。

（3）自然系统的碳通量与社会经济系统、外部系统和大气系统都存在输入输出关系。自然系统的碳输入量来自外界系统的碳输入、社会经济系统的碳输入，以及来自大气系统的碳输入（使植被产生光合作用的碳输入）。自然系统的碳输出通量包括向城市社会经济系统和城市外部系统输出的含碳产品（食物、化石燃料等），以及向大气系统输出的因植被呼吸作用产生的碳通量。

（4）自然系统的碳库包括土壤碳库、植被碳库和水域碳库。这些碳库负责存储来自外部系统、社会经济系统的输入碳通量以及吸收部分由自然系统自身产生的碳通量。

在目前城市发展过程中，城市系统的碳循环突出的问题是城市社会经济系统的碳库存储能力低于社会经济系统的碳输入通量，导致社会经济系统产生的碳向大气系统碳库和自然系统碳库输出过高，结果是大气污染和自然环境的污染。因此，通过图3-4认识城市系统碳循环机理，认识城市碳循环系统的碳存储形式和碳流通过程，可以帮助认识城市系统中碳排放的关键环境。这是构建城市低碳建设指标的重要基础，是保证低碳建设评价指标体系全面性的前提。

第三节　城市系统碳平衡状态

低碳城市建设旨在维持社会经济发展的同时减少大气中的二氧化碳含量，该理念被解释为维持城市系统垂直方向上的碳输出和碳输入的平衡（牛文元，2010）。由城市系统碳循环（图3-4）可知，大气系统与城市社会经济系统和自然系统通过垂直方向上的碳流通来相互联系和影响。另一方面，城市系统垂直方向和水平方向的碳流通过程也是相互联系的，例如减少城市社会经济系统垂直方向上因能源消耗向大气输出的碳排放，就需要在水平方向上减少外界系统和自然系统对社会经济的能源碳输入量。因此城市系统的碳平衡状态不仅取决于垂直方向的碳循环过程，还受水平方向的城市碳循环过程的影响。

为了分析城市系统垂直方向上的碳输出和碳输入的平衡状态，首先需要认识产生碳排放的来源过程（即碳源）和存储碳的过程和地方（即碳汇）。

一、城市系统碳源碳汇概念

碳源和碳汇的概念是由"源"和"汇"的概念衍生而来的。联合国气候变化框架公约在1992年将温室气体的"源"定义为向大气中释放温室气体、气溶胶或其他气体的过程、活动或机制。相应地，温室气体的"汇"是指从大气中清除温室气体、气溶胶或其他气体的过程、活动或机制。基于这一背景，"碳源"与"碳汇"这两个概念被写入1997年的

《京都议定书》。碳源(carbon source)是指向大气中释放碳的过程、活动或机制，碳汇(carbon sink)是指从空气中清除碳的过程、活动或机制。可以看出，碳源和碳汇主要反映了垂直方向上的碳通量，其关系可由如下公式表示：

$$碳源量=垂直碳输出通量=经济社会垂直碳输出通量+自然垂直碳输出通量 \quad (3\text{-}1)$$

$$碳汇量=垂直碳输入通量=自然垂直碳输入通量 \quad (3\text{-}2)$$

城市社会经济系统的碳源是城市系统中最主要的碳源。联合国政府间气候变化专门委员会(Intergovernmental Panel on Climate Change，IPCC)、经济与合作发展组织(Organization for Economie Co-operation and Development，OECD)和国际能源署(International Energy Agenay，IEA)在 1991 年联合编制的温室气体清单报告中指出，碳源包括能源消费、工业过程、农业、土地使用的变化、林业、废弃物和其他等 7 个过程。中国国家发展和改革委员会应对气候变化司 2013 在编制的《中华人民共和国气候变化第二次国家信息通报》中，将我国碳源分为能源活动、工业生产过程、农业活动、土地利用变化与林业、废弃物处置 5 个部分。

城市系统的碳汇主要是自然系统的碳汇，分为城市植被碳汇和城市水域碳汇。其中，①城市植被碳汇包括森林碳汇、农田碳汇、草地碳汇和城市绿地碳汇。关于农田碳汇，与其相应的还有农田碳源。农田与社会经济系统联系紧密，是社会经济发展的基石，农田上除了有植被而形成的碳汇外，农田还是农作物生长的载体，因此农作物生长过程中会产生碳排放。②城市水域碳汇包括河流、湖泊和湿地碳汇等，是指通过水域植被的光合作用和水域的碳沉淀来吸收和固定二氧化碳的过程。

基于上述分析，城市系统碳源碳汇的结构可以用图 3-5 表示。

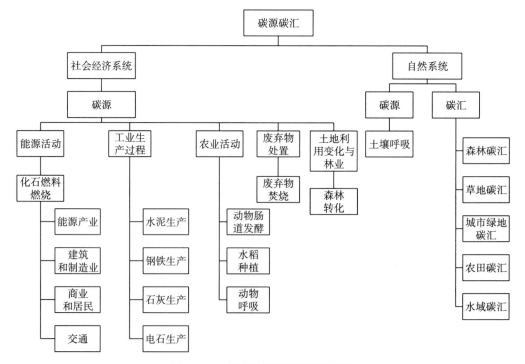

图 3-5　城市系统主要的碳源和碳汇

二、城市系统碳平衡状态评价模型

城市系统碳平衡状态可以用城市系统的净碳源量来反映。而城市系统的净碳源量是通过计算碳源量与碳汇量之差得出（杨立和唐柳，2013），可以表示为

$$净碳源=总碳源-总碳汇 \tag{3-3}$$

$$总碳源=能源活动碳源+工业生产过程碳源+人体呼吸碳源+农业活动碳源+废弃物碳源$$
$$+自然系统的呼吸碳源（包括植被呼吸、水域和土壤微生物呼吸）\tag{3-4}$$

$$总碳汇=森林碳汇+草地碳汇+城市绿地碳汇+农地碳汇+水域碳汇 \tag{3-5}$$

净碳源量理论上的取值区间为负无穷到正无穷。当净碳源量为正数时，碳输出量大于碳输入量，即社会经济和自然系统排放的二氧化碳量大于自然系统所吸收和固定的二氧化碳量，没能被自然系统固定和吸收的碳——气态的二氧化碳进入大气系统，因此大气中的二氧化碳浓度上升，城市系统碳排放处于不平衡状态。当净碳源量为 0 时，城市系统的碳输出量等于输入量，即自然系统的碳汇能完全吸收社会经济和自然系统所排放的二氧化碳，此时没有多余的二氧化碳进入大气中，所以大气中的二氧化碳浓度不变，城市系统处于碳平衡状态。进一步，当净碳源量为负值时，城市社会经济和自然系统所排放的二氧化碳量小于自然系统所能吸收和固定的二氧化碳量，因此城市自然系统还有多余的吸碳和固碳的能力，这部分多余的能力会将大气系统中的二氧化碳吸收，因此大气系统中的二氧化碳浓度会降低，这种状态意味着城市系统实现了低碳发展，城市系统的碳平衡呈现良性发展。

三、城市系统的碳源计算模型

前面式（3-4）表明，城市系统碳源包括能源活动、工业生产、人体呼吸、农业活动、废弃物、自然植物呼吸六个方面，下面将对这六个方面的碳源计算方法进行阐述。

1. 能源活动碳源计算

能源活动的碳源主要体现为各类化石燃料的燃烧，是一种将惰性碳活化然后输入城市自然系统的过程。根据 IPCC（2006）的资料，化石燃料燃烧释放的碳量计算公式如下：

$$能源活动碳源量=能源消费量\times标准煤折算系数$$
$$\times（能源碳排放系数+CH_4排放系数）\tag{3-6}$$

其中：能源碳排放系数＝缺省碳含量×缺省氧化碳因子，缺省碳含量、缺省氧化碳因子和 CH_4 排放系数等来自 IPCC（2006）相关标准，各种能源的消费量和标准煤折算系数主要取自《中国能源统计年鉴》。根据年鉴，表 3-1 列出了各类能源的碳排放系数。

表 3-1　各类能源的碳排放计算系数表

能源类型	净发热值 /(kJ/kg)(kJ/m³)	缺省碳含量 /(kg C/GJ)	缺省氧化碳因子	CH_4 排放系数 /(kg/TJ)	总碳排放系数
原煤	20908	25.8	1	1	0.539
洗精煤	26344	26.209	1	1	0.691

能源类型	净发热值 /(kJ/kg) (kJ/m³)	缺省碳含量 /(kg C/GJ)	缺省氧化碳因子	CH₄ 排放系数 /(kg/TJ)	总碳排放系数
其他洗煤	9408.5	26.95	1	1	0.254
煤制品	15909.8	26.6	1	1	0.423
型煤	15909.8	26.6	1	1	0.423
水煤浆	9408.5	26.95	1	1	0.254
粉煤	9408.5	26.95	1	1	0.254
焦炭	28435	29.2	1	1	0.830
其他焦化产品	34332	26.6	1	3	0.913
焦炉煤气	17353.5	12.1	1	1	0.210
高炉煤气	2985.19	70.8	1	1	0.211
其他煤气	16970.33	60.2	1	1	1.022
天然气	38931	15.3	1	1	0.596
原油	41816	20	1	3	0.836
汽油	43070	18.9	1	3	0.814
煤油	43070	19.6	1	3	0.844
柴油	42652	20.2	1	3	0.862
燃料油	41816	21.1	1	3	0.882
液化石油气	50179	17.2	1	1	0.863
炼厂干气	46055	15.7	1	1	0.723
煤焦油	33453	20	1	3	0.669
其他石油制品	37681.2	20	1	3	0.754

来源：《中国能源统计年鉴》。

2. 工业生产碳源计算

由于许多工业行业的工艺过程数据难以搜集，本书结合几种主要工业产品的产量来推算工业生产碳源量，其计算公式为

$$工业生产碳源量=产品产量×碳排放因子×12/44 \qquad (3-7)$$

其中：12/44 是碳与二氧化碳的分子量之比。一个城市的主要工业产品通常包括水泥、钢铁、石灰、玻璃和合成氨，其碳排放因子分别为 $0.136\ t\ CO_2/t$、$1.06\ t\ CO_2/t$、$0.687\ t\ CO_2/t$、$0.21\ t\ CO_2/t$ 和 $3.273\ t\ CO_2/t$(方精云等，1996；蔡博峰等，2009)。

3. 人体呼吸碳源计算

人体通过呼吸作用所产生的 CO_2 是人类代谢作用的结果。根据方精云等(1996)的研究结果，人体呼吸碳源量可以按以下计算公式进行分析：

$$人体呼吸碳源量＝城市常住人口数×人体每年排出的 CO_2 量 \qquad (3-8)$$

其中：人体每年排出的 CO_2 量平均为 0.079kg(方精云等，1996)。

4. 农业活动碳源计算

农业活动碳源量主要包括水稻种植、家禽动物呼吸、动物肠道发酵和粪便管理过程。

(1)水稻种植的碳源量主要根据水稻种植面积、水稻生长周期和碳排放系数来进行测算(唐红侠等,2009),具体核算公式如下:

$$水稻种植碳源量=水稻种植面积×水稻生长周期×碳排放系数×12/16 \quad (3-9)$$

其中,12/16 是碳与甲烷的分子量之比。水稻生长周期是指从水稻播种出苗到采收的整个过程,早稻、晚稻和中季稻的生长周期分别为 85 天、100 天、105 天,其生长周期内 CH_4 排放系数在不同地区的取值会有差异,例如上海市早稻、晚稻和中季稻的 CH_4 排放系数取值分别为 $12.41g/m^2$、$27.5g/m^2$、$53.87g/m^2$(闵继胜和胡浩,2012)。

(2)动物呼吸碳源量主要由动物数量和其呼吸碳排放系数所决定,具体的核算公式如下:

$$动物呼吸碳源量=动物数量×动物呼吸碳排放系数 \quad (3-10)$$

动物呼吸碳排放的碳源主要有猪、牛、羊这三类大型动物,其碳排放系数是指每头动物每年呼吸释放的碳量。猪、牛、羊这三类大型动物呼吸碳排放系数分别采用 0.082 tC,0.796 tC,0.041 tC(匡耀求等,2010;陶在朴,2012)。其他动物(如鸡、鸭、兔)个体小,且缺乏相应的经验参数,可以忽略不计。动物数量的数据一般来自有关官方统计报告,比如《中国统计年鉴》。

(3)动物肠道发酵和粪便管理的碳源量计算公式如下:

$$动物肠道发酵和粪便管理碳源量=动物数量×(肠道发酵甲烷排放系数$$
$$+粪便甲烷排放系数) \quad (3-11)$$

其中:猪、牛、羊的肠道发酵甲烷排放系数和粪便甲烷排放系数之和,即每头动物每年通过肠道发酵和粪便管理所排放的碳分别为 0.005tC、0.056tC、0.00516tC(蔡博峰等,2009)。

5. 废弃物碳源计算

人类社会经济系统的废弃物碳源主要包括固体废弃物的焚烧填埋和废水排放。

(1)相比之下,固体废弃物的焚烧量比固体废弃物填埋量大得多,所以本书仅考虑固体废弃物焚烧碳量,不考虑填埋碳量,其计算公式如下:

$$固体废弃物焚烧碳量=固体废弃物焚烧量×废弃物的碳含量比例$$
$$×废弃物中的矿物碳比例×废弃物焚烧炉的完全燃烧效率系数 \quad (3-12)$$

其中:固体废弃物焚烧量来自有关统计数据,例如《中国统计年鉴》;废弃物的碳含量比例、废弃物中的矿物碳比例、废弃物焚烧炉的完全燃烧效率系数都来自 IPCC(2006)和有关文献(蔡博峰等,2009)。

(2)废水排放的碳量可分两部分进行测算,即生活废水和工业废水的碳排放量,计算公式如下(IPCC,2006):

$$生活废水排放碳量=常住人口数量×BODa×SBF×CBOD×FTA×365 \quad (3-13)$$
$$工业废水排放碳量=工业废水量×COD×CCOD \quad (3-14)$$

其中:BODa 是指人均生化需氧量中有机物含量,其值为 60gBOD/(人·天);SBF 为易于沉积的生化需氧量比例,取 0.5;CBOD 是指生化需氧量的排放因子(其值为 0.6g CH_4/g

BOD；FTA 为在废水中无氧降解的生化需氧量的比例，取 0.8；COD 是指化学需氧量，其单位为 kg/m^3；CCOD 为化学需氧的排放因子，缺省值为 0.25kg CH_4/kg COD（IPCC，2006）。

6. 自然系统碳源计算

自然系统碳源主要包括自然植被呼吸作用产生的碳排放、土壤呼吸作用产生的碳排放和水域碳挥发。

(1)自然植被分为森林、草地、城市绿地三部分，其碳量计算公式如下：

$$森林呼吸作用碳量＝森林总面积×森林单位面积呼吸碳排放系数 \qquad (3\text{-}15)$$

$$草地呼吸作用碳量＝草地总面积×草地单位面积呼吸碳排放系数 \qquad (3\text{-}16)$$

$$城市绿地呼吸作用碳量＝绿地总面积×绿地单位面积呼吸碳排放系数 \qquad (3\text{-}17)$$

其中：森林、草地、绿地的总面积来自统计报告，例如《中国林业统计年鉴》，其单位面积呼吸碳排放系数分别为 5.706t/$(hm^2 \cdot a)$、0.632t/$(hm^2 \cdot a)$、5.06t/$(hm^2 \cdot a)$（谢鸿宇等，2008）。

(2)土壤呼吸作用碳量的计算公式为（方精云等，1996）：

$$土壤呼吸作用碳量＝土壤面积×土壤呼吸密度 \qquad (3\text{-}18)$$

其中，土壤呼吸密度的影响因素很多，如生物作用、土壤气象因子、抑制因子以及土地利用方式等（刘绍辉和方精云，1997），导致了不同区域的土壤呼吸密度有差异。较为准确的土壤呼吸密度一般通过实地测量方式获得，例如通过实测结果显示上海土壤的净呼吸密度为 0.104t/hm^2（钱杰，2004）。

(3)水域碳挥发碳量主要是指水域在自然过程中的碳释放量，包括河流与湖泊的碳挥发，其计算公式为

$$水域碳挥发碳量=河流面积×河流碳挥发系数+湖泊面积×湖泊碳挥发系数 \qquad (3\text{-}19)$$

其中：河流和湖泊的碳挥发系数分别为 0.026t/$(km^2 \cdot a)$（取值地点为长江流域）和 0.041t/$(km^2 \cdot a)$（取值地点为东部平原）（叶笃正和陈泮勤，1992）。

四、城市系统的碳汇计算模型

根据公式(3-5)，城市系统碳汇主要是自然系统碳汇，包括森林碳汇、草地碳汇、城市绿地碳汇、农地碳汇、水域碳汇。

1. 森林碳汇

森林植被通过光合作用的固碳总量计算公式如下：

$$森林碳汇量＝森林单位面积光合总量×森林面积 \qquad (3\text{-}20)$$

其中，森林光合总量＝呼吸总量+净增量+凋落物量，森林光合总量、呼吸总量、净增量和凋落物量的具体取值如表 3-2 所示（方精云等，1996）。

2. 草地碳汇

草地光合作用碳量计算公式如下：

$$草地碳汇量＝草地单位面积光合总量×草地面积 \qquad (3\text{-}21)$$

其中，草地单位面积光合总量=呼吸总量+净增量+凋落物量。由于草地每年不产生直接净增量，而是以落叶落枝的形式回归于自然系统，因此认为凋落物量等于净增量（方精云等，1996）。草地呼吸总量、净增量和凋落物量的系数取值如表 3-2 所示（谢鸿宇等，2008）。

3. 城市绿地碳汇

城市绿地的碳汇的计算方法如下：

$$城市绿地碳汇量＝城市绿地单位面积光合总量×绿地面积 \tag{3-22}$$

其中，城市绿地单位面积光合总量=呼吸总量+净增量+凋落物量，城市绿地光合总量、呼吸总量、净增量和凋落物量的具体系数取值如表 3-2 所示（管东生等，1998）。

表 3-2　自然植被光合总量系数

类别	光合总量		呼吸总量		净增量		凋落物量	
	t/(hm²·a)	比重	t/(hm²·a)	比重	t/(hm²·a)	比重	t/(hm²·a)	比重
森林	11.416	100%	5.706	50.00%	3.810	33.38%	1.900	16.62%
草地	2.528	100%	0.632	25.00%	0.948	37.50%	0.948	37.50%
城市绿地	10.120	100%	5.060	50.00%	3.378	33.38%	1.682	16.62%

4. 农地碳汇

农地碳汇是植物碳汇中重要的组成部分之一，主要指农作物生育期的碳吸收过程，其碳汇量计算公式如下：

$$农作物生育期碳量＝农作物生物产量×农作物碳吸收率 \tag{3-23}$$

其中，农作物生物产量是指在单位面积土地上所收获作物（多指地上部分）的干物质总量，其计算公式为（方精云等，1996）：

$$农作物生物产量＝谷物经济产量/经济系数 \tag{3-24}$$

通常谷物主要包括水稻、小麦、玉米、高粱、大豆、薯类、花生、油菜籽、麻类、烟草等十大类。谷物经济产量是指在单位面积土地上，所收获作物可供食用或其他用途的作物籽粒或其他器官的干物重，经济系数是指农作物经济产量与生物产量的比值。根据经济科学出版社出版的《植物生产概论》和王修兰（1996）、李克让等（2000）、方精云等（2007）所提供的数据，这十类谷物的平均含水率、经济生物产量、经济系数和碳吸收率均见表 3-3。

表 3-3　主要农作物类型及碳吸收系数

种类	经济系数	平均含水率	碳吸收率	经济生物产量
水稻	0.45	0.1375	0.4144	1.92
小麦	0.4	0.125	0.4853	2.19
玉米	0.4	0.135	0.4709	2.16
高粱	0.35	0.145	0.45	2.44
大豆	0.35	0.125	0.45	2.50

种类	经济系数	平均含水率	碳吸收率	经济生物产量
薯类	0.7	0.133	0.4226	1.24
花生	0.43	0.09	0.45	2.12
油菜籽	0.25	0.09	0.45	3.64
麻类	0.39	0.133	0.45	2.22
烟草	0.55	0.082	0.45	1.67

5. 水域碳汇

水域碳汇主要包括水域固碳和水域干湿沉降的碳吸收，其具体计算式为

$$水域碳量 = 河湖固碳速率 \times 河湖面积 + 滩涂固碳速率 \times 滩涂面积$$
$$+ 单位面积干湿沉降的碳输入系数 \times 水域面积 \qquad (3-25)$$

其中：河湖和滩涂的固碳速率分别取 $0.567t/(hm^2 \cdot a)$ 和 $2.356t/(hm^2 \cdot a)$（段晓男等，2008）；单位面积干湿沉降的碳输入系数的取值为 $5.208t/(hm^2 \cdot a)$（取值地点为江苏省）（叶笃正和陈泮勤，1992）。

五、城市系统碳平衡状态实证分析

基于前面介绍的碳源碳汇和净碳源量的核算公式，本节通过样本城市来举例说明如何进行城市系统的碳平衡状态评价分析。

(一)数据收集及处理

本节的实证分析选取上海市为样本城市，对其 2000～2015 年间的碳平衡状态进行评价分析。上海市的社会经济相对于我国其他城市有较高的水平，研究其在社会经济发展过程中的碳平衡状态，可为众多发展起步较晚的城市提供低碳建设方面的经验和参考资料。

本节评价分析上海市碳平衡状态所需的实证数据主要来自各类公开发表的统计年鉴、国家统计局官方网站和上海市政府官方网站。

有关各类碳源的数据：①能源活动相关数据来自《中国能源统计年鉴》（国家统计局，2001～2016）；②工业活动、人体呼吸、农业活动、废弃物相关数据来源于《上海统计年鉴》（上海统计局，2001～2016）；③自然系统中森林面积、城市绿地面积、草地面积数据来源于《中国林业统计年鉴》（国家林业局，2001～2016）和国家统计局官方网站；④土壤和河流面积数据来源于《上海统计年鉴》（上海统计局，2001～2016）和上海市水务局官方网站。

有关各类碳汇的数据：①农业相关碳汇数据来源于国家统计局官方网站；②水域和滩涂面积数据来源于《上海统计年鉴》（上海统计局，2001～2016）和上海市水务局官方网站；③其他碳汇数据来源都与上述测算碳源的数据来源相同。

对于个别缺失的数据，本书采用平均数法进行处理（武静静等，2015）。

(二)碳源量分析

将上海市碳源的相关数据应用于前面有关公式，可以得到上海市 2000～2015 年的碳源量，具体结果如表 3-4 所示。

表 3-4　2000～2015 年上海市碳源核算结果　　　　　　　　　　单位：万吨

年份	能源活动	工业生产	人体呼吸	农业活动	废弃物	自然系统呼吸
2000	9934.51	1015.32	0.08	27.76	24.01	30.37
2001	10486.28	1072.10	0.08	28.72	18.48	31.21
2002	10189.70	1021.60	0.08	26.25	14.35	33.23
2003	10541.54	1060.07	0.08	25.19	17.56	36.09
2004	12257.89	1126.59	0.09	8.30	27.74	35.58
2005	13364.40	1199.45	0.09	19.65	36.29	36.69
2006	14506.96	1239.82	0.10	17.19	44.30	37.57
2007	15488.26	1293.43	0.10	17.59	44.28	38.17
2008	15665.81	1248.28	0.10	20.44	42.79	39.41
2009	16324.64	1246.15	0.10	21.94	41.49	104.53
2010	16856.43	1380.87	0.11	21.88	43.34	106.16
2011	17388.22	1391.08	0.11	23.44	33.40	107.24
2012	17168.52	1275.94	0.10	23.23	37.40	108.21
2013	17459.52	1222.90	0.10	22.74	47.99	113.05
2014	17858.58	1206.00	0.10	21.55	56.77	113.78
2015	17625.73	1168.54	0.09	21.44	66.64	114.58

从表 3-4 可以看出，在整个数据统计期间，上海市主要的碳源是能源活动和工业生产。其中，能源活动消费的碳源量占比约为 90%，且伴随社会经济活动的发展而显著增加，从 2000 年的 9934.51 万吨增长到 2015 年的 17625.73 万吨，年平均增长率为 3.90%。工业活动虽然也是上海的主要碳源，但其量的增幅较小，从 2000 年的 1015.32 万吨上升到 2015 年的 1168.54 万吨，年均增长率为 0.94%。

为了更直观地展示上海市碳源量的动态变化，表 3-4 中的数据可用图 3-6 来表示。其中，图 3-6(a)为碳源量的原始动态变化图。由于人体呼吸、农业活动、废弃物和自然系统呼吸碳源相对很小，图 3-6(b)放大这几种小碳源量的动态变化，以清晰地认识其变化规律。

由图 3-6(a)可知，随着上海市社会经济的发展，能源活动碳源量在 2003～2008 年呈现井喷式发展，从 2000 年的 5499 万吨标准煤消耗量上升到 2015 年的 11387 万吨标准煤消耗量，增幅为 107%(中国能源统计年鉴，2016)。但能耗上升速度在 2008 年后有所放缓，其原因是这期间上海市的能源结构有所改善。上海市在十二五期间(2011～2015 年)，煤炭占一次性能源的比重下降近 13 个百分点，天然气占一次性能源的比重提高 3.8 个百分点，核电、水电等非化石能源的比重提高 6.8 个百分点(上海市节能和应对气候变化"十三五"规划，2017)。

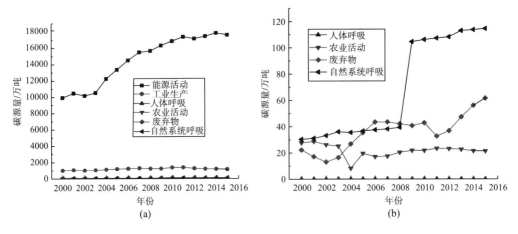

图 3-6　2000～2015 年上海市碳源量动态变化图

图 3-6(a) 的结果还显示了上海工业生产过程碳源变化幅度较小。这主要是由于这期间上海市的钢铁、水泥和玻璃等主要工业活动的产量变化幅度较小。

根据图 3-6(b) 可知，2000～2015 年间上海市自然系统呼吸碳源量和废弃物碳源量都呈现显著上升趋势，而农业活动碳源量和人体呼吸碳源量的变化趋势则较平稳。

(三) 碳汇量分析

将上海市的碳汇相关数据应用到前面列出的有关公式，可以得到在 2000～2015 年期间上海市的碳汇量，具体计算结果见表 3-5 所示。

表 3-5　2000～2015 年上海市碳汇核算结果　　　　　　　　　单位：万吨

年份	森林	草地	城市绿地	农地	水域
2000	21.17	11.59	10.63	167.88	39.91
2001	25.30	11.59	12.46	141.01	39.91
2002	25.30	11.59	15.83	118.83	39.91
2003	25.30	11.59	20.61	88.66	39.91
2004	21.94	11.59	22.52	96.25	39.91
2005	21.94	11.59	24.36	95.11	39.88
2006	21.94	11.59	25.83	96.99	39.88
2007	21.94	11.59	26.83	93.78	39.81
2008	21.94	11.59	28.91	99.35	39.77
2009	69.29	11.59	98.66	103.98	39.94
2010	69.29	11.59	101.38	100.51	40.11
2011	69.29	11.59	103.18	103.38	40.28
2012	69.29	11.59	104.80	101.26	40.45
2013	79.04	11.59	104.88	93.84	43.08
2014	79.04	11.59	106.10	91.59	43.95
2015	79.04	11.59	107.44	92.17	42.69

由表 3-5 可知，上海市的主要碳汇为农地、城市绿地和森林碳汇。其中，城市绿地碳汇量是上海市关键的碳汇量，并且表现出稳定的增幅，从 2000 年的 10.63 万吨上升到 2015 年的 107.44 万吨，年均增长率为 16.67%。农地碳汇量虽然呈现降低趋势，从 2000 年的 167.88 万吨下降到 2015 年的 92.17 万吨，年均下降率为 3.920%，但其仍是上海市主要的碳汇量之一。此外，森林碳汇也成为上海市的重要碳汇，在 2000～2015 年间呈现稳定的增长趋势，从 2000 年的 21.17 万吨上升到 2015 年的 79.04 万吨，增加了两倍之多。

为了更直观地展示上海市碳汇量的动态变化趋势，可将表 3-5 中的数据用图 3-7 来表示。

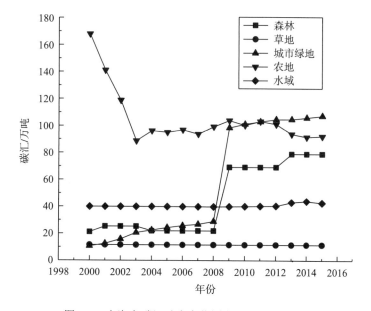

图 3-7　上海市碳汇动态变化图（2000～2015 年）

由图 3-7 可知，上海的农地碳汇量在 2000～2003 年间呈现显著下降，这主要是上海市在 2000 年至 2003 年间主要农作物产量大幅下降。例如，水稻产量从 2000 年的 137 万吨下降到 2003 年的 82 万吨，下降率约为 40%；小麦产量从 2000 年的 25 万吨下降到 2003 年的 7 万吨，下降率为 72%（国家统计局，2004）。从图 3-7 还可以看出，水域碳汇和草地碳汇量基本稳定，无明显变化趋势。而森林和城市绿地碳汇量在 2008 年后一直呈上升趋势，这表明上海市近年来在城市绿化建设方面有很大的改善。当然，数据也反映出上海市的森林碳汇和城市绿地碳汇与能源消耗碳源相比仍然非常小，因此，上海还需要继续发展各类碳汇建设。

（四）碳平衡状态分析

基于表 3-4 中的碳源量数据、表 3-5 中的碳汇量数据和城市系统碳平衡状态评价模型 [式 (3-3)、(3-4)、(3-5)]，可以得出上海市碳平衡状态的分析结果，见表 3-6 展示。

表 3-6   2000～2015 年上海市碳平衡状态评价结果   单位：万吨

年份	总碳源	净碳源	总碳汇	年份	总碳源	净碳源	总碳汇
2000	11032.06	10780.89	251.17	2008	17016.83	16815.29	201.54
2001	11636.88	11406.61	230.27	2009	17738.86	17415.40	323.46
2002	11285.20	11073.75	211.45	2010	18408.79	18085.91	322.88
2003	11680.54	11494.48	186.06	2011	18943.49	18615.77	327.72
2004	13456.20	13264.00	192.20	2012	18613.40	18286.01	327.39
2005	14656.57	14463.70	192.87	2013	18866.30	18533.87	332.43
2006	15845.93	15649.71	196.22	2014	19256.77	18924.50	332.27
2007	16881.82	16687.88	193.94	2015	18997.03	18664.11	332.92

由表 3-6 可知，2000～2015 年间上海市碳源总量远大于碳汇总量，这种差值还一直在扩大，净碳源量很大，呈逐年递增趋势。换言之，上海市处于严重的碳失衡状态，碳源总量远远超过了自然系统可吸收的碳量。

由表 3-6 还可以看出，上海市的净碳源量的增速近年来有所放缓。在 2000～2008 年间，净碳源量从 10780.89 万吨上升至 16815.29 万吨，上升约 56%，而在 2008～2015 年间，净碳源量从 16815.29 万吨上升到 18664.11 万吨，上升幅度为 11%。由此可见，上海市的碳循环正在向平衡方向发展。

基于表 3-4 和表 3-5 中的数据可以进一步识别出上海市碳循环过程中的关键碳源碳汇，以便采取措施有效改善当前上海市的碳平衡状态。仅以 2015 年为例，2015 年上海的碳平衡状态可以用图 3-8 表示。

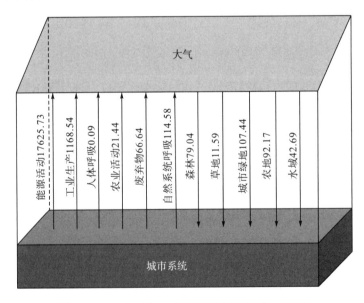

图 3-8   2015 年上海市碳平衡状态图(单位：万吨)

由图 3-8 可知，上海市碳失衡的主要原因在于能源活动和工业生产碳源量远远高于自然系统的碳汇量。根据图中的数据，大约需要种植 34 倍上海市总面积的森林才能吸收能源活动这一项碳源量，大约需要种植 2 倍上海市总面积的森林才能吸收工业生产的碳源量。可以看出，仅靠增加发展碳汇并不能使上海真正实现碳平衡，而控制能源消费和工业生产碳源才是实现上海市碳平衡的关键。

降低能源消费碳源量的路径通常有三种：放慢经济发展的速度、削弱经济发展对能源消耗的依赖关系、广泛使用清洁能源。放慢经济发展的速度可降低能源消费总量，在较低的经济发展速度下，有助于实现从快而粗放的发展模式转变为慢而精细的发展模式。放慢经济发展还能使发展重心由速度和总量逐渐转向质量，从而激发低碳技术的革新和低碳产业的创新。削弱经济发展对能源消费的依赖联系，主要是改变产业结构和技术革新，提高三产的比例，对生产钢铁、水泥和玻璃等产品的技术升级或者积极寻求比这些产品更低碳的替代品，提高经济发展的低碳水平（Shen et al.，2018a）。广泛使用清洁能源是降低碳源实践低碳城市建设的重要手段，应该大力开发和应用太阳能、风能等非化石能源（Shen et al.，2018b）。

从碳汇视角来看，图 3-8 中的数据显示，目前上海市的碳汇主要是植被碳汇，总的碳汇量处于很低的水平。继续加大发展植被碳汇是发展的主要方向。植被（森林、草地和城市绿地）能将固定的碳储存起来，并不再参与流通。农地碳汇虽然也能固定碳，但这些在农地植被中的碳将会继续在社会经济与自然系统中流通。例如农作物固定的碳将会随着食物流入人体，最终由呼吸作用和废弃物焚烧释放到大气中。因此，增加植被对于推动碳平衡的实现具有重要意义。

第四章 低碳城市建设内涵

内涵是反映某一个概念或事物本质属性的总和,是人对某件事的认知感觉,是人类思维通向未知领域的阶梯和桥梁。低碳城市建设是"低碳城市"和"建设"两个综合性很强的概念集成。因此要认识低碳城市建设内涵,必须首先认识低碳城市建设的概念。

第一节 低碳城市建设概念

无论是低碳城市还是低碳城市建设在科研和实践中都得到了广泛的关注,然而对低碳城市和低碳城市建设的定义在学术界和实践领域都尚无统一的界定和认识。

一、低碳城市的定义

现有的关于低碳城市的定义主要是从低碳经济、低碳交通、低碳消费、城市管理和城市碳排放水平等五个视角提出的(秦耀辰,2013)。表 4-1 中列出了一些典型的低碳城市相关概念。

表 4-1 低碳城市的相关概念

视角	主要概念	文献机构或作者
城市发展模式（低碳经济、低碳交通、低碳消费）	保持较低水平的能源消耗和二氧化碳排放;保持土地的生态和碳汇功能;提高能效和发展循环经济	世界自然基金会(WFF)
	以低碳经济为本质,建立资源节约型和环境友好型社会,构建可持续的能源生态体系	中国科学院可持续发展战略研究组(2009)
	城市以低碳经济为发展方向,市民以低碳生活为理念,政府以低碳社会为建设标本和蓝图	谷永新和李洪欣(2008)
	发展低碳经济,创新低碳技术,改变生活方式,形成结构优化、循环利用、节能高效的经济体系	付允等(2008)
	在确保居民生活水平提升的前提下,通过转变经济发展模式等来促进城市的低碳发展	刘志林等(2009)
	在确保社会经济快速发展的前提下,将碳排放控制在较低水平	金石(2008)
	以低碳经济为核心,建设包括低碳生产和低碳消费的资源节约型、环境友好型、可持续型的社会	夏堃堡(2008)
	从城市轨道交通视角提出低碳城市的发展应大力发展城市轨道交通,并通过提升城市交通效率来降低碳排放强度,从而促进低碳城市的可持续发展	余凌曲和张建森(2009)
	彻底改变以小汽车为主的交通模式,形成新的低碳发展模式	崔耀杰(2009)
	通过转变居民的消费理念和生活方式,在确保居民生活水平不断提高的前提下,控制城市的碳排放	戴亦欣(2009)

视角	主要概念	文献机构或作者
城市管理	通过建立健全的基础设施、提高能源利用效率、促进集约的土地利用方式等管理措施，从而促进城市能源的清洁、安全利用，土地集约化等	李增福和郑友环（2010）
城市碳排放水平	城市经济增长与碳排放水平实现脱钩，当城市碳排放增长相对于经济增长是非常小的正增长，即实现了相对脱钩；如果碳排放相较于经济是零增长或负增长，则二者就实现了绝对脱钩	诸大建（2009）

资料来源：（张征华，2013；秦耀辰，2013；郝寿义和倪方树，2011）

从表4-1可以看出，低碳城市的定义主要是从低碳经济、低碳交通、低碳消费、城市管理、城市碳排放水平等多视角阐述，应用了生态学、经济学、环境学、地理学、城市学等多个学科的原理。

尽管有各种关于低碳城市定义的界定视角，描述的侧重点也不一样，但这些视角的本质是一致的：低碳城市是一个复杂的巨系统，涉及社会、经济、资源、环境和技术等综合领域，强调发挥城市系统的整体作用，聚焦在城市的各个具体方面进行实践。

基于对城市系统的碳循环和碳平衡的认识，本书定义低碳城市是一类其碳源和碳汇处于相对平衡状态的城市。按照这个定义，在实践中能够被定义为低碳城市的还很少，绝大多数城市都处于碳源多碳汇少的状态。

二、低碳城市建设的特征

低碳城市建设是一个将城市建设成低碳城市的过程，这个过程就是在社会、经济、资源、环境和技术等方面进行变革，结合城市自身的社会经济背景，改变传统的高碳经济社会发展模式，最大限度地在整个城市系统内减少碳源、增加碳汇，从而实现"社会经济-自然"二元城市系统的可持续发展。因此，低碳城市建设具有过程性、系统性和相对性特征。

（一）过程性

低碳城市建设的目标是实现碳循环平衡状态，而要达到这个状态不是一朝一夕就能实现的，需要一个长期的过程。如何从高碳逐渐转变为低碳，这样一个转变过程是低碳城市建设的核心。因此，低碳城市建设的过程性首先反映在时间上，是时间的函数。在近期的时间轴上，主要通过减少环境资源消耗的投入，在社会经济各个环节提倡节能，提高经济效益与社会福利的产出，从而提高低碳生态效率。在长远的时间轴上，改变产业结构和能源结构，发展和应用清洁能源和低碳技术，产生低碳城市建设需要的持续推动力。

另一方面，低碳城市建设是一个复杂的、多维度的过程，在这一过程中，城市要素包括人口、产业结构、经济发展水平、工业化和科技化水平等，都是不断变化和发展的，所以采用的低碳措施和管理方法是变化发展的。因此，低碳城市建设的过程性是一个有机过程，是一个动态规划的过程，所应用的低碳措施、技术和方法在时间维度上不是一成不变的，而是需要根据实际情况灵活调整。随着时间的推移，城市的社会、经济、能源、交通等都在发生着日新月异的变化，低碳城市建设的目标定位也会发生相应的改变。低碳城市建设的具体内容要与时俱进，因地制宜，具有动态性和灵活性，才能满足不同时期应用不同措施和方法的需要。

(二)系统性

低碳城市建设不仅仅是节能减排与经济发展的统一，而是一项复杂的系统工程，涉及社会、经济、资源、环境和技术等多维度，以及产业结构、能源结构、居民生活等多个层面。从某个单一的视角或方面来实践低碳措施和方法有可能让某一方面实现减少碳排放的目的，但是不能保证整个城市系统的碳排放减少。因此，低碳城市建设的实践必须付诸在城市系统的各个维度和层面，从系统的整体出发减少碳排放。

另一方面，低碳城市建设的系统性还表现在城市系统要素间有相互依赖、相互影响的密切关系，因此需要在系统要素间进行协调，保证城市系统的各个要素相互支持并形成一个有机整体，从而实现城市整体系统达到碳循环平衡的良性状态。所以，认识低碳城市建设需要运用系统论原理，既要设计城市低碳建设的整体目标，在城市系统的所有要素上实践低碳措施和方法，又要在城市系统的所有要素间进行协调，保证各要素间在执行低碳建设措施的过程中相互支持而不是互相排斥，从而实现城市系统的低碳建设总目标，实现城市系统的可持续发展。

(三)相对性

低碳城市建设过程中的"低碳"不是绝对的，而是相对的。由于不同城市具有不同的社会经济文化等背景，处在不同的发展时期，在制定低碳建设目标时要考虑这些城市背景特征，制定符合自身特点和发展要求的目标，在选择实践低碳建设的措施和方法时应有所不同。不应该在不同城市间采用一个统一的低碳建设绝对标准，否则在那些不具备条件的城市实施高标准的低碳措施只能是徒劳的，这就体现了低碳城市建设的相对性。另一方面，在不同的国家与地区间，低碳城市建设的具体目标和措施也是相对的。从全球层面来说，低碳城市建设需要划分与辨别不同国家的城市发展阶段与减排义务。对于发展中国家而言，许多城市的人文发展需求还没有达到相应的高度，需要在保证不影响经济总量的前提下，提高能源效率与环境效率，实现相对的低碳排放。而对于发达国家而言，技术和人文方面都具备实践高标准低碳城市建设的条件，应当充分履行减少碳排放的义务，分享低碳城市建设的技术与经验。

第二节 低碳城市建设的研究现状

为了更好地把握低碳城市建设的内涵，认识城市低碳建设的内容，本节将对低碳城市建设的研究现状进行系统梳理。

随着"低碳城市"以及"低碳城市建设"理念的不断推广，近二十年来世界范围内掀起了低碳城市建设研究的热潮，全社会对于低碳城市建设的关注度与日俱增。通过将文献计量法与社交网络大数据挖掘方法相结合，国内外学者通过发表各种学术论文对低碳城市建设的关注度可以反映在表 4-2 及表 4-3 中，这些数据也可以用图 4-1 和图 4-2 来反映。

表 4-2　国内关于低碳城市建设研究文献统计表

年份	报纸	图书	期刊	专利	会议论文	学位论文
1995	0	0	1	0	0	0
1996	0	0	0	0	0	0
1997	0	0	1	1	0	0
1998	0	0	1	0	0	0
1999	0	0	1	0	0	0
2000	0	0	1	1	0	0
2001	0	1	2	0	0	0
2002	0	0	1	1	2	0
2003	0	0	2	0	2	1
2004	0	0	8	0	0	1
2005	0	0	4	0	2	4
2006	0	0	15	3	7	4
2007	8	0	15	2	1	7
2008	46	0	72	2	6	13
2009	357	7	381	3	50	20
2010	2327	44	3945	49	707	203
2011	998	54	3149	49	512	459
2012	634	42	3013	35	367	544
2013	575	68	3650	35	270	530
2014	419	58	3504	42	201	465
2015	480	54	3473	36	82	413
2016	392	33	4607	35	69	247
2017	326	26	2576	39	48	130

表 4-3　国外关于低碳城市建设研究文献统计表

年份	图书	期刊	会议论文	学位论文
1995	0	2	0	0
1996	0	2	0	0
1997	0	0	0	0
1998	0	0	0	0
1999	0	4	0	0
2000	0	1	0	0
2001	0	1	0	0
2002	0	0	0	0
2003	0	2	0	0
2004	0	3	0	0
2005	0	12	0	0
2006	0	11	0	1

年份	图书	期刊	会议论文	学位论文
2007	0	11	6	0
2008	0	8	2	0
2009	0	45	8	2
2010	0	225	17	11
2011	0	253	27	45
2012	0	191	51	47
2013	0	225	29	7
2014	1	438	13	2
2015	2	449	12	6
2016	0	408	23	2
2017	0	346	5	2

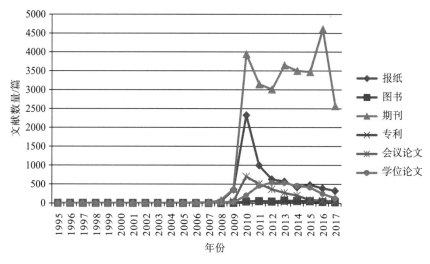

图 4-1　国内关于低碳城市建设研究文献的发展趋势图

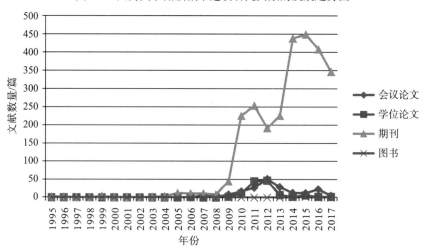

图 4-2　国外关于低碳城市建设研究文献的发展趋势图

从图 4-1 和图 4-2 可以看出，2008 年之前，国内外学者对低碳城市建设的关注度都较低，处于萌芽阶段。自 2009 年起，其关注度则呈爆发式增长。截止到 2017 年 12 月，国内外关于低碳城市建设的文献分别达到 41071 篇和 2958 篇。由此可见，近十年来低碳城市建设是国内外学者的研究热点。大量文献的产生使得用传统的文献综述法很难准确显示其研究现状。为此，这里以中国知网数据库(CNKI)作为文献的数据源，利用共词分析法总结低碳城市建设相关文献中的高频关键词，进一步得到关键词共词矩阵。再运用 SPSS计量分析软件对所得的低碳城市建设关键词矩阵进行文献聚类分析，凭借分析结果认识低碳城市建设研究现状。具体分析流程可以用图 4-3 表示。

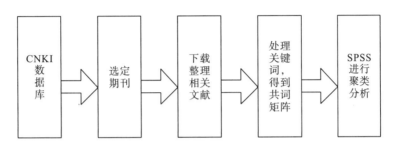

图 4-3 低碳城市建设研究现状分析的流程图

CNKI 有 198 个中文核心期刊。本书通过输入关键词"低碳城市建设"在 CNKI 进行搜索，对 198 个中文核心期刊进行文献整理，得到了 2005～2016 年间与低碳城市建设相关的文献共 1092 篇，关键词共 4323 个。然后对关键词分两步进行处理：无效关键词剔除和相近关键词合并。无效关键词剔除是通过全面阅读所提取的关键词，剔除与低碳城市建设无关的关键词，如低碳钢、鱼菜共生等。在对相近关键词进行合并时，主要是正确判断相近词。相近关键词有两种表现形式，一是含义近似，如"低碳生态城"和"生态城市"含义上就是相近的；二是词形重叠，如"交通方式"和"出行方式"、"北京"和"北京市"等(吕一博等，2011)。经过以上处理，得到有效并且非相近的关键词 1574 个，再从中选取了 48 个词频大于 10 的关键词作为高频关键词做进一步分析。这 48 个词的出现频次占所有 1574 个有效词出现频次的 45%，表 4-4 展示了部分高频关键词及其频次。

表 4-4 高频关键词及其频次

高频词	关键词	出现频次
高频词.1	低碳城市	313
高频词.2	低碳经济	240
高频词.3	碳排放	174
高频词.4	指标体系	87
高频词.5	政策	70
高频词.6	低碳代表城市	53
高频词.7	消费行为	52
高频词.8	发展路径	52

高频词	关键词	出现频次
高频词.9	城市规划	48
高频词.10	交通模式	46
高频词.11	可持续发展	45
高频词.12	低碳发展	37
高频词.13	节能减排	34
高频词.14	能源	34
高频词.15	城市交通	32
高频词.16	气候变化	32

再运用共词分析法，可以找出 48 个高频关键词的相互关系。运用共词分析法是对高频关键词进行两两共词检索，统计其在文献中同时出现的次数，从而形成了 48×48 的共词矩阵。再进一步通过计算 Ochiia 系数，可将共词矩阵转换成相似矩阵(表 4-5)，Ochiia 系数的计算公式为

$$Ochiia = F_{ij} / \sqrt{F_i \times F_j} \tag{4-1}$$

表 4-5　低碳城市建设研究高频词相似矩阵

	低碳城市	低碳经济	碳排放	指标体系	政策及对策	代表城市	消费行为	发展路径	城市规划
低碳城市	1.000	0.281	0.163	0.255	0.236	0.093	0.055	0.102	0.098
低碳经济	0.281	1.000	0.108	0.090	0.193	0.115	0.072	0.134	0.047
碳排放	0.163	0.108	1.000	0.024	0.036	0.229	0.137	0.042	0.066
指标体系	0.255	0.090	0.024	1.000	0.000	0.059	0.000	0.000	0.015
政策及对策	0.236	0.193	0.036	0.000	1.000	0.016	0.000	0.000	0.017
代表城市	0.093	0.115	0.229	0.059	0.016	1.000	0.019	0.019	0.059
消费行为	0.055	0.072	0.137	0.000	0.000	0.019	1.000	0.000	0.000
发展路径	0.102	0.134	0.042	0.000	0.000	0.019	0.000	1.000	0.000
城市规划	0.098	0.047	0.066	0.015	0.017	0.059	0.000	0.000	1.000

表 4-5 中，数值越大，代表关键词之间的距离越近，关键词相似度越高；反之，数值越小表明关键词之间的距离越远，关键词相似度越低。由于在相似矩阵表 4-5 中有较多元素的数值为 0，会对最终的数据分析造成一定的干扰。为了排除这一干扰，可以将相似矩阵导入 SPSS 22 统计分析软件中进行聚类分析，得到的聚类分析结果如图 4-4 所示。

图 4-4 显示，当前关于低碳城市建设的研究主要呈现 14 个类团，分别是：

(1)类团 1：脱钩原理，经济增长，产业责任，消费行为；

(2)类团 2：低碳城市，低碳经济，政策及对策，能源；

(3)类团 3：碳排放，代表城市；

(4)类团 4：城市规划，气候变化，可持续发展，城市化；

(5)类团 5：出行方式，城市交通，低碳交通；

(6)类团6：发展模式，低碳产业；

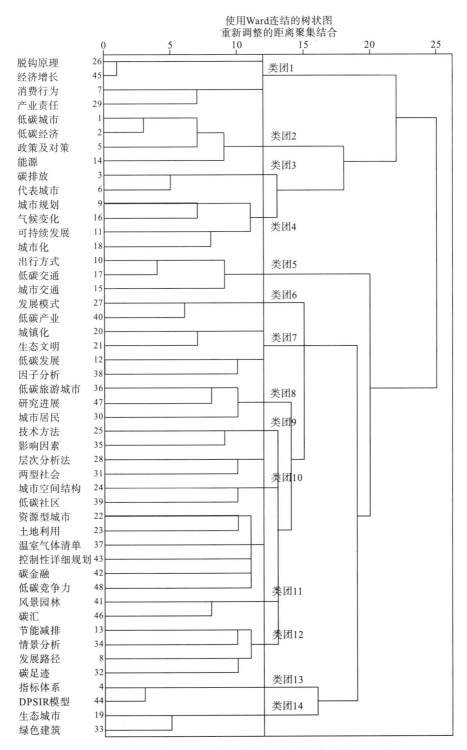

图4-4　低碳城市建设研究的聚类分析结果(申立银等，2017)

(7)类团 7：低碳发展，生态文明，因子分析，城镇化；

(8)类团 8：低碳旅游城市，研究进展，城市居民；

(9)类团 9：技术方法，影响因素；

(10)类团 10：低碳社区，城市空间结构，层次分析法，两型社会，资源型城市，土地利用，碳金融，低碳竞争力，温室气体清单，控制性详细规划；

(11)类团 11：风景园林，碳汇；

(12)类团 12：节能减排，情景分析，发展路径，碳足迹；

(13)类团 13：指标体系，DPSIR 模型；

(14)类团 14：生态城市，绿色建筑。

上述 14 个类团通过系统地展示低碳城市建设研究的热点，有效地展示了低碳城市建设的研究现状，可以帮助认识低碳城市建设的研究轮廓。

第三节　低碳城市与其他形态城市的对比辨析

近十几年，除了低碳城市这一新型城市形态，还相继出现了许多其他形态的城市概念，典型的有绿色城、生态城、海绵城、智慧城市等。对低碳城市建设内涵的深入认识也可以通过比较低碳城市和生态城、海绵城、智慧城市的内涵来实现。通过本章前面两节中的论述可以认识到，低碳城市建设的核心是在不影响经济发展的同时从城市的多个维度进行节能减排，将碳排放控制在合理水平。主要策略包括低碳消费，从减碳的出发点处理人类消费行为与自然的关系；低碳交通，发展节能和新能源交通工具；低碳经济，通过创新低碳技术、优化产业结构、循环利用、低碳生产等经济发展模式来实现碳减排；低碳建筑，通过使用绿色环保建筑材料和减少建筑施工过程化石能源的使用来实现建筑碳减排。

一、低碳城市与生态城市的比较

生态城市的思想可以追溯到 20 世纪 70 年代中期，苏联学者 Oleg Yanitsky 基于当时各国城市生态问题的研究成果，系统地提出了生态城市的构想(蒋艳灵等，2015)。许多其他学者也对生态城市的内涵进行了阐述。Register(1987)将生态城市定义为生态健康的城市，即人类的生产生活活动应遵循生态规律，以实现城市生态承载力保持健康的状态。黄光宇和陈勇(1997)提出生态城市主要以低碳能源的开发利用、清洁生产和循环利用为特点。王发曾(2008)提出生态城市是以现代生态理念为指导，以现代科学技术为手段，建立一种促使人口、资源、环境、社会和经济等协调共处的人类聚集地。金国平等(2008)认为生态城市的核心目标是基于可持续发展理论、生态学理论和系统论来建设"人与自然高度和谐"的环境友好集约型社会。达良俊等(2009)将生态城市简洁地定义为城市生态系统自身结构、组成和功能等实现优化与可持续发展。

基于 CNKI，对生态城市相关研究进行词频分析，可以得到有关生态城市的关键词，从而认识生态城市的主要研究内容。图 4-6 显示，研究文献中关注的生态城市的核心内涵是循环经济，以生态文明理念为指导，强调经济发展过程中各生态要素的循环利用，实现人类社会活动与自然生态系统的协调。

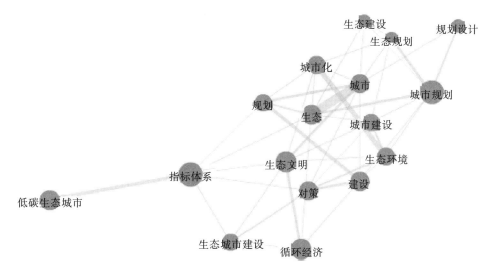

图 4-5　生态城市重点相关概念

通过比较图 4-5 和图 4-6 可以发现，低碳城市与生态城市都强调环境保护和生态文明。不过生态城市的建设内容更宽泛，更加强调城市的生态环境、生态建设和生态规划等内容。而低碳城市是生态城市在碳排放领域的具体化和专业化体现，更聚焦于从低碳经济、低碳消费、低碳交通、低碳建筑等维度来实现城市的环境保护和生态文明建设。

二、低碳城市与智慧城市的比较

智慧城市概念是近年来才提出的，概念本身仍在不断完善中，有不同的表述。其中较为典型的表述是，智慧城市是通过使用先进的信息技术手段，使城市生活更便捷，实现经济上的健康、合理、可持续发展，生活上的和谐、安全、舒适，管理上的智能和高效（骆小平，2010）。还有其他学者从不同的视角和维度对智慧城市概念给予定义，包括 Giffinger 和 Pichler-Milanović（2007）提出智慧城市是由智慧的居民利用才能和行动等前瞻性的方式实现城市的智慧经济、智慧管理、智慧环境和智慧生活等。Washburn 等（2009）提出智慧城市是利用智能信息技术，使城市的交通、教育、医疗和公用事业等基础设施和服务变得更加智能化。Caragliu 等（2011）认为智慧城市是通过对城市各系统的智能化管理，实现可持续的经济增长和高质量的居民生活的城市。李德仁等（2011）认为智慧城市是数字城市与物联网相结合的信息化城市，即通过超级计算机和云计算等互联网工具整合物联网，实现城市的智慧管理和服务。廖世菊（2016）提出智慧城市是人和物的智能结合体，其有三大要点，即"物的智能"是实现智慧城市的基础，"人的智慧"是整合"物的智能"的关键，以及"人的智慧"同"物的智能"相整合后形成的"智慧城市"，其发展状态是可持续的。

图 4-6 显示了关于智慧城市的主要相关概念。智慧城市发展模式与低碳城市发展模式在促进城市的和谐与可持续发展的目标上是一致的。智慧城市更注重利用先进的信息技术来实现城市的智慧式管理和运行。低碳城市发展内涵强调在城市建设过程中发展创新技术、利用先进的信息技术实现减排。这两种形态的城市发展模式的建设目标都是追求城市可持续发展。

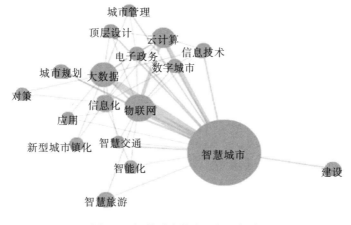

图 4-6　智慧城市的主要相关概念

三、低碳城市与海绵城市的比较

海绵城市这一概念也是近年来才提出的。尽管对海绵城市概念有不同的解释,其本质上是指城市在适应环境变化和应对自然灾害等方面能够像海绵一样具有良好的弹性,下雨时吸水、渗水、净水,需要时可以释放水并加以利用。近年来,特别是在我国多个城市频繁遭遇特大暴雨灾害,频现"看海"窘况,引发了各方对城市水危机的关注热潮。2013年,在厦门召开的极端暴雨事件和防洪减灾国际学术会议上,林炳章教授提出了建设海绵城市的概念(杨阳和林广思,2015)。海绵城市发展模式与低碳城市发展模式和其他城市发展模式追求的根本目标是一致的,即实现城市可持续发展。海绵城市的建设主要强调城市在适应环境变化和应对雨水带来的自然灾害等方面具有良好的"弹性",是对城市雨洪综合管理的新理论方法,图 4-7 显示了海绵城市的主要相关概念。而低碳城市建设的核心关注点在于城市的低碳,强调在一切社会经济活动中实施各种节能减排的方法、措施和机制。

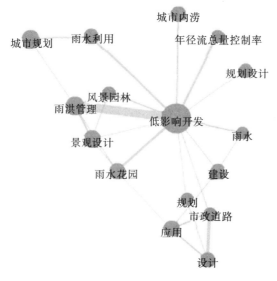

图 4-7　海绵城市的主要相关概念

第五章 低碳城市建设的动态过程性

本书第四章阐述了低碳城市建设的过程性特征,本章将详细论述和分析城市建设从高碳城市转变为低碳城市的各个演变过程,讨论每个演变过程的主要机理,为构建反映过程性的低碳城市建设评价指标体系提供理论基础。

第一节 低碳城市建设的动态过程

城市系统的碳排放是随着城市社会经济发展呈动态变化的,而低碳城市是城市建设发展到一定时期的特殊形态(路超君等,2014),其形成过程具有一定规律。为了构建有效的低碳城市建设评价指标体系,就必须认识低碳城市建设的动态过程性以及这个动态过程的机理。认识这个动态过程的机理实际就是认识在城市发展过程中城市系统的碳排放的变化规律,或者说城市发展与城市系统的碳排放间的动态相关性。

低碳城市建设是将发展经济与最大限度地控制和减少碳排放有机地相结合,其核心是将城市的粗放式经济发展模式转为集约型经济发展模式(Baeumler et al.,2012),伴随着这种经济发展模式的转变,城市的形态由高碳形态转变为低碳形态。这种经济发展模式的转变符合经典的环境库兹涅茨曲线理论。因此可以应用环境库兹涅茨曲线理论来帮助认识城市发展与碳排放的动态相关性(Shen et al.,2018a)。

环境库兹涅茨曲线(environmental Kuznets curve,EKC)是著名经济学家 Kuznets(1955)提出的库兹涅茨曲线的衍生物,最早由 Panayotou(1993)从经济学领域引入环境领域,用于研究环境污染与经济发展的关系。根据 EKC 理论,环境状况随经济发展会呈现先恶化后改善的趋势,在图形上表现为一种"倒 U 形"曲线,如图 5-1 所示。曲线中的转折点被称为"拐点"或"峰值"(Shuai et al.,2017)。

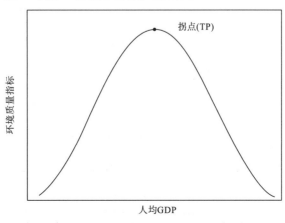

图 5-1 环境库兹涅茨曲线(EKC)

环境库兹涅茨曲线的出现开启了环境质量与人均收入关系研究的新篇章。不少学者以废水、废气(二氧化硫、粉尘、烟尘)和固体废物为研究对象，对 EKC 的假说进行了深入研究(Al-Mulali et al.，2015；李斌和曹万林，2014)。特别是随着碳排放增加而导致全球气候变暖现象，再因全球变暖而诱发生态破坏，这样的恶性循环日益严重，用 EKC 研究以碳排放为环境质量指标和经济发展之间的关系成为环境经济学的一个主要研究领域。表 5-1 中列出了应用环境库兹涅茨曲线研究经济发展与碳排放间关系的代表性文献。

表 5-1 经济发展与碳排放间的环境库兹涅茨曲线的研究文献

作者	时期/年	地区	方法	经济指标	碳排放指标	EKC 存在与否
Liao 和 Cao(2013)	1971～2009	132 个国家	普通最小二乘法(OLS)和广义最小二乘法(FGLS)	人均 GDP	人均碳排放	×
Zoundi(2017)	1920～2012	25 个非洲国家	面板协整分析	人均 GDP	人均碳排放	×
Alam 等(2016)	1970～2012	巴西、中国、印度和印度尼西亚	自回归分布滞后(ARDL)和向量误差修正模型(VECM)	人均 GDP	人均碳排放	2 个有，2 个无
Ibrahim 和 Law(2014)	2000～2008	69 个发展中和发达国家	广义矩估计(GMM)	人均 GDP	人均碳排放	√
Yang 等(2017)	1998～2013	俄罗斯	多项拟合	人均 GDP	人均碳排放	√
Fosten 等(2012)	1830～2007	英国	门限回归	人均 GDP	人均碳排放	√
Al-Mulali 等(2015)	1981～2011	越南	ARDL	人均 GDP	人均碳排放	×
Lau 等(2014)	1970～2008	马来西亚	格兰杰因果检验	人均 GDP	人均碳排放	√
Al-Mulali 等(2016)	1980～2012	肯尼亚	ARDL	人均 GDP	人均碳排放	×
Esteve 和 Tamarit(2012)	1857～2007	西班牙	门限回归	人均 GDP	人均碳排放	√
Wang 等(2011)	1995～2007	中国	面板回归	人均 GDP	人均碳排放	×
Yin 等(2015)	1999～2011	中国	GLS	人均 GDP	人均碳排放	√
Jalil 和 Mahmud(2009)	1975～2005	中国	ARDL	人均 GDP	人均碳排放	√
Halicioglu(2009)	1960～2005	土耳其	ARDL	人均 GDP	人均碳排放	√
Ozturk and Acaravci(2010)	1968～2005	土耳其	ARDL	人均 GDP	人均碳排放	×
Ozturk 和 Acaravci(2013)	1960～2007	土耳其	ARDL	人均 GDP	人均碳排放	√
Apergis 等(2017)	1960～2010	美国 48 个州	面板协整分析	人均 GDP	人均碳排放	10 个州存在
Aldy(2005)	1960～1999	美国 48 个州	OLS	人均 GDP	人均碳排放	40 个州存在
Zheng 等(2016)	2002～2012	中国 73 个城市	线性混合效应模型	人均 GDP	碳排放总量	59 个城市存在
Wang 等(2012)	1997～2010	北京	偏最小二乘法(PLS)	人均 GDP	碳排放总量	×
He 等(2017)	1995～2013	中国 29 个省区市	面板回归	人均 GDP	碳排放总量	×

续表

作者	时期/年	地区	方法	经济指标	碳排放指标	EKC存在与否
Zhang 和 Zhao(2014)	1995~2010	中国东、中、西部	面板回归	人均GDP	碳排放总量	√
Pao 和 Tsai(2011)	1980~2007	巴西	VECM	GDP	碳排放总量	√
Robalino-López 等(2015)	1980~2025	委内瑞拉	协整方程	GDP	碳排放总量	×
Ahmad 等 (2016)	1992~2011	克罗地亚	ARDL 和 VECM	GDP	碳排放总量	√
Apergis 和 Ozturk(2015)	1990~2011	14 个亚洲国家	GMM	人均GDP	碳排放总量	√
Narayan 和 Narayan(2010)	1980~2004	43 个发展中国家	面板协整分析	GDP	碳排放总量	35%的样本存在
Roberts 和 Grimes(1997)	1962~1991	低、中、高收入国家	OLS	人均GDP	碳强度	√

　　从表 5-1 中可以发现，尽管大多数研究已经证实了经济发展与碳排放 EKC 的存在，但仍有学者认为不存在经济发展与碳排放的 EKC。对于状况的解释，Stern(2004)指出 EKC 是一个普遍存在的现象，只是很多实证研究在进行模型计量经济模拟过程中表现有偏差。其他学者例如 Esteve 和 Tamarit(2012)、Al-Mulali 等(2015)和 Ahmad 等(2016)也认可这种表现偏差说法，并进一步指出选取的变量、取值方法、时间节点等的不同是造成 EKC 假说在计量经济学上有偏差的原因。正是这些原因导致了 EKC 原理应用到相同地区但不同时间段的研究结果存在差异。

　　EKC 假说与生态现代化理论(Ehrhardt-Martinez et al.，2002)有高度契合的地方，二者都强调环境问题会在社会经济发展过程中逐步加剧。但另一方面，随着城市发展现代化进程的加快，用以控制和解决环境问题的资源和技术会越来越多和越来越先进，社会经济活动的结构会越来越好，因而环境问题会逐步得到缓解，甚至消除。所以城市经济发展与碳排放间的 EKC 在理论上和实践上都是存在的。通过梳理表 5-1 中的文献，可以看出有三个反映碳排放的指标：碳强度、人均碳排放、碳排放总量。因此，相应的有三条城市经济发展与碳排放间的环境库兹涅茨曲线 EKC，即经济与碳强度 EKC、经济与人均碳排放 EKC、经济与碳排放总量 EKC，见图 5-2，这三条倒 U 形曲线的拐点分别是 TP_M、TP_N 和 TP_P。

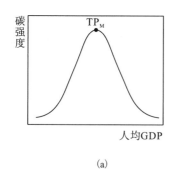
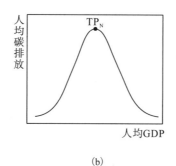
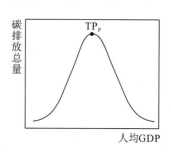

图 5-2　碳排放与经济的环境库兹涅茨曲线

陈劭锋等(2010)指出,一个国家或地区的碳排放随着经济发展或时间演变遵循三个倒U形曲线规律,即碳强度的倒U形曲线、人均碳排放的倒U形曲线和碳排放总量的倒U形曲线,三条曲线上拐点的出现是遵循一定的先后顺序的。碳强度拐点 TP_M 最先出现、人均碳排放拐点 TP_N 其次、碳排放总量拐点 TP_P 最后。

碳强度是指单位 GDP 产生的碳排放,是目前各国应用最广泛的碳减排目标指标,也是哥本哈根气候大会和巴黎气候大会对碳减排的主要倡导指标(Grand,2016)。在经济与碳排放间的 EKC 上,碳强度的峰值(TP_M拐点)最早出现。一方面,碳强度的表达式是碳排放总量除以 GDP,所以该指标更容易随着经济总量(GDP)的增长而下降,即更容易达到峰值和拐点。另一方面,碳强度在某种程度上反映了能源的利用效率,碳强度值越低也即生产单位 GDP 的碳排放量越低,意味着能源利用效率越高(Wang and Zhao,2014)。而能源利用效率的提高被普遍认为是人均碳排放和碳排放总量下降的基础(Yin et al.,2015)。由此可以推断,只有碳强度出现下降趋势,才会有另外两条 EKC 上的拐点出现。

人均碳排放通常是衡量地区碳排放水平的另一个重要指标,不仅可以反映一个地区的经济水平和碳排放量,还能反映一个地区的技术水平和人的生活方式和碳行为。因此,即使碳强度达到了峰值,人均碳排放可能还没有上升到峰值。或者说在经济与人均碳排放间的 EKC 上拐点(TP_N)比经济与碳强度间的 EKC 上的拐点(TP_M)出现得要晚些。但是人均碳排放这一指标的局限性在于它只是把碳排放总量的规模拉低了(Pao and Tsai,2011),弱化了人口对碳排放总量的影响。事实上,人的数量和活动方式对碳排放的增加影响重大(Poumanyvong and Kaneko,2010)。即使人均碳排放量已经开始下降,碳排放总量仍会因为人口和经济规模的增加而保持上升的状态。也就是 TP_N 会比经济与碳排放总量间的 EKC 上的拐点(TP_P)出现得早。

碳排放总量是《京都议定书》规定的碳排放约束指标,经济与碳排放总量间的 EKC 上的拐点(TP_P)在三条曲线中最晚出现。碳排放总量的减小是碳减排和缓解全球气候变暖的核心目标(Friedl and Getzner,2003)。碳排放总量达到峰值的难度最高。一方面,相较于另外两个碳排放指标,碳排放总量受更多的因素影响。Wang 等(2016)指出碳强度和人均碳排放的影响因素往往是碳排放总量影响因素的派生物。所以,拐点 TP_P 受额外因素的影响而比拐点 TP_M 和 TP_N 更难出现。另一方面,碳排放总量与经济增长有直接的关系,在生产生活的技术和方式没有完全低碳化前,碳排放总量的减少对经济增长会产生很大的副作用(Mi et al.,2014)。换言之,实现碳排放总量的减少在一定时期是需要以减缓经济发展为代价的。然而,经济增长是城市可持续发展的三支柱之一,因此需要在碳排放总量和经济发展速度二者间找到平衡,也因此碳排放总量倒U形曲线上的拐点 TP_P 最晚出现。

综合上述分析可知,城市经济发展与碳排放的关系遵循了经济与碳强度 EKC、经济与人均碳排放 EKC、经济与碳排放总量 EKC 三条 EKC 曲线依次出现的规律,这个规律可以用图 5-3 表示。

应用图 5-3 中的三个拐点 TP_M、TP_N 和 TP_P,可以将城市碳排放随经济发展的演变划分为四个过程,即碳排放强度高峰前阶段(过程 P-Ⅰ)、碳排放强度高峰到人均碳排放量高峰阶段(过程 P-Ⅱ)、人均碳排放量高峰到碳排放总量高峰阶段(过程 P-Ⅲ)以及碳排放总量稳定下降阶段(过程 P-Ⅳ)。这个规律揭示了低碳城市的建设需要依次经历四个过程

P-Ⅰ、P-Ⅱ、P-Ⅲ、P-Ⅳ，依次跨越碳强度拐点、人均碳排放拐点和碳排放总量拐点。当一个城市进入阶段 P-Ⅳ后，该城市便实现了真正的低碳建设。低碳城市建设的这四个发展过程又是动态的，不同的城市由于社会经济背景不同，在经历不同的阶段过程时所需的时间会不一样。低碳城市建设的四个阶段过程规律对城市认识自身的减排任务和低碳建设潜力提供了重要的科学理论。

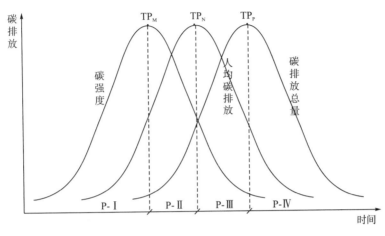

图 5-3　低碳城市建设的演变过程

第二节　低碳城市建设的过程要素

根据上一节的分析，低碳城市建设需要历经四个阶段，最终从根本上实现碳强度、人均碳排放量和碳排放总量都稳定下降的转变。要实现这一转变，就必须清楚地认识低碳城市建设的过程要素，分析这些要素在不同阶段的表现形式和对城市碳排放的影响机理，理清影响这些要素的各种因素，从而采取有针对性的措施控制这些因素，保证实现低碳城市建设稳定地由初级阶段向高级阶段发展。

一、低碳城市建设过程要素识别

识别低碳城市建设过程中的碳排放影响要素有许多方法，运用最广泛的方法有：①IPAT (the impact of population，affluence and technology)方法，②STIRPAT (stochastic impact by regression on population，affluence and technology)方法，③Kaya 恒等式方法(Wu et al.，2016)。IPAT 和 STIRPAT 方法是以分析模型的方式出现的，将碳排放的影响因素归为三类：人口、经济和技术。这三类影响因素是用多种指标来衡量的，例如人口因素可以用流动人口、人口年龄结构、城镇化和家庭规模等指标来衡量。

Kaya 恒等式较 IPAT 和 STIRPAT 模型更全面，构建的 Kaya 碳排放恒等式由单位能源的碳排放量、单位GDP能源消耗、单位GDP 和人口等四个要素决定碳排放(Kaya，1989)。Kaya 恒等式将城市碳排放以要素形式分解为几个方面，被广泛认为是一种有效的城市碳排放要素分析方法，其等式被写成公式(5-1)：

$$C = \frac{C}{E} \times \frac{E}{\text{GDP}} \times \frac{\text{GDP}}{P} \times P = \text{ES} \times \text{EI} \times \text{EO} \times P \tag{5-1}$$

其中，C 代表城市碳排放；E 代表能源消耗；P 代表人口总量；C/E 是指单位能源的碳排放量，其主要与能源结构有关，用 ES 表示；E/GDP 是指单位 GDP 消耗的能源，即能源强度，用 EI 表示；GDP/P 是指人均 GDP，用 EO 表示。

然而，研究表明城市的产业结构(即第一、二、三产业占 GDP 的比例)对城市碳排放有很大的影响(Mi et al.，2015)。因此有必要将产业结构(GDP_m/GDP，用 IS 表示，$m=1$，2，3，分别代表第一、二、三产业)作为影响城市碳排放的主要因素纳入城市碳排放 Kaya 恒等式中，并分析其在不同的低碳城市建设过程阶段中的影响程度。由此，公式(5-1)的形式变为下列公式：

$$C_m = \sum_{m=1}^{3} \frac{C_m}{E_m} \times \frac{E_m}{\text{GDP}_m} \times \frac{\text{GDP}_m}{\text{GDP}} \times \frac{\text{GDP}}{P} \times P = \sum_{m=1}^{3} \text{ES}_m \times \text{EI}_m \times \text{IS}_m \times \text{EO} \times P \tag{5-2}$$

其中，$m=1$，2，3，分别代表第一、二、三产业；C_m 代表第 m 产业的碳排放；E_m 代表第 m 产业的能源消耗；GDP_m 代表第 m 产业的生产总值。根据《中国统计年鉴》，第一产业主要指生产食材及其他一些生物材料的产业，包括种植业、林业、畜牧业、水产养殖业等直接以自然物为生产对象的产业；第二产业主要指加工制造产业，即利用自然界和第一产业提供的基本材料进行加工处理的产业；第三产业是指交通运输业、通信产业、餐饮业、金融业、建筑业、教育产业、公共服务业等。

综上所述，低碳城市建设的主要过程要素包括能源结构、能源强度、产业结构、经济发展和人口等。

二、低碳城市建设过程要素对城市碳排放的影响机理

为了更清楚地掌握低碳城市建设过程要素的演变特征，这里将从定性的角度分析能源结构、能源强度、产业结构、经济发展和人口这五个低碳城市建设过程要素对碳排放的影响机理。

(一)能源结构

能源结构主要是指各类一次能源和二次能源在能源消费总量中所占的比例。其中，一次能源的主要类型有煤炭、天然气、石油等化石能源，是全球各国经济发展的命脉，但其燃烧产生的碳排放也最多，是造成大气中二氧化碳浓度升高的主要碳排放源。这些化石能源在其生产和应用过程中都会排放大量二氧化碳，但排放系数也有区别。根据 IPCC(2006)发布的数据可知，碳排放系数最大的化石能源是煤炭和天然气，煤炭的排放因子为94400kg/TJ，天然气为56100kg/TJ。可以看出煤炭是主要的碳排放源，以煤炭为主的能源结构城市的减排压力相对会大。因此，不同的能源消费占比对城市碳排放的影响差别较大，特别应尽量减少能源结构中的煤炭占比。国务院颁布的《能源发展战略行动计划 2014—2020》强调了优化能源结构对可持续发展的重要性，指出我国应通过降低煤炭消费比重，提高天然气消费比重，大力发展太阳能、风能和电能等清洁能源来优化能源结构，从而减少碳排放总量。

(二)能源强度

能源强度是指单位 GDP 的产出所消耗的能源,常用于衡量国家和地区的能源综合利用效率。能源强度对城市碳排放有很大影响,强度越大,在社会经济活动中产生的碳排放越多。能源强度的减小,或者说能源综合利用效率的提升,主要是通过技术手段和管理措施来实现的,因此能源强度的高低也体现了一个城市的技术水平。能源强度越小说明采用的节能技术越先进,对碳排放的控制作用越显著。反之,能源强度越大则说明能耗技术落后,对碳排放的控制作用有限。因此,降低能源强度被普遍视为控制碳排放的重要手段(Xu et al.,2014;2016)。我国在"十一五"(2006—2010)和"十二五"(2011—2015)规划中明确提出要降低能源强度,在这两个五年计划期间下降目标分别为 20%和 16%。

(三)产业结构

产业结构是指第一、二、三产业分别在国民经济中所占的比重。其中,第二产业属于能源密集型产业,包含电力、石油和天然气开采及制造业等产业。这些产业在生产过程中会消耗大量能源特别是煤炭,因此,第二产业占比大的城市碳排放强度和人均碳排放量都比较高,减排压力大。有研究表明,第二产业和第三产业增长率每增加一个单位,与之对应的碳排放增长率将分别增加 0.41 个单位和 0.1 个单位(帅晶和唐丽,2011)。可以看出,产业结构会对城市碳排放产生较大影响。我国政府近年来一直在大力倡导"调结构",鼓励地区产业结构重心由第二产业向第三产业过渡。

(四)经济发展

经济发展的表现通常是由人均 GDP 的增加来衡量的,经济发展对城市碳排放的影响主要表现在三个方面:①人均 GDP 的增加反映了生产力度的加大,而能源是生产活动的重要引擎,因此经济发展会导致能源消费的增加,从而带来碳排放的增加(Zhou et al.,2016);②人均 GDP 的增加意味着居民经济收入提高,因此居民生活水平也会提高,居民对家用电器和轿车等耐用品的数量和质量要求就会增加,由此导致能源消费和碳排放量的增加;③人均 GDP 的增加是技术升级的契机,当经济规模达到一定程度后,地方政府对技术更新的投入会逐渐增加,从而使得碳排放量的增速放缓,甚至出现负增长趋势。

(五)人口

人口在这里主要指人口规模和整体素质。IPCC(2007)报告曾指出,人类的生活和生产活动是产生碳排放的主要原因,是导致全球气候变暖的主要原因之一,当前的资源条件和环境承载力已经开始不能满足人口不断增长产生的需求。人口对碳排放的影响具体表现在:①城市人口的增加会直接拉动交通工具、建筑和基础设施等的需求增加,随之导致能源消耗和碳排放的增加;②随着社会经济的发展,居民不仅有了生活水平的提高,居民的整体素质和文明意识,包括环境保护意识也会逐渐加强,居民会逐渐践行低碳消费和低碳出行等低碳生活方式,从而为碳排放的控制和低碳城市建设做出贡献。

基于上述对能源结构、能源强度、产业结构、经济发展和人口这五大要素对城市碳排放的影响机理分析可以看出,这些过程要素对城市碳排放量有直接的影响,对城市的低碳建设至关重要,有必要采取措施引导这些要素朝着减小城市碳排放的方向演化。衡量这些要素演变的指标体系可以参考表 5-2 中的资料,这些指标也为构建低碳城市建设评价指标体系奠定了基础。

表 5-2   低碳城市建设过程要素演化表现的指标

过程要素	指标		
能源结构	煤炭占总能耗比例 非再生能源占总能耗比例 工业煤炭占总能耗比例 不可再生能源消耗	可再生能源占总能耗比例 人均可再生能源 总能耗 单位能耗碳排放量	 可再生能源
能源强度	单位 GDP 能耗 专利数量	单位工业 GDP 能耗 单位能耗所产生的 GDP	人均能耗
产业结构	第二产业增加值占 GDP 比重 工业产值占 GDP 比重 工业产值占 GDP 比重的增长率 第三产业增加值与第二产业增加值比重	第三产业增加值占 GDP 比重 服务业产值占 GDP 比重 农业产值占 GDP 比重的增长率	
经济发展	人均 GDP 固定资产投资 外商投资占 GDP 比重	进出口额占 GDP 比重 外商投资 进出口额 土地流转收入占财政收入比例	农民人均收入
人口	15~64 岁人口比例 65 岁以上人口比例 人口密度 城镇化率 流动人口	0~14 岁人口比例 总人口 人口增长率 建设用地增长率 城镇就业率	家庭规模 人口增长 常住人口 城镇人口

第三节   低碳城市建设过程要素的动态表现

本章前面分析到,低碳城市的建设需要经历四个过程,即碳排放强度高峰前阶段(过程 P-Ⅰ)、碳排放强度高峰到人均碳排放量高峰阶段(过程 P-Ⅱ)、人均碳排放量高峰到碳排放总量高峰阶段(过程 P-Ⅲ)以及碳排放总量稳定下降阶段(过程 P-Ⅳ)。上一节讨论的五个低碳城市过程要素,包括能源结构、能源强度、产业结构、经济发展和人口,在这四个低碳城市建设的过程阶段中有不同的内涵,因此,其表现也是不同的。

图 5-3 显示,一个处于低碳建设过程阶段 P-Ⅰ 的城市,其经济发展水平尚处于相对较低的状态,对应的产业结构 IS 还处于从传统农业到第二产业的转变阶段(Stern,2004)。由于第二产业主要是能源密集型产业,能源强度很高,因此转变到以第二产业为主的产业结构会带来大量化石能源的消耗和碳排放(Xu et al.,2014)。另一方面,城市在发展早期往往会将经济增长视为主要发展任务,没有精力去关注清洁技术的研发和使用,居民的环境保护意识也相对较弱。所以处于这个阶段的城市的第二产业会急剧扩张,在快速发展经济的同时,也会以消耗化石能源为主,这种能源结构带来的碳排放是最多的。综上所述,城市处于过程阶段 P-Ⅰ 中,其经济发展模式的特征是生产力效率较低和粗放式发展模式,会造成大量的能源消耗和碳排放,从而能源强度和碳强度都会增加。更进一步,城市经济的增长往往是伴随着人口的聚集,所以在 P-Ⅰ 这一阶段城市人口也是显著增长的,加之

这个阶段人们的环境保护意识薄弱，这就更加剧了城市碳排放的增加（Zoundi，2017）。

　　在低碳建设过程阶段 P-II 时，碳强度开始逐渐下降，这主要体现经济增长的速度赶超过碳排放总量的增速。事实上，尽管经济的发展会带来能源消耗和碳排放的增加，但也会促进城市技术投入的加大，使得生产效率大大提高，由此带来能源强度的降低和碳排放总量增速的放缓（Kaika and Zervas，2013；Chen et al.，2017）。另一方面，技术进步会帮助生产力的提升、加速生产规模的扩张，结果导致碳排放总量的增加和碳强度的降低（Liu et al.，2013）。碳排放总量的增加和碳强度的降低是一对矛盾，是低碳城市建设这个过程阶段的主要特征。举例来说，由技术进步带来的能源强度降低会直接引起许多工业产品的价格下降，例如汽车、家用电器等。价格的下降导致这些产品的使用普及率越来越高，普及性的使用又激励了生产规模的扩大，从而造成碳排放的急剧增加。以往的研究表明，在一个发展中的城市，在经济快速增长的阶段，产业结构都会向第二产业快速转变，并加速规模生产（Lucas et al.，1992）。显然，这样的规模效应会消耗更多的以化石能源为主的能源，高碳排放的能源结构特征更为显著，加剧了碳排放增加。关于这个阶段的人口要素，由于城市处于急剧扩张发展阶段，许多农村人口为追求更好的工作机会、更好的医疗和教育等基础福利而涌入城市，使得城市人口快速增加，城市生活生产量大幅上升，从而导致碳排放总量大幅增加。总之，在低碳城市建设的阶段过程 P-II 中，除了能源强度会在一定程度上降低而减缓碳排放增速以外，其余低碳城市建设过程要素都是碳排放增加的驱动力。

　　低碳建设过程阶段 P-III 是人均碳排放量高峰到碳排放总量高峰阶段，在这期间城市的经济发展已经达到较高水平，城市居民对社会经济质量的重视程度开始逐渐超过对经济增长规模和速度的追求（Shen et al.，2016）。这期间，城市越来越倾向于实践以高新技术和第三产业为主的经济发展模式，技术更新和第三产业是经济发展的主要驱动力（Dinda，2004）。高新技术和第三产业都是碳排放减小的贡献者，因此，在阶段过程 P-III 期间，城市碳强度将进一步减小，得益于社会经济活动中的技术水平提升和产业结构的优化。在能源结构方面，因为在这个阶段的产业结构调整到逐渐以第三产业为主，使得城市社会经济发展对化石能源的依赖程度有所降低，因此能源结构朝着低碳方向改善。在人口要素方面，在 P-III 期间，由于社会经济的进一步发展，城市人口会进一步增多，但居民的环境保护和精神文明意识也会逐渐增强，生活方式会逐渐变得低碳，例如愿意更多地使用清洁能源和更多地消费绿色产品（McGranahan，2010），为减少城市碳排放做贡献，所以说，人口要素在 P-III 期间对城市碳排放增长的影响会减小。总体来说，能源结构、产业结构、经济发展、人口和能源强度这五个过程要素在 P-III 阶段对城市碳排放增加的推动作用都会明显减少，但碳排放总量在本过程中依旧呈现上升趋势。这是因为虽然在短期内以化石能源为主的能源结构在向低碳清洁能源发展的能源结构转变，以及第二产业为主的产业结构在转变为第三产业为主的产业结构，但还没有完成全面转变，总体的经济规模量是增加的，因此城市的碳排放总量还在增加。

　　图 5-3 表示，在低碳建设过程阶段 P-IV 中，城市碳强度、人均碳排放和碳排放总量都呈现下降趋势。这意味着低碳城市建设的五个要素都充分发挥了它们对减小城市碳排放的作用，由增加城市碳排放的功能演变为城市碳减排的驱动力。体现在经济增长以可持续的

发展模式代替规模速度模式，产业结构升级为以第三产业为主导的模式，能源结构转变为以清洁能源或可再生能源为主导的结构，能源强度进一步降低，居民都愿意为保护环境、节能减排作出努力，使用清洁和低碳产品的意识越来越高(Zoundi，2017)。

总结以上的讨论，低碳城市建设过程要素在低碳城市建设各阶段过程 P-Ⅰ、P-Ⅱ、P-Ⅲ和 P-Ⅳ中的动态表现可以归纳为图 5-4。

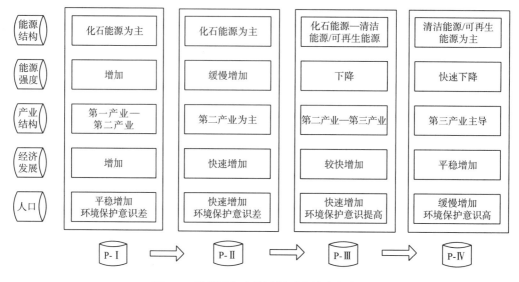

图 5-4　低碳城市建设过程要素的动态表现

第四节　低碳城市建设的过程性实证分析

本节将以我国低碳试点城市为样本，分析低碳城市建设的过程性，为构建体现过程的低碳城市建设评价指标体系提供支撑。

一、低碳试点城市所处的低碳建设阶段

截至 2017 年底，我国已经确立了 81 个低碳建设试点城市。这些城市采取了一系列措施实践低碳建设，为全面推进城市的低碳建设提供了宝贵的经验。通过分析这些试点城市的低碳建设的阶段性可以更深入地理解低碳城市建设是一个经过不同阶段的演变过程。为了响应我国政府对国际社会的减排承诺，即 2030 年实现总碳排放峰值，这 81 个低碳试点城市中的绝大部分都制定了系统的低碳城市发展规划，设定了碳排放总量的达峰年份。碳排放总量的达峰年份是一个城市或国家的减排总目标，我国 81 个低碳试点城市在其制定的低碳城市发展规划中，设定的碳排放总量的达峰年份见表 5-3 所示。

表 5-3 我国 81 个低碳试点城市设立的碳排放总量峰值(TP_P)年份

城市	设立的碳排放总量峰值年份	资料来源
天津	—	天津市低碳城市试点工作实施方案
重庆	—	重庆市人民政府办公厅关于贯彻落实国家应对气候变化规划的意见
深圳	2022	深圳市低碳发展中长期规划(2011—2020 年)
厦门	—	厦门市低碳城市规划总体纲要
杭州	—	关于建设低碳城市的实施意见
上海	2020	上海市国民经济和社会发展"十三五"规划纲要
宣城	2025	宣城市低碳城市试点建设实施方案
三明	2020	福建省"十三五"控制温室气体排放工作方案
共青城	2027	江西省"十三五"控制温室气体排放工作方案
吉安	2023	—
石家庄	—	石家庄市低碳试点工作方案
秦皇岛	2020	河北省"十三五"控制温室气体排放工作实施方案
北京	2020 左右	—
呼伦贝尔	—	内蒙古自治区"十三五"应对气候变化规划
长沙	2025	长沙市发展和改革委员会
株洲	2025	—
湘潭	2028	—
郴州	2027	—
镇江	2020 左右	镇江市人民政府关于加快推进低碳城市建设的意见
宁波	2015	宁波市低碳城市试点工作实施方案
温州	2019	温州市低碳城市试点工作实施方案
池州	2030	—
南平	2020	南平市低碳城市试点工作实施方案
玉溪	2028	玉溪市入选国家第三批低碳城市试点-新闻
普洱市思茅区	2025	云南省"十三五"控制温室气体排放工作方案
拉萨	—	—
安康	2028	安康市国家低碳城市试点工作实施方案(2016—2020 年)
武汉	2020	武汉市低碳城市试点工作实施方案
广州	2020 底前	广州市人民政府关于推进低碳发展建设生态城市的实施意见
桂林	2030 左右	—
广元	2030	广元市国家低碳城市试点工作实施方案
遵义	2030 左右	遵义市低碳试点工作初步实施方案
昌吉	2025 前	新疆"十三五"控制温室气体排放工作实施方案
伊宁	2021	伊宁市低碳发展规划
和田	2025 前	新疆"十三五"控制温室气体排放工作实施方案
第一师阿拉尔	2025	新疆"十三五"控制温室气体排放工作实施方案
乌海	—	乌海市"十三五"节能降碳综合工作方案

城市	设立的碳排放总量峰值年份	资料来源
沈阳	—	沈阳市"十三五"控制温室气体排放工作方案
大连	—	辽宁省"十三五"控制温室气体排放工作方案
朝阳	—	朝阳市"十三五"控制温室气体排放工作方案
逊克县	—	—
南京	—	—
常州	2023	常州市发展与改革委员会
嘉兴		浙江省"十三五"控制温室气体排放实施方案
金华	2020 左右	—
衢州	—	浙江省"十三五"控制温室气体排放实施方案
合肥	2024 前后	安徽省"十三五"控制温室气体排放工作方案
淮北	—	淮北市低碳城市试点建设行动计划(2017—2020 年)
黄山	—	安徽省"十三五"控制温室气体排放工作方案的通知
六安	—	安徽省"十三五"控制温室气体排放工作方案的通知
南昌	—	南昌市低碳城市试点工作实施方案
贵阳	2025 前	贵阳市低碳城市试点工作实施方案
保定		保定市人民政府关于建设低碳城市的指导意见
晋城	—	晋城市低碳城市试点工作实施方案、晋城市低碳发展规划(2013—2020 年)
抚州	—	江西省"十三五"控制温室气体排放工作方案
济南	—	—
烟台	2017	烟台市低碳城市试点实施方案
潍坊	—	—
长阳土家族自治县	2027	长阳土家族自治县入选国家低碳城市试点
吉林	2025 前	—
大兴安岭	—	黑龙江省人民政府办公厅关于做好"十三五"控制温室气体排放工作的意见
苏州	2020	苏州市低碳发展规划
淮安	2025	—
中山	2020 后	中山市"十三五"控制温室气体排放工作实施方案
柳州	2026	广西"十三五"控制温室气体排放工作实施方案
三亚	—	国务院关于印发"十三五"控制温室气体排放工作方案
琼中黎族苗族自治县	—	琼中黎族苗族自治县低碳发展规划
成都	2025 前	成都市低碳城市试点实施方案、四川省控制温室气体排放工作方案
景德镇	—	景德镇市低碳试点工作实施方案,景德镇市生态文明先进示范区建设实施方案
赣州	—	赣州市低碳城市试点工作实施方案,赣州市人民政府关于建设低碳城市的意见

城市	设立的碳排放总量峰值年份	资料来源
青岛	2020	青岛市低碳发展规划(2014—2020 年)
济源	2019	济源市人民政府关于建设低碳城市的指导意见
兰州	2025	兰州市 2025 年碳排放达峰实施方案、甘肃省"十三五"控制温室气体排放工作实施方案
敦煌	—	甘肃省印发"十三五"控制温室气体排放工作实施方案
西宁	—	青海省"十三五"控制温室气体排放工作实施方案
银川	2030 左右	宁夏回族自治区"十三五"控制温室气体排放实施方案
吴忠	—	宁夏回族自治区"十三五"控制温室气体排放实施方案
昆明	—	低碳昆明建设实施方案、中共昆明市委昆明市人民政府关于建设低碳昆明的意见
延安	2029 前	—
金昌	2025 前	金昌市低碳城市试点工作实施方案
乌鲁木齐	2030	乌鲁木齐市低碳城市试点工作实施方案

注："—"表示对应的试点城市并未在官方的政府文件或网站上明示碳排放总量达峰年份。

从表 5-3 可以看出，我国低碳试点城市实现碳排放总量拐点的目标年份大体集中在 2020～2025 年，表明这些低碳试点城市当前都即将到达或处于低碳城市建设阶段过程 P-III，全部跨越了碳强度拐点 TP_M，并处于 TP_N 或 TP_P 之前。换句话说，这些试点城市大都处于总碳排放峰值之前的过程 P-III。

二、低碳试点城市的低碳建设过程要素分析

(一)样本城市的选取

由于城市的低碳建设演变是一个长时间的过程，对其演变过程进行分析研究时需要大量基础数据。然而表 5-3 中绝大部分城市的碳排放等基础数据存在严重缺失，因此不能有效地对所有 81 个低碳试点城市进行分析研究。其二，考虑到这 81 个试点城市大都处于低碳建设阶段过程 P-III，本节应用以往的研究成果(Shen et al.，2018b)，只选取北京市作为样本城市来分析其低碳建设的演变过程。北京市在过去快速城镇化和工业化的过程中产生了大量的碳排放，但近年来在减排方面投入了大量资源，采取了一系列措施。2005 年北京加入旨在推动低碳城市发展的全球 C40 城市领导小组；2010 年北京被评设定为中国第一批低碳试点城市；2015 年北京在中美气候峰会上承诺到 2020 年实现碳排放总量峰值。由此可见，北京的低碳建设的阶段性很强，演变历程鲜明，演变过程比我国其他城市更快，在低碳建设实践方面具有显著的代表性，能够有效地反映低碳城市过程要素的动态表现。通过引用 Shen 等(2018a)关于北京市能源结构和能源强度数据、Shen 等(2018b)的研究成果中有关北京市能源活动产生的碳排放数据，以及《北京市统计年鉴》中有关北京产业结构、经济发展及人口数据，可以分析北京市低碳城市建设过程要素的动态表现。

(二)低碳城市建设过程要素在样本城市的动态表现

根据以往的研究数据(Shen et al.，2018a，b)，北京市基于环境库兹涅茨曲线的低碳建设演变过程可以用图 5-5 表示。

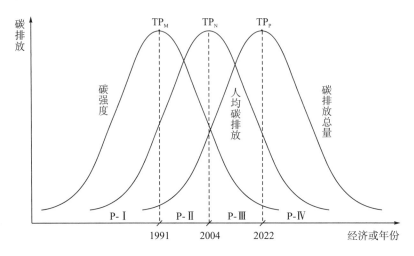

图 5-5　基于环境库兹涅茨曲线的北京市低碳建设演变过程[资料来源：Shen 等(2018b)]

图 5-5 显示，北京市分别于 1991 年、2004 年和 2022 年达到碳强度、人均碳排放和碳排放总量峰值。这与图 5-3 理论框架中所提出的碳排放拐点出现的先后顺序是一致的，遵循了低碳建设演变的四个依次过程的规律，分别为 P-Ⅰ (—1991)、P-Ⅱ (1991—2004)、P-Ⅲ(2004—2022)和 P-Ⅳ(2022—)。北京市目前正处于人均碳排放量高峰到碳排放总量高峰阶段(过程 P-Ⅲ)，达到碳排放总量拐点的年份是 2022 年。这个峰值年份迟于北京市所承诺的 2020 年，所以北京市的碳减排任务面临一定压力和挑战。但近几年来，北京市在节能减排方面取得了很大进步，各个碳排放要素都是朝着低碳方向演变的。只要继续这些减排措施，北京市一定能实现碳排放总量拐点目标。

根据 Shen 等(2018a，b)的研究数据，运用对数均值迪氏指数(logarithmic mean Divisia index，LMDI)模型对能源结构、能源强度、产业结构、经济发展、人口这五个要素影响碳排放的大小和方向进行了测度，结果如图 5-6 和图 5-7 所示。由于这 5 个过程要素的数据可获取节点为 1995～2014 年，横跨了过程 P-Ⅱ (1995—2004)和 P-Ⅲ(2004—2014)，因此这里主要对五个要素在这两个过程中的状态进行分析。

1. 过程 P-Ⅱ (1995～2004 年)

图 5-6 的结果显示，1995～2004 年间北京市碳排放量累计增加了 1434.985 万吨，其中经济发展(EO)是主要驱动因素，带来了 3790.553 万吨碳排放增量。1995 年我国政府起草了"中国第一个中长期规划"——《国民经济和社会发展"九五"计划》，勾勒出了国民经济发展的蓝图。在此背景下，北京市的经济飞速发展，人均 GDP 从 1995 年到 2004 年增加了 207%，年均增长率达到 8.93％。高速的经济增长驱动了能源的大量消耗，由此带来了碳排放的急剧增加。

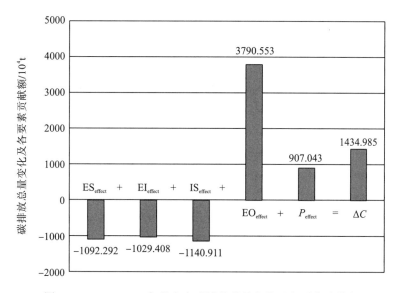

图 5-6 1995~2004 年北京市碳排放总量变化及各要素贡献度

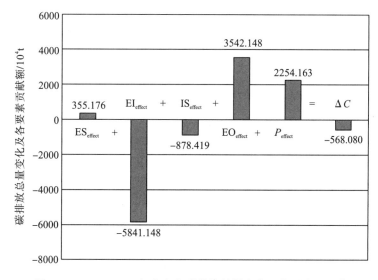

图 5-7 2004~2014 年北京市碳排放总量变化及各要素贡献度

人口(P)增长也是驱动碳排放增加的一个主要因素。随着经济的快速增长，在这期间越来越多的人为了追求更好的教育、就业和医疗等社会资源开始涌入北京(Wang et al.，2013)，致使北京市人口在此期间增加了 19.8%，促进了城市家用电器、住宅、基础设施等需求剧增，导致更多的能源消耗和碳排放增加。

但是在这阶段，北京市产业结构(IS)的表现与图 5-4 中仍处于过度依赖第二产业的理论状态不同。实际上，北京市在过程 P-Ⅱ (1995—2004)期间已经开始实施产业升级，第二产业比例降低了 28.3%，第三产业逐渐成为主导产业。北京作为我国的首都和政治文化中心，其经济发展模式必然和其他城市有所不同，不能过分依赖重工业，因此北京市区的钢铁、石油化工、纺织等高耗能、高排放的行业被逐步整改和迁移(Xu and Lin，2016)。

因此，北京市的能源结构(ES)在这个过程中也逐渐改善，不再过度依赖化石能源，由此带来了碳排放总量的减少。再有，北京市的能源效率在这一阶段也取得了一定的提高，能源强度(EI)在这期间呈现缓慢下降的趋势(Shen et al., 2018a)。这期间，北京市在发展经济的同时，也大力加强技术升级，对能源效率的提高和能源强度的减小有直接的效果。

2. 过程 P-III (2004~2014 年)

从图 5-7 可以看出，2004~2014 年北京市的碳排放发生了本质变化，出现了负增长趋势，其中能源强度的减小非常明显，对碳排放整体负增长起最主要作用。这说明北京市在该期间采取的一系列技术水平提升措施在节能减排方面的效果非常显著。这些措施包括执行严格的产能消除标准和项目准入标准，对高能耗和高排放的工厂进行大力整顿(Wang et al., 2013)；鼓励大力发展以信息技术、新能源、新材料为支撑的战略性新兴产业和第三产业(Xu et al., 2016)；加大新型能源技术方面的投入，2014 年北京在可再生能源的生产和使用研发方面投入的资源比 2004 年高出了 10 倍之多。

关于经济发展要素，仍然是碳排放增加的主导要素，这一点也能从图 5-7 中明显看出。根据《北京统计年鉴》，北京市人均 GDP 从 2004 年的 25979 元上升到 2014 年的 46652 元(按 1995 年不变价计算)，年均增长率为 6.03%。不过与过程 P-II 相比，北京市经济增长速度有所减缓，这表明北京市在这期间不仅重视经济的增长速度，也开始积极注重经济发展的质量。再有，这期间北京市的产业结构也在进一步更新升级。为了加快北京市建设成为现代化国际大都市的进程，北京市政府在这个阶段过程中加快了产业结构(IS)从工业导向到服务导向的优化(Wang et al., 2013)。

在过程 P-III (2004—2014) 期间，人口要素仍然是碳排放增加的驱动因素，如图 5-7 所示。在 2004~2014 年期间，北京市人口进一步快速增长，年均增长率达到 44.1%，远高于过程 P-II 的 19.8%。这主要是由于北京的快速城镇化和大量就业机会吸引了越来越多的外来人口，使其人口规模增长迅猛，突破了 2000 万人大关。在增长的人群中，大多属于 15~64 岁有工作能力的人群，这不仅加快了城镇化的速度，也推动了劳动密集型产业的快速发展，从而导致碳排放的增加。但另一方面，北京市的人口收入相对较高，追求生活质量的意识更加强，更愿意提高自身的环境保护意识。外来人口也会受这种好的风气和文化氛围的积极影响，注重自身的环保行为。同时，政府也采取一系列措施来加强居民的低碳环保意识，提升首都整体环保和节能减排形象和表现。因此人口的剧烈增加并没有导致北京市碳排放的剧烈增加。

在能源结构方面，在过程 P-III (2004—2014) 期间，北京市的表现与图 5-4 的理论框架有所不同。在这一过程中，北京市的能源结构还是表现为碳排放增加的驱动因素而非抑制因素，尽管不是主要因素，但仍然起到增加碳排放的作用。这主要是北京市的快速城镇化过程中煤炭等高碳排放的能源仍被持续应用。虽然在这期间北京市努力调整优化能源结构使其转变为以非化石能源为主导的模式，但这种结构调整需要较长时间完成。

上面的实证分析以我国低碳试点城市为样本，分析结果表明低碳城市建设的过程性特征明显。通过对案例城市北京市的低碳建设阶段分析，反映出低碳城市过程的五要素(能源结构、能源强度、产业结构、经济发展、人口)在不同的低碳建设过程中是动态变化的，在不同发展过程中影响城市碳排放的关键因素也是不同的。实证研究证实了在图 5-3 和图 5-4 中构建的低碳城市建设过程性理论框架的有效性。为此，在构建低碳城市建设评价指标体系时，要充分体现这五类过程要素的内涵，才能科学有效地评价城市的低碳建设水平。

第六章 低碳城市建设的多维系统性

城市是一个包含多个子系统的复杂巨系统，该系统具有多个维度的目标，城市的低碳化的发展应该与这些维度目标相结合。本章将基于目标管理理论，讨论低碳城市建设的维度，为构建全面系统的低碳城市建设评价指标体系奠定基础。

第一节 现有低碳城市建设维度的局限性

本书前面章节已经指出，低碳城市建设是一个动态的多阶段的系统工程，这个系统工程的根本目的是保证城市的可持续发展，因此，要求实施低碳城市的建设必须从多个维度展开。若单纯强调在社会经济活动中的碳减排，而疏忽社会经济发展，城市的可持续发展将面临无源之水的挑战，难以实现；但另一方面，如只强调经济增长而不重视城市的低碳建设，社会经济赖以发展的环境将变得越来越恶化，而无法支撑城市的可持续发展。更进一步的，碳减排是一个综合过程，不只是涉及碳本身，还包含社会经济活动中的各种技术升级、能源结构调整、产业结构优化等方面。因此，系统地提炼出低碳城市建设的多种维度，对依托城市低碳建设实现城市可持续发展的根本目的至关重要。

有许多文献提出了从多维度去评价和实践低碳城市的建设，表 6-1 列出了构建低碳城市建设评价指标体系的不同视角的主要文献。

表 6-1 基于不同维度的低碳城市评价指标体系的典型文献

作者	机构	年份	低碳城市评价指标维度							
			社会	经济	环境	低碳技术	低碳政策	基础设施	碳源	碳汇
付允等	中国标准化研究院资源与环境标准化研究所	2010	√	√	√					
牛凤瑞	中国社会科学院城市发展与环境研究中心	2010							√	√
路立等	天津市城市规划设计研究院	2011							√	√
张良等	青海师范大学	2011							√	√
楚春礼等	南开大学	2011							√	√
华坚和任俊	河海大学	2011	√	√	√					
杜栋和王婷	河海大学	2011	√	√	√	√				
辛玲	湖南商学院	2011	√	√	√	√	√	√		
杨德志	辽东学院师范学院	2011	√	√	√	√				

作者	机构	年份	低碳城市评价指标维度							
			社会	经济	环境	低碳技术	低碳政策	基础设施	碳源	碳汇
牛胜男	广西壮族自治区建筑科学研究设计院	2012	√	√	√					
朱守先和梁本凡	中国社会科学院城市发展与环境研究所	2012	√	√	√					
孙菲等	东北石油大学	2014	√	√	√					
刘骏等	贵州财经大学	2015							√	√

　　表 6-1 中的文献主要展示了一些研究低碳城市建设评价指标体系的理论成果。这些维度指标的构建或者过于庞大和笼统，使得部分指标与低碳城市建设的本质关联性不大；或者指标维度有限，其不能全面反映低碳城市建设的内涵和本质；或者指标维度有限，其不能全面反映低碳城市建设的内涵和本质；或者是理论性很强，不能客观地反映出低碳城市建设的实际情况。正确的低碳城市建设维度必须将理论与实践实际结合，特别要结合我国低碳城市建设的目标，结合目标管理思想，梳理和界定出低碳城市建设维度。

　　目标管理理论已广泛应用于各种评价领域，例如企业绩效管理、项目管理、教育管理和可持续发展状态评价等诸多领域。早在 1960 年，美国国防部等机构就开始把目标管理原理应用在构建评价项目工期、质量和成本等多目标指标的体系建立上(Fleming，1988)。一般认为对具有多个目标的系统管理需要构建一个体现这些目标本质的指标系统，或者说把个别项目的评价指标集成在一个统一的体系当中(刘晓丽，2012；陈为公等，2016)。比如物流服务供应链包括顾客满意度、物流能力、物流成本和环境保护等四个目标，陈虎和蒋霁云(2011)将评价这四个维度目标集成为一个体系。大型工程项目管理通常包括成本、进度、质量、安全、健康和环境六个目标，有学者构建了包含这些目标维度的集成管理评价指标体系(陈黎明和赵辉，2012；黄文贺，2015)。周景阳(2015)识别出城市可持续建设有六大目标，包括城镇化、人口市民化、土地利用集约化、产业发展现代化、城乡一体化以及生态绿色化，讨论了这些目标相对应的责任部门，提出通过明确各部门的具体目标、工作职责和工作计划等来确定部门维度的城市可持续建设评价指标，最后把部门维度的城市可持续发展评价指标集成一个体系。

　　以上的讨论指出了用目标管理理论认识低碳城市建设多维度的重要意义。低碳城市建设是一个包含多个相互影响相互作用的目标的复杂系统，单目标管理视角无法构建正确的低碳城市建设评价指标体系。只有对所有个别目标集成化，才能保障城市低碳建设的根本目的——城市的可持续发展。事实上，我国各低碳试点城市根据自身的背景和特征制定了低碳建设工作实施方案，明确了低碳建设的方向，这些工作规划为认识低碳建设的多维度提供了重要的现实依据。

第二节　低碳城市建设多维度理论框架

上一节的分析指出，建设低碳城市是对各低碳建设目标维度进行集成化管理的过程。基于这一认识，本节将基于多目标集成管理视角构建低碳城市建设的维度识别框架，为构建低碳城市建设评价指标体系提供基础。

一、多目标集成管理的内涵

集成管理是综合一个系统的各个要素，并将其进行有机统一的一种系统管理方法，强调运用集成的思想将各种资源要素进行一体化整合，用以指导管理实践，以最终达到系统的总目标（邱宇，2015）。

多目标集成管理对象是一个目标要素系统，因此需要正确认识这个系统内的各种目标要素，分析这些个别目标要素间的相互作用关系，跟踪和探索目标要素系统在内外部环境作用下的变化和发展规律。集成管理目的是通过发挥和集成各种目标要素的功能，实现系统总目标的最优化，达到"1+1＞2"的功能效果。

二、低碳城市建设的多目标集成框架

低碳城市建设是城市整体建设的重要内容，是为城市发展多个目标服务的，包括经济发展、社会发展和环境保护等维度的目标。在低碳城市建设过程中，这些维度目标需要发挥集成功能。换句话说，低碳城市建设需要从整个城市发展的角度出发，基于城市发展的各个目标确定低碳城市建设维度目标，并对其进行统一的协调与优化，以充分发挥集成功效，实现整个城市低碳建设的总目标。

低碳城市建设的维度目标与低碳城市建设总目标是辩证统一的。低碳城市建设总目标是各个维度目标存在的必要条件，对各维度目标的内容和方案制定具有引导性作用，各维度目标的完成又是总目标实现的充分条件。然而，各维度目标的完成需要一系列可执行的低碳建设目标作为支撑。只有完成低碳城市建设的执行目标，才能实现维度目标，才能圆满完成总目标。

基于上述讨论，可以形成一个低碳城市建设的多目标集成管理框架，如图6-1所示，从图中可以看出，低碳城市建设目标包含三个层次：低碳城市建设的总体目标，即全面完成城市低碳建设的各类指标；低碳城市建设的维度目标，体现城市低碳建设的各个方面；低碳城市建设的可执行目标，是低碳城市建设的基础性指标。可执行目标是通过各种低碳建设具体措施来实现的，可执行目标的集合构成了低碳城市建设的各个维度目标。

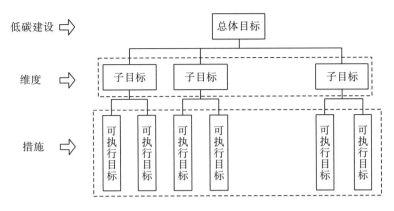

图 6-1　低碳城市多目标集成管理框架

三、低碳城市建设的多目标集成管理维度的构建步骤

基于图 6-1 所示的低碳城市多目标集成管理框架，正确认识低碳城市建设的多目标维度关键在于正确建立低碳城市建设的可执行目标，并基于此构建低碳城市建设的维度目标。构建低碳城市建设多维度的理论框架可用图 6-2 表示。

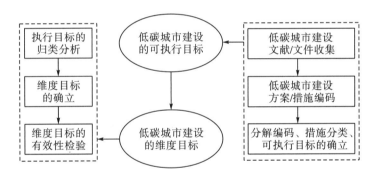

图 6-2　构建低碳城市多维度的理论框架

根据图 6-2 的低碳城市建设多维度理论框架，首先需要确立低碳城市建设的可执行目标，再对可执行目标进行分类分析，从而形成低碳城市建设的维度目标。

1. 低碳城市建设可执行目标的确定内容

确立低碳城市建设的可执行目标包括三个步骤：①获取和汇总有关低碳城市建设的文献/文件；②对低碳城市建设方案/措施进行编码；③对编码进行分解和分类，形成可执行目标。

2. 低碳城市建设的维度目标的确立内容

确立低碳城市建设维度目标主要内容包括：①对执行目标进行分析和分类；②对低碳城市建设执行目标基于语义相同的原则进行集合，每个集合便是一个低碳城市建设的维度目标；③采用定量分析的方法，对识别出的低碳城市维度目标进行有效性检验。

第三节　我国低碳城市建设的多维度建立

基于前一节提出的低碳城市建设多维度理论框架(图 6-2)，本节将建立我国低碳城市建设维度。

一、确立低碳城市建设的执行目标

根据图 6-2 的理论框架，确立低碳城市建设的执行目标包括以下内容。

1. 收集和汇总有关低碳城市建设的文献/文件

本书主要收集和汇总了我国低碳试点城市制定的有关政策文件。低碳城市建设是我国生态文明建设、实现可持续发展的主要内容，得到了各城市政府的广泛关注和响应，其中所有低碳试点城市为践行低碳建设制定和颁布了一系列政策文件，本书从"北大法宝"政策数据库收集了我国低碳试点城市所发布的共 38 个低碳建设政策文件，见表 6-2。

表 6-2　我国低碳试点城市关于低碳建设工作的政策文件汇总

政策文件名称	政策编号	颁布城市
天津市低碳城市试点工作实施方案	1	天津
重庆市"十二五"控制温室气体排放和低碳试点工作方案	2	重庆
深圳市低碳发展中长期规划(2011—2020 年)	3	深圳
厦门市低碳城市试点工作实施方案	4	厦门
厦门市低碳城市总体规划纲要	5	厦门
杭州市"十二五"低碳城市发展规划	6	杭州
南昌市国家低碳试点工作实施方案	7	南昌
贵阳市低碳城市试点工作实施方案	8	贵阳
保定市人民政府关于建设低碳城市的意见	9	保定
晋城市低碳发展规划(2013—2020 年)	10	晋城
晋城市低碳城市试点工作实施方案	11	晋城
石家庄市"十二五"低碳城市试点工作要点	12	石家庄
石家庄建设低碳城市八项措施	13	石家庄
秦皇岛市低碳试点城市建设实施意见	14	秦皇岛
苏州市低碳发展规划	15	苏州
淮安市"十二五"控制温室气体排放和低碳城市试点工作方案	16	淮安
2015 年镇江市低碳城市建设工作计划	17	镇江
宁波市低碳城市试点工作实施方案	18	宁波
温州市低碳城市试点工作实施方案	19	温州

政策文件名称	政策编号	颁布城市
南平市低碳城市试点工作实施方案	20	南平
景德镇市低碳试点工作实施方案	21	景德镇
赣州市低碳城市试点工作实施方案	22	赣州
赣州市低碳城市试点工作重点及任务分工	23	赣州
赣州市人民政府关于建设低碳城市的意见	24	赣州
青岛市低碳发展规划(2014—2020 年)	25	青岛
济源市人民政府关于建设低碳城市的指导意见	26	济源
济源市人民政府办公室关于印发济源市低碳城市试点工作目标任务的通知	27	济源
武汉市碳排放达峰行动计划(2017—2022 年)	28	武汉
中共广州市委广州市人民政府关于推进低碳发展建设生态城市的实施意见(2011 年)	29	广州
桂林市低碳城市发展"十三五"规划	30	桂林
广元市国家低碳城市试点工作实施方案(2011 年)	31	广元
广元"十三五"低碳发展规划	32	广元
遵义市低碳试点工作初步实施方案(2011 年)	33	遵义
遵义市节能减排低碳发展行动方案的通知(2015 年)	34	遵义
低碳昆明建设实施方案(2011 年)	35	昆明
昆明市人民政府关于建设低碳昆明的意见(2008 年)	36	昆明
延安市低碳试点工作实施方案(2012 年)	37	延安
乌鲁木齐市低碳城市试点工作实施方案(2014 年)	38	乌鲁木齐

2. 低碳城市建设的方案/措施的编码执行目标的确立

通过对表 6-2 中 38 份低碳城市建设政策文件的分析,总结出了 875 条相关政策条款。再将这 875 条款作为分析单元,按照"政策编码-序列号"的方式进行编码,见表 6-3。这 875 个分析单元形成了低碳城市建设的执行目标。

表 6-3　低碳城市建设执行目标的识别

编码	执行目标	编码	执行目标	编码	执行目标
1-1	大力发展战略新兴产业	13-5	推进节能低碳建筑	26-9	构建低碳建筑体系
1-2	促进传统产业低碳升级改造	13-6	完善低碳交通体系	26-10	构建低碳交通体系
1-3	优先发展现代服务业	13-7	推进低碳新区建设	26-11	提高林业碳汇能力
1-4	积极发展低碳农业	13-8	打造生态碳汇体系	26-12	倡导低碳生活
1-5	优化产业空间布局	13-9	提高垃圾资源化利用	26-13	制定《济源市低碳城市中长期发展规划(2012—2020 年)》
1-6	优先发展非化石能源	13-10	构建低碳支撑体系	26-14	制定《济源市碳排放指标分解和考核体系》

编码	执行目标	编码	执行目标	编码	执行目标
1-7	提高天然气利用比例	14-1	加快发展低碳建筑	26-15	建立温室气体排放数据统计和管理体系
1-8	调整优化火电项目	14-2	加快发展低碳交通	26-16	探索碳排放交易
1-9	推进燃煤锅炉改燃或拆除并网工程	14-3	加快发展低碳农业	26-17	建立低碳城市建设专项资金
1-10	提高工业能效水平	14-4	严控煤炭消费总量，提高能源利用效率	26-18	积极引导金融机构增加对低碳产业的信贷支持
1-11	大力推广绿色节能建筑	14-5	积极发展可再生能源和新能源	26-19	开展低碳园区社区示范试点
1-12	构建低碳交通体系	14-6	加快低碳技术平台建设	26-20	加强国际合作
1-13	引导绿色出行方式	14-7	加快低碳技术人才引进和培养	27-1	推进先进制造业实现低碳化发展
1-14	培养低碳消费习惯	14-8	加快低碳技术研发和成果转化	27-2	大力发展高技术产业和战略性新兴产业
1-15	低碳产业示范	14-9	强化全市"碳汇"功能建设	27-3	全面加快现代服务业发展
1-16	低碳能源示范	14-10	发展低碳消费模式	27-4	积极发展绿色都市农业
1-17	低碳建筑示范	14-11	大力发展低碳旅游	27-5	建立新建项目碳核准准入机制
1-18	低碳交通示范	14-12	提高城镇垃圾资源化处理能力	27-6	建立落后产能退出机制
1-19	低碳技术示范	14-13	提高全民低碳意识	27-7	建立节能减碳市场机制
1-20	低碳园区示范	14-14	强化规划引领	27-8	建立节能减碳的监督管理机制
1-21	低碳社区示范	14-15	完善激励机制	27-9	完善废弃物处理机制
1-22	低碳小城镇示范	14-16	强化项目支撑	27-10	积极发展太阳能光伏和热利用
1-23	建立低碳发展相关标准和评价制度	14-17	建立温室气体统计核算体系	27-11	因地制宜利用生物质能源
1-24	搭建自主创新平台	15-1	深入推进工业体系转型升级	27-12	适度推广应用地源热泵技术
1-25	建立低碳服务体系	15-2	着力提升现代服务业	27-13	大力发展车用新能源
1-26	增加林业碳汇	15-3	加快建设高效农业	27-14	培育新能源技术创新基地
1-27	提高林业碳汇能力	15-4	全面促进企业管理低碳化	27-15	优先发展绿色公共交通
1-28	建立温室气体排放统计数据核算和管理体系	15-5	优化能源结构	27-16	改革综合交通运输体系管理体制
1-29	编制2005年和2010年温室气体清单	15-6	改善用能方式	27-17	建设智能交通工程
1-30	探索区县碳排放控制指标分解和考核体系	15-7	加强能效管理	27-18	加快发展低碳排放运输装备
1-31	开展碳排放权交易试点	15-8	打造低碳交通	27-19	严格执行建筑节能标准
1-32	建立自愿碳排放交易体系	15-9	推广低碳建筑	27-20	大力推进可再生能源建筑应用
1-33	编制实施天津市应对气候变化与低碳发展规划	15-10	创建低碳社区	27-21	稳步推进既有建筑节能改造

编码	执行目标	编码	执行目标	编码	执行目标
1-34	研究建立低碳发展绩效评估考核机制	15-11	增加林木碳汇	27-22	推广应用适用技术高效节能设备和绿色照明
1-35	完善促进低碳发展政策法规体系	15-12	保护农业和湿地碳汇	27-23	建立低碳经济发展的激励与约束机制
2-1	推动产业结构低碳化	15-13	推进城市绿化建设	27-24	创新循环经济发展模式
2-2	推进低碳产业园区建设	15-14	城乡建设与基础设施	27-25	推进工业园区低碳化发展
2-3	打造战略性新兴产业核心集聚区	15-15	农林业	27-26	建立温室气体排放统计体系和方法
2-4	促进制造业低碳化发展	15-16	公共卫生	27-27	组织编制市级温室气体清单
2-5	加快服务业低碳集约发展	15-17	防灾减灾救灾	27-28	加强温室气体清单编制能力建设
2-6	大力发展低碳产业	15-18	低碳产业促进工程	27-29	加快推进建立温室气体排放评估机制和目标考核机制
2-7	合理控制能源消费总量	16-1	积极推动产业低碳转型	27-30	构建"二轴两环六楔入城"生态园林框架
2-8	优化发展能源利用体系	16-2	大力发展低碳新型工业	27-31	增加森林固碳能力
2-9	加快实施水电开发项目	16-3	加快发展文化产业	27-32	放大低碳试点示范效应
2-10	推进非水可再生能源利用	16-4	积极发展智慧产业	27-33	建立低碳生活的教育宣传机制
2-11	有序推进热电联产和天然气发电	16-5	推动发展观光休闲农业	27-34	构建崇尚绿色消费的全民参与机制
2-12	积极推进智能电网建设	16-6	进一步发展绿色生态农业	27-35	探索建立碳减排网络
2-13	大力发展循环经济	16-7	加快传统高耗能行业的节能技术改造	27-36	深入推进碳值计量国际合作项目
2-14	大力推进节能降耗	16-8	加强重点耗能企业的节能管理	27-37	完善碳排放权交易体制机制
2-15	推进沿江防护林建设	16-9	推动重点耗能场所实施	27-38	开展建立碳标志碳认证等制度研究
2-16	继续实施退耕还林	16-10	合同能源管理	28-1	产业低碳工程
2-17	开展石漠化综合治理	16-11	开展利用生物质能发电	28-2	能源低碳工程
2-18	因地制宜搞好城乡绿化	16-12	大力发展光伏发电项目	28-3	提高电力使用比例
2-19	强化森林经营管护	16-13	加快风力发电工程建设	28-4	严格控制煤炭消费
2-20	科学制定城市规划	16-14	扩大利用天然气能源	28-5	推广热电联产
2-21	发展低碳交通	16-15	探索开展纤维素乙醇工程	28-6	生活低碳工程
2-22	发展低碳建筑	16-16	鼓励发展新型热泵	28-7	推进交通低碳化
2-23	发展低碳市政	16-17	努力提高秸秆综合利用水平	28-8	推进公共机构低碳化
2-24	引导低碳生活方式和消费模式	16-18	建设慢行交通工程	28-9	推进生活方式低碳化
2-25	强化智力保障	16-19	推广新能源汽车	28-10	生态降碳工程
2-26	加强科技基础研究	16-20	探索开展自助式汽车租赁模式	28-11	实施"绿色骨架"主体工程

编码	执行目标	编码	执行目标	编码	执行目标
2-27	研发推广清洁加工技术	16-21	建设公共自行车服务系统	28-12	实施"绿满江城花开三镇"工程
2-28	研发推广节能减排技术	16-22	实现清洁低碳水运工程	28-13	实施生态蓝网绿化和湿地保护修复工程
2-29	研发推广低碳农业技术	16-23	推进智能交通及物流信息化	28-14	实施山体修复及山体公园建设工程
2-30	打造科技推广平台	16-24	新建建筑严格执行节能标准能	28-15	低碳基础能力提升工程
2-31	建立温室气体排放统计制度	16-25	继续实行既有建筑节能改造	28-16	建设低碳节能智慧管理系统
2-32	建立温室气体排放核算和核查体系建设	16-26	积极推进光伏发电建筑应用项目的实施	28-17	制定低碳相关标准
2-33	开展碳排放权交易试点	16-27	建设城市森林公园	28-18	低碳发展示范工程
3-1	大力发展低碳型新兴产业	16-28	建设生态防护林	28-19	实施"五十百"低碳示范工程
3-2	巩固低碳优势产业	16-29	加大城乡绿化建设力度	28-20	开展低碳科技创新示范
3-3	加快改造升级高碳产业	16-30	实施碳捕集工程	28-21	建立机制管长效
3-4	稳步推进静脉产业	16-31	建设低碳示范生态新城	29-1	能源高效利用工程
3-5	着力提高清洁能源利用比例	16-32	推进低碳工业示范园区建设	29-2	低碳技术开发应用工程
3-6	降低能源生产部门碳排放	16-33	创建低碳示范社区	29-3	碳汇产业发展工程
3-7	试点智能电网建设	16-34	创建低碳示范机关	29-4	资源综合利用效率提升工程
3-8	提高工业能效水平	16-35	创建低碳试点乡村	29-5	绿色建筑推广工程
3-9	构建低碳交通网络	16-36	建立低碳技术研发与成果转化机制	29-6	低碳交通出行工程
3-10	推广绿色建筑	16-37	建立温室气体排放统计和核算体系	29-7	低碳园区示范工程
3-11	降低公共机构能耗	16-38	建立控制温室气体排放目标责任制	29-8	碳市场培育工程
3-12	加强节能基础能力建设	16-39	建立企业自愿减排机制	29-9	低碳型消费模式创建工程
3-13	建立低碳发展技术体系	16-40	建立碳交易服务合作机制	30-1	低碳工业
3-14	制定低碳技术政策和标准	17-1	落实主体功能区制度	30-2	低碳服务业
3-15	加强低碳创新能力建设	17-2	推进产业集中集聚集约发展	30-3	绿色循环农业
3-16	完善低碳发展政策法规	17-3	大力发展低碳型战略性新兴产业	30-4	低碳战略新兴产业
3-17	探索低碳发展新机制	17-4	加快发展现代服务业	30-5	进一步优化能源结构
3-18	加强生态保护与建设	17-5	加快发展现代农业	30-6	控制能源消费总量
3-19	提升森林碳汇能力	17-6	加快传统产业升级改造	30-7	优化城市交通结构，提倡公共交通出行
3-20	构建城市碳汇体系	17-7	加大清洁生产力度	30-8	推广低碳燃料和节能型汽车
3-21	提高全民低碳意识	17-8	加快园区循环化改造	30-9	加强交通管理，建设智能交通网络

续表

编码	执行目标	编码	执行目标	编码	执行目标
3-22	多领域践行低碳生活	17-9	加快节能减排重点项目建设	30-10	优化城市功能布局
3-23	以低碳理念推进城市空间紧凑发展	17-10	加强环境综合整治	30-11	构建绿色建筑体系
3-24	加强土地节约集约利用	17-11	加强碳汇林建设	30-12	加强生态建设
3-25	低碳政府示范	17-12	加大城镇绿化力度	30-13	加强环境保护
3-26	低碳企业示范	17-13	保护生态功能区	30-14	增加林业碳汇
3-27	低碳城区示范	17-14	高标准规划建设	30-15	社区低碳化
3-28	低碳园区示范	17-15	实施建筑节能改造和监测	30-16	鼓励低碳消费
4-1	合理布局城市功能	17-16	推进绿色建筑示范	30-17	开展废弃物无害化资源化处理
4-2	推进建筑节能，发展低碳建筑	17-17	实施低碳能源行动	31-1	处理农业生产低碳化
4-3	完善城市信息通信网络，推进城市管理低碳化	17-18	加快推广天然气水能等清洁能源利用	31-2	推进农村生活方式低碳化
4-4	改善城乡生态环境，提高城市碳汇能力	17-19	积极推广运用新能源	31-3	建设低碳农业示范园区
4-5	大力发展低碳交通	17-20	推进绿色照明	31-4	促进低碳环保农业技术应用发展
4-6	倡导绿色消费	17-21	实施低碳交通行动	31-5	规划引领促进工业快速发展
4-7	完善再生资源回收利用体系	17-22	开展低碳交通城市创建工作	31-6	实施传统工业低碳绿色改造
4-8	构建两岸低碳技术交流中心	17-23	坚持"公交优先"发展战略	31-7	加快工业园区上档升级建设
4-9	构建两岸低碳产业合作基地	17-24	推进交通工具低碳化	31-8	加速推进战略性新兴产业体系发展
4-10	推进两岸低碳合作体制机制创新	17-25	推进低碳示范道路建设	31-9	全面深化工业行业节能减排
4-11	加快发展现代服务业	17-26	加快平台建设	31-10	拓展低碳+旅游发展的内涵
4-12	推进工业节能降耗	17-27	成立低碳发展协会	31-11	加强旅游开发建设中的生态环境保护
4-13	发展低耗能工业	17-28	实行公共机构重点用能单位管理制度	31-12	构建低碳旅游评价技术标准体系
4-14	推进技术减碳	17-29	实施构建低碳生活方式行动	31-13	建设一批低碳旅游示范景区
4-15	减少燃煤使用，提高低碳清洁能源使用比例	17-30	加强低碳宣传	31-14	加强绿色低碳小城镇建设试点示范
4-16	积极发展可再生能源	17-31	开展示范试点创建	31-15	推动建筑节能改造
4-17	加快智能电网建设	17-32	提升城市管理水平	31-16	实施绿色建筑行动计划
4-18	组织开展低碳示范点创建工作	17-33	加强鼓励引导	31-17	做好低碳交通规划和组织管理
4-19	开展"城千辆"试点工程	18-1	编制宁波低碳发展系列规划	31-18	加快现代物流体系建设
4-20	开展"城万盏"试点工程	18-2	推进温室气体排放清单编制	31-19	提高交通工具的低碳化比重

编码	执行目标	编码	执行目标	编码	执行目标
4-21	开展"金太阳"示范工程	18-3	构建低碳统计体系	31-20	实行绿色交通行动计划，实施"公交优先"策略
4-22	建立健全节能技术产品推广体系	18-4	大力发展循环经济	31-21	推动能源生产革命
4-23	引进国家推广项目企业	18-5	加快培育战略性新兴产业	31-22	推动能源消费革命
4-24	建立完善温室气体排放统计核算和考核制度	18-6	提升发展现代服务业	31-23	完善能源输配体系，建成区域性能源枢纽
4-25	建立健全促进低碳发展的体制机制	18-7	大力推广天然气使用	31-24	深化能源体制机制改革，推进能源科技创新
4-26	完善低碳相关法规，探索构建低碳城市发展的政策法规体系	18-8	推进可再生能源开发利用	31-25	增强森林碳汇，提高城乡绿化水平
4-27	将应对气候变化(低碳城市)工作全面纳入发展规划	18-9	强化工业节能	31-26	加强林业生态体系建设，推动林下经济发展
5-1	积极推进，大力发展低碳重点产业	18-10	推进建筑节能	32-1	重点发展战略性新兴产业
5-2	建设一批低碳产业集聚区	18-11	建设低碳交通	32-2	实施传统产业低碳化升级改造工程
5-3	改造提升一批传统产业	18-12	倡导低碳生活	32-3	科学发展特色旅游业
5-4	加快拓展静脉产业集群	18-13	森林碳汇	32-4	积极发展低碳农业
5-5	开展低碳设计	18-14	海洋碳汇	32-5	大力发展循环经济
5-6	推动低碳创业	18-15	加强我市低碳城市试点宣传力度	32-6	优化产业空间布局
5-7	积极利用低碳能源	18-16	加大低碳知识普及力度	32-7	积极创建新能源示范城市和产业园区
5-8	加强工业节能减排减碳	18-17	建设宁波低碳网	32-8	提高天然气消费比例
5-9	推进国家森林城市建设	19-1	大力调整能源结构	32-9	规模化发展生物质能
5-10	加强城市生态带建设，提高生态保护能力	19-2	深入开展低碳宣传	32-10	推广太阳能光热利用
5-11	完善环保基础设施，控制氧化碳和污染物排放	19-3	注重加强规划引领	32-11	温泉开发利用一体化
5-12	明确重点低碳技术	20-1	编制南平市"十二五"低碳发展规划	32-12	开发利用水电资源
5-13	建设低碳技术产学研平台	20-2	加快发展低碳农业	32-13	提高工业能效水平
5-14	建设低碳技术示范载体	20-3	推动传统产业优化升级	32-14	普及推广绿色照明
5-15	建设低碳技术合作机制	20-4	优先发展新兴产业	32-15	推动低碳政务，实现公共机构节能
5-16	构筑以市区为中心、县城为基础中心、镇为节点，公路、水路、铁路路路互通为骨架的市域网络化大都市，实现城市结构低碳	20-5	积极推进低碳旅游发展	32-16	完善公共交通基础设施

编码	执行目标	编码	执行目标	编码	执行目标
5-17	以新城建设引领城市有机更新	20-6	加快发展现代服务业	32-17	建设智慧广元
5-18	以城市综合体强化城市功能培育	20-7	加快推动核电燃气发电等清洁能源项目建设	32-18	大力推进建筑节能
5-19	加快地下空间开发	20-8	积极探索新能源和可再生能源开发利用	32-19	开展低碳建筑示范
5-20	大力推广低碳建筑	20-9	提高能源资源利用效率	32-20	构建小城镇的绿色生态系统
5-21	既有居住建筑节能改造完成50%	20-10	推动工业企业节能降耗	32-21	建设生态小康新村
5-22	推进低碳社区规划建设	20-11	构建低碳交通体系	32-22	开展农村可再生能源应用示范
5-23	开展低碳示范社区试点	20-12	大力推广绿色节能建筑	32-23	建设低碳农业示范园区
5-24	推进低碳社区规划建设	20-13	加强城市废弃物无害化处理与综合利用	32-24	发展低碳畜牧业
5-25	加强低碳社区管理	20-14	低碳工业示范	32-25	增强森林碳汇
5-26	倡导低碳生活方式	20-15	低碳新城建设示范	32-26	建设城区绿道网
5-27	分层次建设轨道网通道	20-16	低碳交通示范	32-27	推进城乡绿化
5-28	推进公交一体化进程	20-17	低碳农业示范	32-28	大力发展适用高新技术
5-29	建立和推广城市慢行系统	20-18	开展碳捕获与封存(CCS)技术试验	32-29	加快发展军用配套产业,推进民用信息系统的开发和产业化
5-30	低碳园区示范工程	20-19	推动绿色出行	32-30	创新低碳发展体制建设
5-31	低碳产业示范工程	20-20	培养低碳消费习惯	32-31	推进节能管理能力建设
5-32	低碳技术研发示范工程	20-21	深入开展节能减排全民行动	32-32	建立温室气体排放数据统计核算和管理体系
5-33	新能源和可再生能源利用示范工程	20-22	研究探索低碳经济指标体系和考核方案	32-33	编制2010年温室气体清单
5-34	低碳建筑示范工程	20-23	开展低碳经济发展动态监测	32-34	探索县区碳排放控制指标分解和考核体系
5-35	低碳交通出行示范工程	20-24	研究制定绿色低碳发展的配套政策和制度措施	33-1	发展文化产业
5-36	低碳生活示范工程	20-25	加大生态的修复和保护力度	33-2	做强旅游业
5-37	资源循环综合利用示范工程	20-26	提高林业碳汇能力	33-3	发展会展业
5-38	低碳县(市)城区乡镇建设示范工程	20-27	有效管护生态公益林	33-4	发展物流业
5-39	碳汇功能区建设示范工程	20-28	抓好生态廊道的建设	33-5	推进传统工业低碳化
7-1	调整产业结构	20-29	支持符合条件的碳汇项目参与国内温室气体自愿减排交易	33-6	大力发展轻型化产业
7-2	构建以低碳排放为特征的产业体系	20-30	建立温室气体排放数据统计体系	33-7	培育发展新兴产业和高技术产业
7-3	推广可再生能源	20-31	分解落实碳排放控制目标	33-8	推进产业集群发展

编码	执行目标	编码	执行目标	编码	执行目标
7-4	积极引入核电	20-32	建立控制碳排放任务考核体系	33-9	发展低碳农业
7-5	提高天然气使用比重	21-1	调整产业结构	33-10	大力发展循环经济
7-6	推行工业节能减排	21-2	构建以低碳排放为特征的产业体系	33-11	加快推进乌江芙蓉江洪渡河和桐梓河干流规划梯级水电站开发建设
7-7	推进建筑节能	21-3	推广可再生能源	33-12	大力发展新能源
7-8	发展低碳交通	21-4	提高天然气使用比重	33-13	加强农村户用沼气池建设维护
7-9	发展生态农业	21-5	强化节能降耗	33-14	实施天然气输气管网系统建设
7-10	增加森林碳汇	21-6	发展低碳交通	33-15	构建低碳城市交通系统
7-11	提高低碳意识	21-7	推进建筑节能	33-16	推进建筑节能
7-12	优化城市规划	21-8	发展低碳农业	33-17	促进城市垃圾资源化利用
7-13	开展教育培训	21-9	提高碳汇能力	33-18	倡导低碳方式
7-14	倡导低碳生活	21-10	优化城市规划	33-19	建立温室气体排放统计监测体系和目标分解体系
7-15	创新体制机制	21-11	提高低碳意识	33-20	建立温室气体排放目标考核制度
7-16	建设低碳技术创新平台	21-12	开展教育培训	33-21	强化温室气体排放和能源管理
7-17	加快低碳技术人才引进和培养	21-13	倡导低碳生活	33-22	建立低碳发展生态补偿机制
7-18	加快低碳技术的研发和成果转化	21-14	创新体制机制	33-23	探索市场机制
7-19	打造大低碳示范区域	21-15	建设低碳技术创新平台	34-1	调整能源结构
7-20	建设低碳示范基地	21-16	加快低碳技术人才引进和培养	34-2	提高工业能效
7-21	建立低碳示范企业	21-17	加快低碳技术的研发和成果转化	34-3	优化产业结构
7-22	建设低碳示范工程	21-18	打造四大低碳示范区域	34-4	建筑交通生活低碳化
8-1	编制贵阳市低碳发展规划	21-19	建设七个低碳示范基地	34-5	打造城市低碳建筑
8-2	建立温室气体排放统计检测体系和目标分解体系	21-20	培育一批低碳示范企业	34-6	建设低碳交通
8-3	建立温室气体排放目标考核制度	21-21	建设八项低碳示范工程	34-7	引导绿色消费，推行低碳生活
8-4	强化管理，提高能源利用效率	22-1	培育低碳产业	34-8	创新机制，政府主导，全民参与
8-5	完善有利于低碳发展的生态补偿机制	22-2	优化能源结构	34-9	加强技术及人才保障
8-6	探索环境交易机制	22-3	实行节能降耗	34-10	深化宣传引导
8-7	大力发展低碳旅游业	22-4	增强碳汇能力	34-11	合理规划土地利用，保证生态用地面积

编码	执行目标	编码	执行目标	编码	执行目标
8-8	打造中国低碳会展城	22-5	建设低碳示范园区示范社区示范县	34-12	加快林业生态建设
8-9	发展低碳物流产业	23-1	编制发展规划	34-13	全面推进城乡园林绿化建设
8-10	改造提升资源型产业，推进传统工业低碳化	23-2	推进低碳工业发展	34-14	加强湿地系统保护和恢复
8-11	加快发展生物医药装备制造产业和战略新兴产业	23-3	新能源开发利用	35-1	加大新能源开发与利用，推动新能源产业发展
8-12	加快工业园区建设，推进产业集群发展	23-4	强化工业节能减排	35-2	普及太阳能建筑一体化，构建绿色低碳阳光春城
8-13	加快可再生能源建设	23-5	推动建筑节能减排	35-3	培养低碳意识，营造低碳生活氛围
8-14	构建低碳城市交通体系	23-6	加强公共机构节能减排	35-4	倡导绿色消费，推行低碳生活方式
8-15	推进建筑节能，发展低碳绿色建筑	23-7	建立低碳交通运输体系	35-5	创建"生态村"，推进社会主义新农村建设
8-16	大力推进公共机构节能	23-8	发展低碳农业	36-1	大力发展先进新兴产业
8-17	倡导低碳生活方式与消费模式	23-9	建设林业生态体系	36-2	鼓励发展生物产业
8-18	加强森林资源培育和森林资源管理，增强碳汇	23-10	培育生态旅游	36-3	加快发展循环经济
9-1	推进能源结构调整	23-11	实施环保工程	36-4	加快发展现代服务业
9-2	构建低碳产业支撑体系	23-12	完善低碳城市基础设施	36-5	大力发展低碳农业
9-3	加快低碳技术开发与应用	23-13	开展低碳示范园区建设	36-6	不断发展低碳交通业
9-4	发展静脉产业	23-14	推进低碳示范社区(村镇)建设	36-7	积极发展低碳建筑业
9-5	推行清洁生产	23-15	加快低碳示范县(市区)创建	36-8	积极发展太阳能光伏光热发电
9-6	提高低碳意识	23-16	探索建立温室气体排放数据统计核算和管理体系	36-9	适度发展生物能源
9-7	推进生活方式低碳化	23-17	编制赣州市温室气体排放清单	36-10	大力开发利用风能水能核能资源
9-8	推进城市建设低碳化	23-18	探索建立碳排放控制指标分解和考核体系	36-11	因地制宜发展农村新能源
9-9	抓好农村节能	23-19	构建低碳支撑体系	36-12	改造燃煤锅炉(窑炉)
9-10	强化工业企业节能减排	23-20	积极开展低碳宣传	36-13	实施工业园区热电联产
9-11	推进建筑节能	23-21	保障工作经费	36-14	节约和替代石油
9-12	强化城市交通运输节能减排	24-1	建立低碳产业体系	36-15	推进机电系统节能
9-13	推进商贸流通业节能减排	24-2	推行"清洁生产"	36-16	普及推广绿色照明
10-1	推动传统产业低碳化改造	24-3	推动低碳创业	36-17	推动政府机构节能

编码	执行目标	编码	执行目标	编码	执行目标
10-2	积极培育低碳产业	24-4	开发低碳科技	36-18	推广节能环保空调
10-3	加快发展低碳服务业	24-5	发展静脉产业	36-19	加强生态系统修复与保护
10-4	率先完成"气化晋城"	24-6	推进能源结构调整	36-20	推进城乡绿化
10-5	强化煤炭清洁高效利用	24-7	发展新能源产业	36-21	依法开展项目节能评估审查制度
10-6	积极发展零碳能源	24-8	加快光伏发电示范工程建设	36-22	建立温室气体排放统计监测和管理体系
10-7	大幅降低工业碳排放	24-9	强化工业企业节能减排	36-23	抓好重点企业能耗管理
10-8	积极发展低碳建筑	24-10	推进商贸流通业节能减排	37-1	编制低碳发展规划
10-9	努力构建低碳交通	24-11	加强公共机构节能	37-2	大力发展战略性新兴产业
10-10	增加森林碳汇	24-12	倡导合同能源管理	37-3	推动重点排放行业低碳化升级改造
10-11	增加城市碳汇	24-13	加强建筑节能管理	37-4	优先发展现代服务业
10-12	提高碳捕获利用与封存能力	24-14	打造节能精品建筑	37-5	积极发展低碳农业
10-13	培育低碳文化	24-15	实施城市"屋顶绿化"	37-6	优先发展新能源
10-14	推进低碳生活和消费	24-16	推进既有建筑节能改造	37-7	提高天然气利用比例
10-15	鼓励低碳办公	24-17	推进城市交通节能减排	37-8	调整优化火电项目
10-16	深入推进国家低碳城市试点建设	24-18	严格执行机动车低排放标准	37-9	运用先进适用技术
10-17	低碳城镇试点示范建设	24-19	加快城区"免费自行车"服务工程建设	37-10	推广绿色节能建筑
10-18	低碳园区试点示范建设	24-20	倡导低碳出行方式	37-11	建设低碳交通网络
10-19	低碳企业试点示范建设	24-21	增强农业碳减排能力	37-12	增加林业碳汇
10-20	低碳社区试点示范建设	24-22	加快发展低碳农业产业	37-13	提高碳汇能力
10-21	产业结构调整工程	24-23	加快农村沼气的应用和推广	37-14	编制温室气体清单
10-22	能源结构优化工程	24-24	建设林业生态体系	37-15	建立温室气体排放数据管理体系
10-23	重点领域减碳工程	24-25	提高节能低碳意识	37-16	建立碳排放控制指标分解和考核体系
10-24	提升碳汇能力工程	24-26	开展低碳示范园区建设	37-17	引导绿色出行方式
10-25	低碳试点示范工程	24-27	推进低碳示范社区建设	37-18	培养低碳消费习惯
10-26	基础能力建设工程	24-28	加快低碳示范县(市区)创建	37-19	推动重点排放行业和企业开展低碳行动
11-1	加快传统产业升级改造	24-29	建立低碳城市发展体制机制	37-20	低碳能源示范
11-2	积极培育战略性新兴产业	24-30	加大低碳技术人才培养引进力度	37-21	低碳技术示范
11-3	大力发展现代服务业		加强低碳技术平台建设	37-22	研究设立低碳发展专项资金
11-4	积极发展低碳农业	24-32	积极推动碳排放权交易试点	37-23	积极开展国际国内低碳合作交流

编码	执行目标	编码	执行目标	编码	执行目标
11-5	实施重点工业节能项目	25-1	发展低碳工业	37-24	完善低碳技术创新体系建设
11-6	实施交通节能重点项目	25-2	发展低碳服务业	37-25	加强人才队伍建设
11-7	实施建筑节能重点项目	25-3	推进农业低碳化	37-26	建立低碳服务体系
11-8	实施资源综合利用重点项目	25-4	建设低碳示范产业园区	37-27	研究建立低碳发展绩效评估考核机制
11-9	大力开发利用煤层气	25-5	加大天然气资源引进和应用	37-28	探索建立碳减排市场服务体系
11-10	积极扶持非化石能源利用	25-6	推进可再生能源发展	38-1	培育发展新能源工程
11-11	优化发展火电和提高供热效率	25-7	提高能源生产和输送效率	38-2	大力开发风能资源，推进风能发电产业
11-12	实施山上治本造林工程	25-8	鼓励能源生产企业探索碳捕集与资源化利用	38-3	实施太阳能光伏发电，推进光伏发电产业
11-13	实施身边增绿绿化工程	25-9	促进清洁能源车船发展	38-4	推动生物质能的应用
11-14	实施流域生态修复工程	25-10	推进交通结构低碳化	38-5	加快推广绿色照明的应用
11-15	低碳新城示范工程	25-11	优化综合交通运输体系组织方式	38-6	大力发展战略性新兴产业
11-16	低碳园区示范工程	25-12	强化交通需求管理	38-7	促进传统产业低碳化升级改造
11-17	低碳企业示范工程	25-13	推进智能交通网络体系建设	38-8	加快淘汰落后产能设备实施清洁能源替代工程
11-18	低碳社区示范工程	25-14	建立交通运输碳排放管理体系	38-9	推进天然气利用
11-19	制定城市低碳发展规划	25-15	推进新建筑能效达标	38-10	推进清洁能源区建设，2012年前在中心城区实现高污染燃料禁燃，到2015年完成供热能源结构调整目标任务，实现主城区热电联产煤改气全覆盖，形成150平方公里左右的清洁能源区
11-20	建立碳排放统计核算体系	25-16	推进既有建筑节能改造	38-11	推进电力工业结构调整
11-21	建立碳减排目标考核体系	25-17	推广绿色建筑	38-12	积极稳妥发展热电联产，城市供热全面采用清洁能源
11-22	完善鼓励低碳发展政策体系	25-18	提高建筑可再生能源应用	38-13	强化新建建筑节能管理
11-23	建设关键低碳技术研发平台	25-19	推进低碳城镇化建设	38-14	加快既有建筑节能改造
11-24	组建低碳发展科技人才队伍	25-20	建设低碳型政府	38-15	促进循环经济发展
11-25	开展低碳理念进机关活动	25-21	加强森林资源培育和城市园林绿化	38-16	加强能源节约利用
11-26	开展低碳技术进企业活动	25-22	加强湿地保护与建设	38-17	加强资源综合利用
11-27	开展低碳行为进人心活动	25-23	发展海洋碳汇技术	38-18	提升碳汇能力和质量
12-1	重点培育战略性新兴产业	25-24	加强组织领导	38-19	大力开展碳汇造林，增加绿地面积

编码	执行目标	编码	执行目标	编码	执行目标
12-2	改造提升传统高碳产业	25-25	建立健全温室气体排放统计与核算体系	38-20	倡导低碳生活理念
12-3	加速淘汰落后工业产能	25-26	建立和完善温室气体排放目标责任评价考核制度	38-21	降低生活消费能耗
12-4	全面建设现代服务业	25-27	加大财政支持力度	38-22	优先发展公共交通，实施轨道交通等快速大容量工程
12-5	降低煤炭消耗，提高能源利用效率	25-28	拓展多元化低碳投融资渠道	38-23	拓展和完善城市路网骨架
12-6	积极发展可再生能源和新能源	25-29	健全生态补偿机制	38-24	完善交通节能标准政策
12-7	推进节能低碳建筑	25-30	加强低碳技术创新	38-25	倡导低碳交通运输的消费模式，推行绿色慢行交通方式
12-8	完善低碳交通体系	25-31	引进培育低碳人才	38-26	开展汽车客运站节能改造工作，加速淘汰老旧汽车，全面推行机动车环保标志管理，到2015年基本淘汰2005年以前注册运营的"黄标车"
12-9	形成低碳消费模式	25-32	开展多层次低碳试点	38-27	探索城市调控机动车保有总量，适当控制城市机动车保有量，积极推广节能与新能源汽车
12-10	加强排放目标管理，探索总量控制制度	25-33	加大低碳教育和宣传力度	38-28	打造四大低碳示范区域
12-11	增加公共绿地覆盖率，增加绿地面积和湿地面积	25-34	推进低碳交流与合作	38-29	建设五个低碳示范基地
12-12	增加农田中有机碳含量	26-1	大力发展战略性新兴产业	38-30	培育一批低碳示范企业
12-13	生活垃圾回收率	26-2	促进传统产业低碳化改造	38-31	建设六项低碳示范工程
12-14	强化典型示范引领，推进低碳新区建设	26-3	大力发展现代服务业	38-32	创新体制机制
12-15	优化完善配套机制，构建低碳支撑体系	26-4	积极发展低碳农业	38-33	建设低碳技术创新平台
13-1	构建低碳产业体系	26-5	积极发展非化石能源	38-34	加快低碳技术人才引进和培养
13-2	加速能源结构调整	26-6	提高天然气利用比例	38-35	加快低碳技术的研发和成果转化
13-3	加强排放目标管理	26-7	大力推进城市集中供热和燃煤锅炉改燃工程	38-36	合理开发利用土地
13-4	创新低碳生活模式	26-8	提高工业能效水平		

二、确立低碳城市维度目标

依据图 6-2 的理论框架，通过对表 6-3 的政策分析单元进行进一步分析，可以得到低碳城市建设执行目标的各种集合，这些集合便构成初步的低碳城市建设的维度目标，集合分析见表 6-4。

表 6-4　低碳城市建设维度目标初始识别

编码集合	低碳城市建设维度目标
1-1，1-1，1-2，1-3，1-4，26-1，26-2，26-3，26-4，32-1，32-2，32-3，32-4，32-5，32-6，37-1，37-2，37-3，37-4	推动产业低碳化发展
1-5，1-6，1-7，1-8，1-9，19-1，20-7，20-8，22-2，23-3，26-5，26-6，26-7，28-4，32-7，32-8，32-9，2-10，32-11，32-12，33-11，33-12，33-13，33-14，36-8 36-9，36-10 36-11，37-5，37-6，37-7	优化能源结构
1-10，1-11，1-12，1-13，1-14	提高能源利用效率
1-15，1-16，1-17，1-18，1-19，1-20，1-21，1-22	开展低碳示范建设
1-23，1-24，1-25	构建促进低碳发展的能力支撑体系
1-26，1-27	增加城市碳汇
1-28，1-29，1-30，20-30，20-31，20-32，27-26，27-27，27-28，27-29	建立完善温室气体统计核算考核体系
1-31，1-32	探索建立市场运作机制
1-33，1-34，1-35	完善低碳管理制度
2-1，2-2，2-3，2-4，2-5，2-6	加快调整产业结构，打造低碳产业体系
2-7，2-8，2-9，2-10，2-11，2-12，2-13	积极发展低碳能源，构建低碳能源体系
2-14，2-15	推进资源节约与综合利用，促进节能降耗
2-16，2-17，2-18，2-19	植树造林，努力提高碳汇
2-20，2-21，2-22，2-23	推进社区建设和生活消费低碳化，建设绿色城市
2-24，20-9，20-10，20-11，20-12，20-13，26-8，26-9，26-10，26-12，28-3，28-5，28-6，28-7，28-8，28-9，29-4，9-5，29-6，31-14，31-15，31-16，31-17，31-18，1-19，31-20，37-8，37-9，37-10	提高能源利用效率
2-25，2-31，2-32，2-33	加快建立低碳制度体系，推动碳排放交易市场建设
2-26，2-27，2-28，2-29，2-30	强化科技支撑，推动低碳技术创新
3-1，3-2，3-3，3-4	调整产业结构，构建以低碳排放为特征的产业体系
3-5，3-6，3-7	优化能源结构，建设低碳清洁能源保障体系
3-8，3-9，3-10，3-11，3-12	加大节能降耗力度，提升能源利用效率
3-13，3-14，3-15	推进科技创新，提升低碳发展
3-16，3-17，3-18	创新体制机制，营造低碳发展环境
3-19，3-20，3-21	挖掘碳汇潜力，增强碳汇能力
3-22，3-23	倡导绿色消费，践行低碳生活
3-24，3-25，4-1，4-2，4-3，4-4	优化空间布局，促进低碳城市建设
3-26，3-27，3-28	开展试点示范，建设国家低碳试点城市
4-5，4-6，4-7	倡导低碳出行与消费，推进居民生活低碳化

编码集合	低碳城市建设维度目标
4-8，4-9，4-10	深化对台低碳交流与合作
4-11，4-12，4-13，4-14	推进产业结构升级，构建低碳化产业体系
4-15，4-16，4-17	优化能源结构，提高能源利用效率
4-18，4-19，4-20，4-21，4-22，4-23，4-24	开展示范试点工程
4-25，4-26，4-27	创新体制机制，探索建立低碳发展政策法规体系
5.1，5-2，5-3，5-4，5-5，5-6	建设低碳产业集聚区，构建低碳产业载体
5-7，5-8	推广使用清洁能源，构建低碳能源体系
5-9，5-10，5-11	加大森林城市建设，构建固碳减碳载体
5-12，-13，5-14，5-15	加强低碳技术创新应用，构建低碳创新载体
5-16，5-17，5-18	优化城市功能结构，构建低碳建筑载体
5-19，5-20，5-21	积极推广低碳建筑，实现城市建设低碳
5-22，5-23，5-24，5-25，5-26	建设低碳示范社区，构建低碳生活载体
5-27，5-28，5-29	发展公共交通，构建低碳交通体系
5-30，5-31，5-32，5-33，5-34，5-35，5-36，5-37，5-38，5-39	推行特色试点工程，构建示范城市载体
7-1，7-2	调整产业结构，转变经济发展方式
7-3，7-4，7-5，14-4，14-5，24-6，24-7，24-8	优化能源结构，提高低碳能源比重
7-6，7-7，7-8	推进节能降耗，提高能源利用效率
7-9，7-10	发展生态农业，增加林业碳汇
7-11，7-12，7-13，7-14	构建低碳社会，倡导低碳生活
7-15，7-16，7-17，7-18，21-14，21-15，21-16，21-17	创新体制机制，建立低碳技术体系
7-19，7-20，7-21，7-22	低碳示范建设
8-1，8-2，8-3，8-4，32-32，32-33，32-34，33-20，33-21，33-22，36-22，37-13，37-14，37-15	建立完善温室气体排放能源统计监测和考核管理体系
8-5，8-6	创新低碳发展机制
8-7，8-8，8-9	大力推动服务业发展
8-10，8-11，8-12，8-13	降低单位工业增加值碳排放强度
8-14，8-15，8-16，8-17	推进重点领域低碳示范
8-18	建设绿色贵阳避暑之都
9-1，9-2，9-3，9-4，9-5	发展低碳经济，培育低碳产业
9-6，9-7，9-8	树立低碳理念，建设低碳社会
9-9，9-10，9-11，9-12，9-13	实现低碳化管理，加强节能减排
10-1，10-2，10-3	推进转型升级，构造低碳产业体系
10-4，10-5，10-6	加快气化晋城步伐，建设低碳能源保障体系
10-10，10-11，10-12	挖掘碳汇能力，努力增强碳汇能力
10-13，10-14，10-15	强化低碳引导，构建低碳社会
10-16，10-17，10-18，10-19，10-20	积极推进试点示范建设，探索低碳发展模式
10-21，10-22，10-23，10-24，10-25，10-26	重点工程

编码集合	低碳城市建设维度目标
11-1，11-2，11-3，11-4	低碳产业体系构建工程
11-5，11-6，11-7，11-8	重点节能提效改造工程
11-9，11-10，11-11	能源结构优化调整工程
11-12，11-13，11-14	生态城市森林增汇工程
11-15，11-16，11-17，11-18	低碳城市塑造工程之：低碳试点示范推进工程
11-19，11-20，11-21，11-22	低碳城市塑造工程之：低碳基础能力保障工程
11-23，11-24	低碳城市塑造工程之：低碳科技能力支撑工程
11-25，11-26，11-27	低碳城市塑造工程之：公众参与社会动员工程
12-1，12-2	加快产业结构调整，构建低碳产业体系
12-3，12-4	加速能源结构调整，减少煤炭能源消耗
12-5，12-6，12-7，12-8，12-9，13-9	提高能源效率
12-10	加强排放目标管理，探索总量控制制度
12-11	倡导低碳发展理念，创新低碳生活模式
12-12	突出林业碳汇功能，打造生态碳汇体系
12-13	提高垃圾资源化利用和无害化处理
12-14，23-13，3-14，23-15，28-18，28-19，28-20，37-21，38-27，38-28，38-29，38-30	低碳示范工程
12-15，14-14，14-15，14-16，14-17	优化完善配套机制，构建低碳支撑体系
13-1	构建低碳产业体系
13-2	加速能源结构调整
13-3	加强排放目标管理
13-4	创新低碳生活模式
13-5	推进节能低碳建筑
13-6	完善低碳交通体系
13-7	推进低碳新区建设
13-8	打造生态碳汇体系
13-10	构建低碳支撑体系
14-1，14-2，14-3	调整产业结构，构建低碳产业体系
14-6，14-7，14-8，14-9	创新低碳技术，强化碳汇能力建设
14-10，14-11，14-12，14-13	倡导低碳发展理念，创新低碳生活方式
15-1，15-2，15-3	加快产业低碳化发展
15-4，15-5	转变能源发展方式
15-6	改善用能方式
15-7	引导绿色低碳消费
15-8	打造低碳交通
15-9，16-24，16-25，16-26	推广低碳建筑
15-10，15-11，15-12	加快碳汇能力建设

编码集合	低碳城市建设维度目标
15-13，15-14，15-15，15-16，15-17，15-18	提升气候变化适应能力
16-1，16-2，16-3，16-4，16-5，16-6，16-7	构建高效低碳产业体系
16-8，16-9，16-10	大力推进节能降耗
16-11，16-12，16-13，16-14，16-15，16-16，16-17	积极发展低碳能源
16-18，16-19，16-20，16-21，16-22，16-23	构建低碳交通体系
16-27，16-28，16-29	努力增加碳汇
16-30，16-31，16-32，16-33，16-34，16-35	加快低碳试点示范建设
16-36，16-37，16-38，16-39，16-40	增强低碳能力支撑
17-1，17-2	实施优化空间布局行动
17-3，17-4，17-5，17-6	实施发展低碳产业行动
17-7，17-8，17-9	实施构建低碳生产模式行动
17-10，17-11，17-12，17-13	实施碳汇建设行动
17-14，17-15，17-16	实施低碳建筑行动
17-17，17-18，17-19，17-20	实施低碳能源行动
17-21，17-22，17-23，17-24，17-25	实施低碳交通行动
17-26，17-27，17-28	实施低碳能力建设行动
17-29，7-30，17-31，17-32，17-33	实施构建低碳生活方式行动
18-1，18-2，18-3	加快低碳能力建设
18-4，18-5，18-6	推进产业低碳化
18-7，18-8	推进能源结构调整
18-9，18-10，18-11，18-12	加快提升能效水平
18-13，18-14	提高生态碳汇水平
18-15，18-16，18-17，19-2	做好低碳宣传推介
19-3	加强低碳规划
20-1	编制南平市"十二五"低碳发展规划
20-2，20-3，20-4，20-5，20-6	加快低碳产业化发展
20-14	开展低碳示范建设
20-14，20-15，0-16，20-17，20-18	低碳工业建设
20-19，20-20，20-21	培育低碳生活方式
20-22，20-23，20-24	构建促进低碳经济发展的能力支撑体系
20-25，20-26，20-27，20-28，20-29，22-4	提高碳汇能力
21-1，21-2	转变经济发展方式，推动产业低碳发展
21-3，21-4，21-5	优化能源结构，强化节能降耗
21-6，21-7	发展低碳交通，推进建筑节能
21-8，21-9	发展低碳农业，提高碳汇能力
21-10，21-11，21-12，21-13	构建低碳社会，倡导低碳生活
21-18，21-19，21-20，21-21	强化示范带动，推进低碳试点建设

编码集合	低碳城市建设维度目标
22-1	培育低碳产业
22-3	实行节能降耗
22-5	建设低碳示范园区、示范社区、示范县
23-1，28-21	管理机制
23-2	推进低碳工业发展
23-4	强化工业节能减排
23-5	推动建筑节能减排
23-6，23-7，23-8，24-9，24-10，24-11，24-12	推进节能降耗，提高能源利用效率
23-9，23-10，23-11	碳汇建设
23-12，23-16，23-17，23-18，23-19，23-20，23-21，24-29，4-30，24-31，24-32，37-26，37-27，37-28	创新体制机制，完善支撑体系
24-1，24-2，24-3，24-4，24-5	调整产业结构，加快低碳转型
24-13，24-14，24-15，24-16	推进建筑节能，打造低碳建筑
24-17，24-18，24-19，24-20	倡导绿色出行，发展低碳交通
24-21，24-22，24-23，24-24	发展生态农业，增强碳汇能力
24-25，24-26，24-27，24-28	构建低碳社会，打造示范试点
25-1，25-2，25-3，25-4	推进产业转型升级，构建绿色低碳产业体系
25-5，25-6，25-7，25-8	优化能源结构，建设低碳能源供应体系
25-9，25-10，25-11，5-12，25-13，25-14	推进低碳交通运输试点，构建低碳交通体系
25-15，25-16，5-17，25-18	提高建筑能效，发展低碳建筑
25-19，25-20	推进低碳城镇化，倡导低碳生活方式
25-21，25-22，25-23	加强生态保护与建设，增强碳汇能力
25-24，25-25，25-26，25-27，25-28，25-29，25-30，25-31，25-32，25-33	支撑保障
26-19	开展低碳园区社区示范试点
20-20	加强国际合作
27-1，27-2，27-3，27-4	加快产业结构优化升级，构建低碳现代化产业体系
27-5，27-6，27-7，7-8，27-9	推进节能减碳，全面控制能源消费和碳排放量
27-10，27-11，27-12，27-13，27-14	发展新能源产业，不断优化能源结构
27-15，27-16，27-17，27-18	发展绿色交通，建设低碳智慧交通体系
27-19，27-20，27-21，27-22	推行绿色建筑，控制建筑领域温室气体排放
27-23，27-24，27-25	不断扩展低碳发展模式，提升资源使用效率
27-30，27-31	发挥碳汇潜力，建设滨江滨湖生态武汉
27-32，27-33，27-34	强化低碳示范效应，倡导低碳生活方式与消费方式
27-35，27-36，27-37，27-38	创新低碳发展体制机制，打造低碳发展的武汉模式
28-1	产业低碳工程
28-2	能源低碳工程
28-10，28-11，28-12，28-13，28-14	碳汇工程

编码集合	低碳城市建设维度目标
29-1	能源高效利用工程
29-2	低碳技术开发应用工程
29-3	碳汇产业发展工程
29-4	资源综合利用效率提升工程
29-5	绿色建筑推广工程
29-6	低碳交通出行工程
29-7	低碳园区示范工程
29-8	碳市场培育工程
29-9	低碳型消费模式创建工程
30-1，30-2，30-3，30-4	优化产业结构体系，构建低碳产业体系
30-5，30-6	优化能源结构，控制能源消费总重
30-7，30-8，30-9	优化公共交通网络，构建低碳交通体系
30-10，30-11	优化城市功能布局，构建绿色建筑体系
30-12，30-13，30-14	加强生态建设，增强碳汇能力
30-15，30-16，30-17	引导低碳消费，倡导低碳生活
31-1，31-2，31-3，31-4	"低碳+农业"生产体系
31-5，31-6，31-7，31-8，31-9	"低碳+工业"产业体系
31-10，31-11，31-12，31-13	"低碳+旅游"全域规划
31-14，31-15，31-16	"低碳+建筑"建造标准
31-17，31-18，31-19，31-20	"低碳+交通"发展战略
31-21，31-22，31-23，31-24	"低碳+能源"清洁结构
31-25，31-26	"低碳+林业"生态体系
32-13，32-14，32-15，36-12，36-13，36-14，36-15，36-16，36-17，36-18	节能与提高能效
32-16，32-17，32-18，32-19	空间布局与基础设施
32-20，32-21，32-22，32-23，32-24	绿色小城镇和生态小康新村建设
32-25，32-26，32-27	建设生态广元
32-28，32-29	推动科技创新促进成果转化
32-30，32-31	创新低碳发展管理体制
33-1，33-2，33-3，33-4	大力推动服务业发展
33-5，33-6，33-7，33-8，33-9，33-10	降低单位产业增加值碳排放强度
33-15，33-16，33-18，33-19	推进重点领域低碳示范
33-23，33-24	创新低碳发展机制
34-1，34-2	调整用能，提高能效优化结构
34-3，34-4，34-5，34-6，34-7	建筑交通生活低碳化
34-8，34-9，34-10	创新机制加强保障广泛宣传
34-11，34-12，34-13，34-14	碳汇建设
35-1，35-2	能源结构调整

编码集合	低碳城市建设维度目标
35-3，35-4，35-5	低碳生活
36-1，36-2，36-3	加快低碳技术开发和推广
36-4，36-5，36-6，36-7	发展低碳产业
36-19，36-20	建设绿色延安
36-21	依法开展项目节能评估审查制度
36-23	抓好重点企业能耗管理
37-11，37-12	增加城市碳汇
37-16，7-17，37-18，37-19，37-20	大力推动全社会低碳行动
37-22，37-23，37-24，37-25	构建促进低碳发展的能力支撑体系
38-1，38-2，38-3，38-4	培育发展新能源工程
38-5，38-6，38-7	产业低碳改造工程
38-8，38-9，38-10，38-11	能源结构调整工程
38-12，38-13	建筑低碳节能工程
38-14，38-15，38-16	资源节约和综合利用工程
38-17，38-18	碳汇产业发展工程
38-19，38-20	低碳生活消费模式创建工程
38-21，38-22，38-23，38-24，38-25，38-26	交通低碳化工程
38-31，38-32，38-33，38-34	低碳发展支撑体系建设工程
38-35，38-36	优化低碳发展空间布局

三、低碳城市建设维度的建立

尽管表6-4识别出的低碳城市建设维度目标清单能够较为全面地反映城市低碳建设的目标和内容，但该目标维度数量过多，在实际应用中的可操作性较低，不便于有效化管理。同时，从表中也可以发现，不同低碳试点城市制定的文件中的具体措施所对应的许多条目意义相近，但说法不一。例如，在不同城市的政策文件中提道：推动产业低碳化发展、加快调整产业结构、打造低碳产业体系、调整产业结构、构建以低碳排放为特征的产业体系等，这些条目的意义非常相同，可以将其统一归纳为"调整产业结构"。通过这种组合处理，最后形成了五个低碳城市建设目标维度：产业结构 G1，能源结构 G2，能源效率 G3，碳汇水平 G4 和管理制度 G5。

综合这五个维度的水平和状态就可以认识城市的低碳建设水平与状态。图 6-3 表示了低碳城市建设的维度结构图。在该结构系统图中，产业结构、能源结构、能源效率是保障城市系统运行的动力源泉，但这些维度的内容主要是反映低碳城市建设系统的能源消耗和温室气体排放水平和状况；碳汇水平维度反映的则是低碳城市建设系统吸收温室气体的能力，对城市系统的碳排放产生抵消作用；管理制度维度则是实施各种措施去实现其他四个维度目标维度低碳化的根本保障。

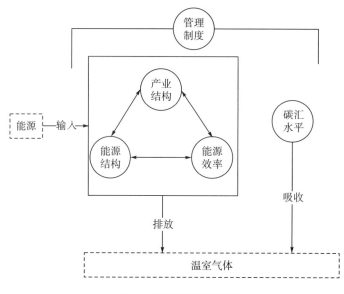

图 6-3 低碳城市建设维度

四、低碳城市建设维度的信度和效度检验

为了保证图 6-3 构建的五个低碳城市建设维度的有效性,可以通过采用信度检验和效度检验对所识别出的五个低碳城市建设维度进行有效性验证。信度是指多次数据分析结果的一致性程度,其反映了对相同类目判断的稳定性和可靠性;效度是为了检验分析结果反映真实含义的程度。

(一)低碳城市建设维度的信度检验

为检验分析构建的低碳城市建设维度的信度以及研究者的判断力信度,可以采用重测信度检验法来检查编码员的判断信度以及对低碳城市建设政策类目定义的准确性。通过对表 6-3 中的低碳城市建设政策分析单元结合五个维度目标分先后两次进行编码分析,编码结果的相关程度即为重测可信度,主要体现了对编码判断结果的稳定程度。重测信度检验结果用介于 0 和 1 之间的信度系数表示,信度系数越趋近于 1,表示重测可信度越高,检测结果越稳定。一般而言,信度系数超过 0.9 时,表明信度结果可靠性很高(余红,2004)。采用重测信度法进行检验时,两次的编码需要有适当的时间间隔,以确保后一次编码不受前一次编码的影响,重测信度的计算公式为

$$R_{xx} = \frac{\frac{\sum X_1 X_2}{N} - M_1 M_2}{S_1 S_2} \tag{6-1}$$

其中,R_{xx} 为信度系数;X_1 和 X_2 分别为某一个低碳城市建设政策分析单元两次编码的文本单元数;M_1 和 M_2 分别为两次编码的平均文本单元数;S_1 和 S_2 分别是两次编码结果的文本单元数量的标准差;N 是低碳城市建设目标维度的个数。

在具体分析计算信度时,可以采用对样本的检验范式。这里随机从表 6-3 中的 875 个

政策分析单元中挑选出 50 个样本，对其进行一次编码。间隔一个月的时间后，再对这些样本进行第二次编码，编码情况和检验结果见表 6-5。

表 6-5　低碳城市建设维度的样本编码统计

低碳城市建设维度	第一次编码结果	第二次编码结果
产业结构	7	7
能源结构	20	21
能源效率	12	11
碳汇水平	3	2
管理制度	8	8

将表 6-5 中的数据带入公式 (6-1)，运用 SPSS 22.0 软件计算出信度检验结果为 97.75%。这说明对编码的判断结果的稳定程度和政策分析单元的清晰度是较高的，说明上述分析出的五个低碳城市建设目标维度的设置较为合理。

(二)低碳城市建设维度的效度检验

效度检验主要是检测内容的有效性。效度检验的主观性很强，很难通过一套标准的评估指标来进行衡量，通常是采用相关领域专家评审打分的方式来检验。专家打分的分值一般设定在 0～5 之间，分值越接近于 5，表示专家越认可维度设置的合理性。为了对所识别出的 5 个低碳城市建设维度的有效性进行检验，邀请了 11 位低碳城市建设领域的资深专家对所选取的维度有效性进行打分，他们分别来自重庆市发展和改革委员会分管低碳城市建设的专家、国家科技部从事指标统计研究的专家、从事相关低碳城市建设咨询工作的专家和从事低碳城市建设研究的学者。参与调研的专家详细信息如表 6-6 所示，专家对低碳城市建设维度合理性的打分见表 6-7。

表 6-6　低碳城市建设维度效度检验专家调查信息

编号	城市	工作单位	问卷方式
1	重庆	重庆市发展和改革委员会资环气候处	面对面
2	重庆	重庆市发展和改革委员会资环气候处	面对面
3	广州	广东省建筑科学研究院集团股份有限公司	面对面
4	广州	广东省建筑科学研究院集团股份有限公司	面对面+邮件
5	广州	广东工业大学	面对面+邮件
6	上海	上海现代服务业联合会低碳经济服务专业委员会	面对面+邮件
7	杭州	浙江大学	面对面+邮件
8	北京	中国科学技术发展战略研究院	面对面+邮件
9	北京	中国科学技术发展战略研究院	面对面+邮件
10	深圳	深圳市发展和改革委员会	面对面+邮件
11	深圳	深圳市规划和国土资源委员会	面对面+邮件

表 6-7　专家调查过程中对低碳城市建设维度合理性的打分

专家编号											均值
1	2	3	4	5	6	7	8	9	10	11	
4.5	4	4.5	4	4.5	4	4.7	4.6	4.3	4.8	4.25	4.38

　　从表 6-7 可知，低碳城市建设维度的效度检验均值为 4.38 分，可以认为提出的产业结构 G1、能源结构 G2、能源效率 G3、碳汇水平 G4 和管理制度 G5 等五个低碳城市建设维度的准确性和合理性较高。因此，本书将基于这五个维度构建低碳城市建设评价指标体系。

第七章 低碳城市建设评价指标体系的构建

评价指标体系是对评价对象进行综合分析的重要工具,其有效性直接影响评价结果的准确性。本书前面已经指出,在已有的文献和实际工作中已经有许多评价低碳城市建设的指标体系,但当前的指标体系应用于指导低碳城市建设还存在局限性。本章基于上一章对低碳城市建设的维度分析,结合实地调研考察、研究论坛、专家评分等方法,构建一套"过程结果"相结合的低碳城市建设评价指标体系,用以评估城市低碳战略目标的实现情况,从而认识低碳城市建设的关键环节并加以控制,以便引导城市低碳建设不断深入、完善和提升。

第一节 低碳城市建设评价指标体系构建原则

许多学者和研究机构提出了一系列构建指标体系的原则,例如,国际可持续发展研究所(International Institute for Sustainable Development, IISD)提出了 10 项构建可持续发展评价指标体系的基本原则(Hardi and Zdan, 1997),包括愿景和目标、整体观、开放性、适当的范围、注重实践、必要的要素、有效沟通、广泛参与、进展性评估以及制度能力。国内学者刘晓洁和沈镭(2006)在建立资源节约型社会综合评价指标体系时,提出评价指标体系的建立原则包括科学性、可操作性、整体性、可比性和动态性。陈迎(1997)指出评价指标体系建立的原则应包括层次性和针对性、全面性和概括性、代表性和整洁性、相关性和整体性、可行性和可操作性、可比性和可靠性。

基于上述的相关文献和本书前文对低碳城市建设内涵的解析,设计低碳城市建设评价指标体系的原则应包括下列方面。

一、系统原则

低碳城市建设是一个开放的、复杂的巨系统,因此低碳城市建设评价指标体系的建立要遵循系统性原则,以确保指标体系能对城市的低碳建设过程进行有效控制和正确引导。在本书的前面章节中对城市系统的碳循环和碳平衡分析中指出,低碳城市的建设需要实现社会经济和自然两个子系统之间及其子系统内部的碳平衡状态,分析了低碳城市建设的内涵及其动态过程性,建立了低碳城市建设的多维系统,从而明确了低碳城市的实现需要同时满足社会、经济、资源、环境等多个维度的低碳建设目标。因此低碳城市建设评价指标体系应涵盖城市在实践低碳建设的各个子系统和维度,并将各个子系统有机结合起来,使指标体系能全面、客观地反映城市低碳建设水平。

二、 数据可获得性原则

建立低碳城市建设评价指标的最终目的是用以评估、控制、引导城市的低碳建设。为了保证评价指标体系的可操作性，有关指标的数据必须是可获得的。指标体系在实践应用中需要依靠相关的统计数据，这些数据必须能采集到，比如能够从统计年鉴、官方网站或者地方部门直接获取，或者可以通过数据处理和计算间接得到。

数据可获得性原则是构建低碳城市建设评价指标的重要原则。要求指标的建立和选取应当结合采集数据的统计口径，尽量避免增加新指标，或能保证增加的新指标的数据采集。

三、 指标信息独立原则

指标信息独立原则是指建立的指标体系中的各指标所反映的信息具有独立性，避免指标间的强相关性或重复性。遵循指标信息独立原则可以使低碳建设评价指标体系精简全面，避免信息冗余，从而能用尽可能精简的指标全面反映低碳城市建设水平。

四、 过程指标与结果指标相结合原则

低碳城市建设是朝着结果目标的一个动态过程。过程指标用来引导低碳城市的建设过程，指导城市从高碳转化为低碳所实施的各种措施和活动，以达到促进城市低碳建设的作用。结果指标是用来评价城市的低碳建设结果与低碳化水平，诊断城市低碳化水平与计划的结果目标之间的差距，是评价低碳城市最终建设成果的标杆。

过程指标与结果指标相结合原则要求在引导城市低碳建设的过程中必须结合应用两类指标。过程指标能够在低碳城市建设过程中起导向作用，引导城市建设者从各个维度开展低碳建设工程，控制城市建设是沿着低碳目标的。只有将结果指标与过程指标结合应用到低碳城市建设过程中，才能帮助实现低碳城市建设的目标。

五、 总量指标与相对量指标相结合原则

强制性指标是反映低碳城市建设总体的、基本的指标，所有实践低碳建设的城市都必须采用，以便在国家层面认识低碳城市建设的状况和水平。引导性指标有很高的科学性，但在实际应用中有困难，可以通过提升应用技术水平和改善管理机制来提升这类指标的实际应用性。

倡导性指标有很强的操作性，但反映低碳建设的水平有局限性。由于各个城市之间的资源禀赋、地理位置有差异，有些评价指标在不同城市的可操作性不一样，因此对这些指标可以提倡应用。

第二节　低碳城市建设评价指标库

根据在第六章中构建的 5 个低碳城市建设评价维度,本节对这 5 个维度的低碳城市建设评价指标进行识别和总结,构建了低碳城市建设评价指标库,所采用的资料数据来源包括研究成果、相关的低碳城市研究机构提出的低碳指标体系或指标清单、低碳城市建设相关政府文件和标准以及在实地调研过程中采集的专家建议。

(一)研究成果

在第三章讨论城市系统碳循环原理时,指出了城市系统中的碳源与碳汇具有复杂性与多样性。在识别城市系统碳源碳汇的基础上,可以提炼出能够反映城市主要碳源和碳汇状态的指标。例如,"工业中燃煤占一次能源消费的比重"指标纳入了低碳城市建设评价指标库。第五章对低碳城市建设的过程性分析中,指出产业结构的转变是城市由高碳转变为低碳的一个关键因素,因此"第三产业占 GDP 比重"这一指标是低碳城市建设产业结构维度的重要指标。

(二)相关的低碳城市研究机构

许多研究低碳城市的学术机构提出了各种评价低碳城市建设的评价指标体系。如中国标准化研究院资源与环境标准化研究所 2010 年提出了"低碳城市评价指标体系"(付允等,2010);中国环境科学院和中国社会科学院 2010 年提出了"低碳经济发展水平衡量指标体系"(付加锋等,2010);中国社会科学院城市发展与环境研究所 2012 年提出了"中国低碳城市评价指标体系"(朱守先和梁本凡,2012);世界银行 2012 年提出了"低碳指标清单"(Baeumler et al.,2012);中国能源研究室与劳伦斯伯克利国家实验室 2015 年提出了"中国低碳城市指标体系"(Zhou et al.,2016)。

(三)相关政府文件和标准

为促进我国低碳城市建设的顺利进行,我国各级政府机构出台了大量的低碳城市建设文件,并制定了相关标准。2011 年,国务院颁布了《"十二五"控制温室气体排放工作方案》,旨在增强企业和社会各界控制温室气体排放的意识和自觉性,形成以政府为主导、企业为主体、全社会广泛参与的控制温室气体排放格局,其中提出了一系列措施和方案;2014 年,国务院发布了《能源发展战略行动计划》,明确了今后一段时期我国能源发展的总体方略和行动纲领,以推动能源生产和消费革命,其中提出了一系列指标性的措施;2015 年,国家发展和改革委员会颁布了《低碳社区试点指南》用以指导低碳城市的建设,其中提出了一系列的指标;各批低碳试点城市也相继制定了各市的低碳城市试点工作实施方案,并制定有关指标和标准以推动低碳城市建设;2016 年,国务院颁布了《"十三五"控制温室气体排放工作方案》;各级地方政府根据国务院颁布的方案制定了各自的"十三五"减排实施方案。上述政府文件都对低碳城市的建设提出了目标,这些目标主要以指标的形式体现,例如"单位 GDP 能耗下降率"。

(四) 实地调研

自 2016 年 4 月至 2017 年 3 月，低碳城市建设评价指标体系研究小组对北京、上海、天津、重庆、广州、深圳、石家庄、保定、杭州、西安、延安等 11 个低碳试点城市进行了实地调研，对当地有关低碳城市建设的相关政府机构工作人员进行采访，具体调研对象见表 7-1 所示。通过与上述低碳城市建设实践者、管理者和政策决定者的实地沟通，我们了解到各调研城市的低碳城市建设的现状和阻碍因素，并听取了低碳领域专家们关于低碳城市建设评价指标选取的相关建议。根据专家们的建议，本书完善并构建了部分指标，如：在深圳市规划和国土资源委员会的调研过程中，专家强调职住平衡是影响城市低碳的重要因素。职住平衡是指在城市的某一范围内，居民的就业人数与居住人数大致相等，即大部分居民可以就近工作，居民的出行距离和时间较短，且通勤交通可以采用步行、自行车等绿色出行方式，故本书选取职住距离这一指标以反映城市职住平衡程度。

表 7-1   低碳城市建设实地调研信息表

调研时间	调研城市	调研对象
2016 年 3 月 30 日	北京	中国科学技术发展战略研究院
2016 年 3 月 30 日	北京	中国国家会议中心绿色建筑大会参会人员
2016 年 3 月 31 日	北京	环境保护部环境规划院气候变化与环境政策研究中心
2016 年 5 月 11 日	杭州	杭州市余杭区住房和城乡建设局、浙江大学公共管理学院土地管理系教师
2016 年 5 月 12 日	杭州	杭州市余杭区塘栖镇机关委员会
2016 年 6 月 13 日	深圳	深圳市嘉信福宝业集团有限公司、深圳市嘉信装饰绿色低碳智能研究设计院
2016 年 6 月 13 日	深圳	深圳市发展与改革委员会
2016 年 6 月 13 日	深圳	深圳市规划和国土资源委员会
2016 年 6 月 14 日	深圳	深圳市土地房地产交易中心
2016 年 6 月 15 日	广州	华南理工大学土木与交通学院、广州市建筑科学研究院
2016 年 6 月 15 日	广州	中国质量认证中心广州分中心
2016 年 6 月 17 日	深圳	深圳国际低碳城论坛参会人员
2016 年 6 月 23 日	上海	上海市发改委应对气候变化处、上海市浦东新区发改委行政审批处、上海太阳能科技有限公司
2016 年 6 月 25 日	上海	上海建筑科学研究院建筑新技术事业部、同济大学经济与管理学院绿色建筑研究组
2016 年 6 月 26 日	上海	上海市凌云社区(街道)梅陇三村居委会
2016 年 8 月 22 日	保定	保定市发改委电力与煤炭处、保定市发改委低碳办公室、保定市发改委能源处、保定市发改委新能源处处长
2016 年 8 月 22 日	保定	保定市区市民随机访谈
2016 年 8 月 23 日	石家庄	河北地质大学土地资源与城乡规划学院
2016 年 8 月 25 日	天津	中新天津生态城投资开发有限公司土地开发部、天津市中新天津生态城管委会可持续设计与技术部
2016 年 9 月 22 日	延安	延安市发展与改革委员会节能科
2016 年 9 月 23 日	西安	西安交通大学土地管理研究所
2017 年 3 月 21 日	北京	北京大学城市与环境学院
2017 年 3 月 22 日	北京	中国国家会议中心绿色建筑大会参会人员
2017 年 3 月 23 日	北京	中央财经大学管理科学与工程学院

（五）指标库的形成

综合上述四种低碳城市建设评价指标的资料来源，形成了一个包含五个维度的低碳城市建设评价指标库，详见表 7-2。

表 7-2　低碳城市建设评价指标库

类别	序号	指标	单位	指标来源（"√"）			
				研究成果	研究机构	政府文件	实地调研
产业结构	1	单位工业增加值能耗	吨标准煤/万元		√	√	
	2	单位工业增加值碳排放下降率	%		√	√	
	3	产业碳排放总量	万吨			√	
	4	工业万元增加值能耗下降率	%			√	
	5	单位工业增加值碳排放下降率	%			√	
	6	单位工业增加值二氧化碳排放量	吨/万元			√	
	7	高新技术产业增加值占 GDP 比重	%			√	
	8	高新技术产业产值	亿元			√	
	9	高新技术产业增加值占全市规模以上工业增加值的比重	%			√	
	10	高新技术产业从业人数占总体从业人数的比重	%				√
	11	非煤产业增加值占工业总量比重	%			√	
	12	工业占 GDP 比重的增长率	%	√			
	13	第二产业占总产值的比重	%	√		√	
	14	第三产业占总产值的比重	%	√	√	√	√
	15	服务业占总产值的比重	%	√		√	
	16	高能耗、高污染企业准入政策的执行力度	%		√		
	17	具备能源管理体系的重点用能单位的比率	%		√		
	18	规模以上工业企业节能监察达标率	%		√		
	19	签署自愿减排协议的重点用能单位的数量	个		√		
	20	可再生能源/节能产品产值占整个工业产值的比例	%		√		
	21	现代服务业增加值占第三产业比重	%		√	√	
	22	服务业增加值	亿元			√	
	23	服务业从业人数占从业人数的比重	%				√
	24	战略性新兴产业增加值占 GDP 比重	%		√	√	
	25	战略性新兴产业产销值	亿元			√	
	26	高新技术产业增加值占全市规模以上工业增加值的比重	%			√	
	27	新能源产业产值	亿元			√	
	28	新能源产业占工业增加值比重	%			√	

续表

类别	序号	指标	单位	指标来源（"√"）			
				研究成果	研究机构	政府文件	实地调研
产业结构	29	新兴产业销售占规模工业销售比重	%			√	
	30	互联网产业产值	亿元			√	
	31	生物产业产值	亿元			√	
	32	新材料产业产值	亿元			√	
	33	文化创意产业产值	亿元			√	
	34	新一代信息技术产业产值	亿元			√	
	35	文化创意产业增加值占生产总值比重	%			√	
	36	高新技术产业增加值占工业增加值比重	%			√	
	37	高新技术产业产值	亿元			√	
	38	循环经济示范园区	个			√	√
	39	清洁生产审核企业	家			√	
	40	循环经济示范企业	个			√	
	41	工业三废处理指数	%		√		
	42	工业固体废物综合利用率	%	√	√	√	
	43	废弃物碳排放强度	%		√		
	44	温室气体捕捉与封存比例	%		√		
	45	低碳技术研发投入占研发投入比重	%		√		√
	46	低碳产业产值占比	%			√	
	47	工业用水重复利用率	%			√	
	48	农业占 GDP 比重的增长率	%	√			
	49	低碳产品增长率	%			√	
	50	绿色产品占政府采购比重	%			√	
	51	单位种植面积的化肥施用量	吨/千公顷		√		
	52	农村沼气建池户数占适宜建池户数的比例	%		√		
	53	农林剩余物的再利用比例	%		√		
	54	农田测土配方施肥面积	万亩			√	
	55	测土配方施肥技术覆盖率	%			√	
	56	发展生态循环农业面积	亩			√	
	57	利用畜禽粪便制有机肥产量	吨			√	
	58	农作物秸秆实现低碳化利用	%			√	
	59	单位 GDP 能耗	吨标准煤/万元	√	√	√	√
	60	单位 GDP 能耗下降率	%		√	√	√
	61	单位能耗碳排放量	吨二氧化碳/吨标准煤	√	√	√	

续表

类别	序号	指标	单位	指标来源（"√"）			
				研究成果	研究机构	政府文件	实地调研
能源结构	62	单位 GDP 一次能源消耗	吨标准煤/万元		√	√	
	63	单位 GDP 终端能源消耗	吨标准煤/万元		√	√	
	64	能源消费总量	万吨标准煤	√		√	
	65	能源消费总量净增量	万吨标准煤			√	
	66	工业能耗总量	万吨标准煤		√		
	67	人均一次能源消耗	吨标准煤/人	√	√		
	68	人均终端能源消耗	吨标准煤/人	√	√		
	69	能源加工转换效率	%		√		√
	70	能源消费弹性系数	%		√	√	
	71	工业中一次能源占总能源消费比重	%		√	√	
	72	非化石能源消费比重	%			√	
	73	可再生能源占总能耗比例	%	√			
	74	非再生能源占总能耗比例	%	√			
	75	人均可再生能源	吨标准煤/人	√			
	76	化石能源消费总量	万吨标准煤	√		√	
	77	清洁能源发电比例	%		√	√	
	78	清洁能源占能源消费比重	%			√	
	79	可再生能源装机规模	万千瓦·时	√		√	
	80	煤炭消耗总量	万吨	√		√	
	81	煤炭消耗增长率	%	√		√	
	82	工业中燃煤占一次能源消费的比重	%	√		√	
	83	工业中石油占一次能源消费的比重	%	√		√	
	84	工业中天然气占一次能源消费的比重	%	√		√	
	85	城镇居民天然气普及率	%	√		√	√
	86	天然气供应量	米^3	√		√	
	87	城市天然气增加率	%	√		√	
	88	铺设天然气管道	米	√		√	√
	89	企业煤改气	户			√	√
	90	零碳能源比重	%		√		
	91	新能源发电总量	万千瓦·时			√	
	92	水力发电量	亿千瓦·时			√	
	93	风力装机容量	万千瓦·时			√	√
	94	农林废弃物生物质能发电	万千瓦·时			√	

续表

类别	序号	指标	单位	指标来源（"√"）			
				研究成果	研究机构	政府文件	实地调研
能源结构	95	非化石能源发电装机占比	%			√	
	96	新能源比例	%	√	√	√	
	97	热电联产比例	%	√	√	√	
	98	火电厂供电煤耗	克标准煤/（千瓦·时）		√	√	
能源效率	99	碳排放总量	万吨	√	√	√	
	100	二氧化碳排放下降率	%	√	√	√	
	101	人均碳排放量	万吨/人	√	√	√	
	102	单位GDP碳排放	吨二氧化碳/万元	√	√	√	
	103	单位GDP碳排放降低率	%	√	√		
	104	二氧化硫、氮氧化物、化学需氧量、氨氮4项污染物排放削减率	%		√		
	105	公共建筑单位面积碳排放	吨二氧化碳/万米²	√	√	√	
	106	居住建筑单位面积碳排放	吨二氧化碳/万米²	√	√	√	
	107	单位建筑面积能耗(碳排放)下降率	%		√		
	108	公共建筑单位面积能耗下降率	%		√		
	109	绿色施工技术应用覆盖率	%		√	√	
	110	绿色建筑比例	%	√	√		
	111	绿色建筑面积	万米²		√		
	112	绿色建筑占城镇新建建筑比重	%		√		
	113	可再生能源建筑占新建建筑的比重	%		√		
	114	新建绿色建筑	万米²		√	√	
	115	绿色建筑占新建建筑比例	%		√		
	116	可再生能源建筑面积	万米²		√		
	117	建筑使用碳排放总量	万吨标准煤		√		
	118	公共建筑碳排放总量	万吨标准煤		√		
	119	居住建筑碳排放总量	万吨标准煤		√		
	120	低能耗建筑比例	%	√			
	121	符合建筑物能效标准率	%	√		√	
	122	新建绿色建筑达标率	%	√	√	√	
	123	新建保障性住房绿色建筑一星级达标率	%	√			

续表

类别	序号	指标	单位	指标来源（"√"）			
				研究成果	研究机构	政府文件	实地调研
能源效率	124	新建商品房绿色建筑二星级达标率	%		√	√	
	125	新建民用建筑节能标准执行率	%			√	
	126	新建公共建筑节能标准执行率	%			√	
	127	新建建筑中节能65%设计标准执行率	%			√	
	128	新建建筑产业化建筑面积占比	%		√		
	129	新建精装修住宅建筑面积占比	%		√		√
	130	新型墙体材料建筑应用比率	%	√	√		√
	131	地源热泵	万米²		√		√
	132	建筑屋顶太阳能光电、光热利用覆盖率	%		√		√
	133	太阳能光热应用建筑面积	万米²			√	
	134	太阳能热水器总集热面积	万米²			√	
	135	地热能应用面积	万米²			√	
	136	建筑屋顶绿化面积	万米²			√	√
	137	建筑垃圾资源化率	%		√		
	138	建设用地综合容积率	%		√		
	139	公共服务用地比例	%		√		
	140	既有居住建筑节能改造面积比例	%		√	√	√
	141	既有公共建筑节能改造面积比例	%		√		√
	142	既有建筑节能改造面积	万米²			√	√
	143	既有公共建筑节能改造面积	万米²			√	√
	144	既有居住建筑节能改造面积	万米²			√	√
	145	既有居住建筑供热计量改造面积	万米²			√	√
	146	既有高能耗建筑改造率	%			√	
	147	装配式建筑单体预制率	%			√	
	148	超低能耗建筑面积	万米²			√	
	149	公共机构单位建筑面积能耗下降率	%			√	
	150	公共机构单位建筑人均能耗下降率	%			√	
	151	可再生能源在建筑领域规模化应用比例	%			√	
	152	人均居民生活能耗	吨标准煤/人		√		√
	153	居民日人均用水量	公升/(人·天)		√	√	
	154	居民人均生活用电量	千瓦·时/人		√		
	155	居民消费碳排放	吨二氧化碳/元		√		
	156	居民生活碳排放总量	万吨标准煤			√	

续表

类别	序号	指标	单位	指标来源（"√"）			
				研究成果	研究机构	政府文件	实地调研
	157	家庭人均碳排放	吨二氧化碳/户		√		
	158	节电器具普及率	%		√		
	159	太阳能热水器普及率	%			√	
	160	能源分户计量率	%		√		√
	161	家庭燃气普及率	%		√	√	√
	162	北方采暖地区集中供热率	%		√	√	√
	163	居民二次供水设施改造	亿 米²			√	
	164	环境空气质量优良率	%			√	
	165	空气质量达到Ⅱ级及Ⅱ级以上标准的天数占比	%			√	√
	166	PM$_{2.5}$年平均浓度	微克/米³			√	
	167	PM$_{2.5}$浓度下降率	%			√	
	168	单位生产总值用水量下降率	%			√	
	169	人均可支配收入	万元		√	√	√
	170	恩格尔系数	%		√	√	
能源效率	171	节水器具普及率	%		√		
	172	水传输系统损失比率	%		√		
	173	非传统水源利用率	%		√		
	174	社区雨水收集利用设施容量	米²/千米²		√		√
	175	基本公共服务社区实现率	有或无		√		
	176	社区公共食堂和配餐服务中心	有或无		√		
	177	社区生活信息智能化服务平台	有或无		√		
	178	低碳消费理念培育程度	%		√	√	√
	179	低碳宣传教育活动	有或无		√	√	√
	180	低碳消费宣传力度	有或无		√	√	√
	181	低碳家庭创建活动	有或无		√		√
	182	市民对低碳理念的认知率	%		√	√	√
	183	低碳生活指南	有或无		√	√	√
	184	实现雨污分流区域占比	%		√		
	185	污水社区化分类处理率	%		√		√
	186	单位污水处理能源消耗	吨标准煤/万元		√		
	187	完成污水处理管网铺设	米			√	√
	188	万元 GDP 固体废弃物产量	吨		√		
	189	废水处理比率	%		√	√	

续表

类别	序号	指标	单位	指标来源("√")			
				研究成果	研究机构	政府文件	实地调研
能源效率	190	城市生活污水集中处理率	%			√	
	191	垃圾收集处理率	%		√	√	√
	192	生活垃圾填埋率	%			√	
	193	城镇生活垃圾分类收集率	%		√	√	√
	194	城镇生活垃圾无害化处理率	%		√	√	
	195	工业垃圾无害化处理率	%				√
	196	污泥无害化处理处置率	%			√	
	197	废旧电子产品回收处理率	%			√	
	198	再生资源主要品种回收率	%			√	
	199	人均垃圾产生量	千克/人		√		
	200	餐厨垃圾资源化率	%		√		
	201	生活垃圾资源化率	%		√		
	202	社区旧物交换及回收利用设施	有或无		√		
	203	人均交通能耗	吨标煤/人	√	√		
	204	中心城轨道交通客运量占公共交通客运量的比重	%			√	
	205	交通碳排放总量	万吨	√			
	206	绿色交通比例	%		√	√	
	207	公共交通路网密度	公里/公里²		√	√	√
	208	路网密度	公里/公里²		√		
	209	人均城市道路面积	平方米/人		√		
	210	公共交通出行分担率	%		√	√	√
	211	单位客运量二氧化碳排放下降率	%			√	
	212	轨道交通里程	公里			√	
	213	公交专用车道长度	公里			√	
	214	万人拥有公交车数	辆/万人		√	√	√
	215	到达快速公交系统站点的平均步行距离	米		√		
	216	平均通勤时间	小时		√		
	217	新能源汽车比例	%		√	√	√
	218	新能源汽车总量	万辆			√	
	219	公共服务新能源汽车占比	%			√	
	220	新增新能源公交车总量	辆			√	
	221	新增新能源出租车	辆			√	√
	222	公交车辆百公里油耗	升		√		

续表

类别	序号	指标	单位	指标来源（"√"）			
				研究成果	研究机构	政府文件	实地调研
	223	自行车租赁站点	个		√	√	√
	224	平均每天使用公共自行车的市民	人次			√	√
	225	免费单车数量	万辆			√	√
	226	自行车车道长度	公里			√	√
	227	电动车公共充电站	个		√	√	
	228	交通运输业综合能耗下降率	%		√	√	
	229	交通运输业综合能耗净增量	吨标准煤/万元			√	
	230	营运船舶、航空货运单位运输周转量能耗(碳排放)下降率	%			√	
	231	道路循环材料利用率	%	√	√		
	232	可再生能源路灯占比	%		√	√	
	233	人均职住距离	千米				√
	234	碳汇密度	%		√		
	235	人均绿地面积	公顷/万人		√	√	
碳汇水平	236	建成区绿地覆盖率	%		√	√	√
	237	中心城区绿地覆盖率	%			√	
	238	社区绿地率	%		√	√	
	239	森林覆盖率	%	√	√	√	√
	240	建成区绿化覆盖率	%		√	√	
	241	本地植物比例	%	√	√		
	242	森林蓄积量	万米³	√	√	√	
	243	活立木蓄积量	万米³			√	
	244	新增森林蓄积量	万米³			√	
	245	森林植被碳储量	万吨	√		√	
	246	林地面积	万亩			√	
	247	人工造林速度	万亩/年			√	
	248	新增造林面积	公顷			√	
	249	草原综合植被盖度	%			√	
	250	自然湿地保护率	%	√		√	
	251	硬板化道路绿化普及率	%	√		√	
	252	城市林荫路推广率	%	√		√	
	253	海洋藻类养殖面积	万亩	√	√		
	254	道路绿化率	%	√		√	
	255	单位面积绿道里程	公里/公里²		√	√	

类别	序号	指标	单位	指标来源（"√"）			
				研究成果	研究机构	政府文件	实地调研
碳汇水平	256	新增碳汇能力	万吨二氧化碳/年			√	
	257	碳汇能力	万吨二氧化碳			√	√
	258	林业碳汇吸收量	万吨二氧化碳当量			√	
管理制度	259	温室气体统计核算考核	有或无		√	√	√
	260	碳排放管理体系	有或无		√	√	√
	261	碳交易平台建设	有或无		√	√	
	262	碳排放信息管理系统	有或无		√	√	
	263	低碳发展专项资金	亿			√	
	264	低碳发展专项资金占地方政府预算比例	%		√	√	
	265	研发投入占 GDP 比重	%		√	√	
	266	低碳技术占研发投入比重	%		√	√	
	267	低碳产品认证	有或无		√	√	
	268	低碳产品生产企业认证制度	有或无			√	
	269	低碳技术专利数	个			√	
	270	低碳技术目录	有或无			√	
	271	低碳技术标准和规范	有或无			√	
	272	绿色建筑认证体系	有或无			√	√
	273	低碳发展法规	有或无			√	√
	274	财税激励政策	有或无			√	√
	275	高能耗企业准入制度	有或无			√	
	276	企业碳排放审计制度	有或无			√	
	277	碳排放信息公示制度	有或无			√	
	278	碳税政策	有或无		√		√
	279	清洁能源政策	有或无		√	√	
	280	气候变化行动计划	有或无		√	√	√
	281	绿色建筑政策	有或无		√		
	282	新建建筑能耗标准	有或无		√	√	
	283	建筑节能改造补贴制度	有或无				√
	284	车辆燃油标准	有或无			√	
	285	土地使用政策	有或无		√	√	
	286	公共交通政策	有或无		√	√	
	287	减轻交通拥堵政策	有或无		√	√	√

续表

类别	序号	指标	单位	指标来源（"√"）			
				研究成果	研究机构	政府文件	实地调研
管理制度	288	汽车碳排放收费制度	有或无			√	
	289	机动车碳排放标准	有或无			√	
	290	清洁能源车辆购买补贴制度	有或无			√	
	291	垃圾收集处理政策	有或无		√	√	
	292	垃圾回收再利用政策	有或无		√	√	
	293	水质政策	有或无		√	√	
	294	可持续利用水政策	有或无		√		
	295	低碳经济发展规划	有或无		√	√	√
	296	公众低碳经济知识普及率	%		√		
	297	低碳规划及管理文件的公开程度	%		√	√	√
	298	低碳文化宣传设施	有或无		√	√	
	299	低碳设施使用制度与宣传展示标识	有或无		√		√
	300	区域水质标准	有或无			√	

第三节　低碳城市建设评价指标筛选

　　表7-2低碳城市建设指标库覆盖了低碳城市建设的范围和内容,但所涉及的指标过多,有些指标间的相关性很强,指标应用的可操作性不强,不能作为一套有效的指标体系用于指导低碳建设实践。因此,需要对指标库中的指标进行筛选,筛选主要基于指标在有关低碳城市建设政策中的应用情况、研究讨论和专家调查的结果,最终形成低碳城市建设评价指标体系。

一、低碳城市建设有关政策中的指标体系

　　低碳城市建设指标在政策中的应用状况主要是通过对指标在低碳政策文件中的使用频率进行考察,保证评价指标体系的可操作性和合理性。因为低碳城市建设评价指标体系的作用是引导城市科学地进行低碳建设,为此指标的选取必须依托具体城市的低碳城市建设现状,必须与地方政府的政策导向高度契合。我国中央政府和地方政府出台了大量的低碳城市建设纲领性政策文件,解读和剖析这些政策文件能够推断出城市低碳建设的侧重点和方向,以有效地建立城市低碳建设评价指标。政策文件经过了严格的制定流程,因此其内容具有权威性、科学性和可操作性。评价指标在政策文件中的使用频次可以反映该项指标在城市低碳建设中的适用程度,还能体现其数据可获得性和可操作性程度。所以,通过考察评价指标在政策文件中的应用频次来筛选指标是合理的。

　　我国低碳试点城市所颁布的主要低碳建设政策文件见表 7-3。表 7-2 所构建的低碳城市建设评价指标数据库中的指标在表 7-3 中这些政府政策文件中的应用频次分析结果见表 7-4。

表 7-3　低碳试点城市关于低碳建设的政策文件

文件名称	颁布时间	颁布机构
天津市低碳城市试点工作实施方案	2012-03-19	天津市人民政府
天津市"十三五"控制温室气体排放工作实施方案	2017-03-09	天津市人民政府
重庆市"十二五"控制温室气体排放和低碳试点工作方案	2012-09-08	重庆市人民政府
重庆市"十三五"控制温室气体排放工作方案	2017-03-16	重庆市人民政府
重庆市"十三五"能源发展	2017-04-07	重庆市人民政府
重庆市公共机构节约能源资源"十三五"规划	2016-12-14	重庆市人民政府
深圳市低碳发展中长期规划(2011—2020 年)	2012-05	深圳市发展和改革委员会
低碳景区评价指南	2013-04-10	深圳市市场监督管理局
深圳市绿色低碳港口建设五年行动方案(2016—2020 年)	2016-05-06	深圳市人民政府
深圳市工商业低碳发展实施方案	2011-08-03	深圳市人民政府
低碳管理与评审指南	2012-09-19	深圳市市场监督管理局
厦门市低碳城市建设 2017 年度工作计划及任务分工	2017-03-21	厦门市发展和改革委员会
厦门市低碳城市总体规划纲要	2010	厦门市人民政府
杭州市人民政府关于建设低碳城市的意见	2009-12-21	杭州市委
杭州市环境保护"十三五"规划	2017-01-24	杭州市人民政府
南昌市国家低碳试点工作实施方案	2011-11-02	南昌市人民政府
南昌市 2013 年低碳试点城市推进工作实施方案	2013-11-08	南昌市人民政府
南昌市低碳发展促进条例	2016-09-01	南昌市人民政府
贵阳市低碳城市试点工作实施方案	2013	贵阳市人民政府
贵阳市国民经济和社会发展第十三个五年规划纲要	2016-02	贵阳市人民政府
保定市人民政府关于建设低碳城市的意见	2008-12-23	保定市人民政府
晋城市低碳发展规划(2013—2020 年)	2014-07-11	晋城市人民政府
晋城市低碳城市试点工作实施方案	2013-07-30	晋城市人民政府
晋城市低碳创新行动计划细化工作方案	2014-11-21	晋城市人民政府
晋城市低碳产业园区示范标准	2014-12-23	晋城市发展和改革委员会
晋城市低碳服务企业示范标准	2014-12-23	晋城市发展和改革委员会
晋城市低碳工业企业示范标准	2014-12-23	晋城市发展和改革委员会
晋城市低碳公共机构示范标准	2014-12-23	晋城市发展和改革委员会
晋城市低碳家庭示范标准	2014-12-23	晋城市发展和改革委员会
晋城市低碳社区示范标准	2014-12-23	晋城市发展和改革委员会
晋城市低碳乡村示范标准	2014-12-23	晋城市发展和改革委员会
晋城市农业企业示范标准	2014-12-23	晋城市发展和改革委员会
上海市节能和应对气候变化"十二五"规划	2012	上海市人民政府

续表

文件名称	颁布时间	颁布机构
上海市国民经济和社会发展第十三个五年规划纲要	2016	上海市人民政府
上海市节能和应对气候变化"十三五"规划	2017	上海市人民政府
上海市低碳社区试点实施方案编制指南	2014	上海市发展和改革委员会
石家庄市"十二五"低碳城市试点工作要点	2013	石家庄市人民政府
石家庄建设低碳城市八项措施	2013	石家庄市人民政府
石家庄市低碳发展促进条例	2016	石家庄市人民政府
秦皇岛市低碳试点城市建设实施意见	2014	秦皇岛市政府
秦皇岛市低碳经济发展规划(2016—2025年)	2016	秦皇岛市发展和改革委员会
秦皇岛市十三五规划纲要	2016	秦皇岛市政府
北京市低碳社区试点实施方案编制指南	2014	北京市发展和改革委员会
北京市推进节能低碳和循环经济标准化工作实施方案(2015—2022年)	2015	北京市政府
北京经济技术开发区绿色低碳循环发展行动计划	2016	北京市发展和改革委员会
北京绿色制造实施方案	2016	北京制造业创新发展领导小组
北京市"十三五"时期节能低碳和循环经济全民行动计划	2016	北京市政府
北京市"十二五"时期节能降耗与应对气候变化综合性工作方案	2011	北京市政府
北京市进一步促进能源清洁高效安全发展的实施意见	2015	北京市政府
节能低碳和循环经济行政处罚裁量基准	2016	北京市发展和改革委员会
呼伦贝尔市国民经济和社会发展"十三五"规划纲要	2016	呼伦贝尔市发展和改革委员会
呼伦贝尔市大气污染防治行动计划	2014	呼伦贝尔市政府
中共吉林市委关于制定吉林市国民经济和社会发展第十三个五年规划的建议	2015	中共吉林市委
吉林省"十三五"控制温室气体排放工作方案	2017	吉林省人民政府
关于加快推进生态文明建设提升环境质量工作的指导意见	2016	吉林省人民政府
吉林省2014-2015年节能减排低碳发展实施方案的通知	2014	吉林省人民政府
吉林省"十二五"控制温室气体排放综合性实施方案	2012	吉林省人民政府
吉林省能源发展和能源保障体系建设"十二五"规划的通知	2012	吉林省人民政府
大兴安岭地区大气污染防治专项行动方案(2016—2018年)	2016	大兴安岭地区人民政府
大兴安岭地区大气污染防治行动计划实施细则	2014	大兴安岭地区人民政府
苏州市低碳发展规划	2014	苏州市政府
淮安市2015年节能减排低碳发展行动实施方案	2015	淮安市政府
市政府办公室关于加快绿色循环低碳交通运输发展的实施意见	2016	淮安市政府
镇江市低碳城市建设工作计划(2015年)	2015-04-20	镇江市人民政府办公室
宁波市低碳城市试点工作实施方案	2015-09-14	宁波市人民政府办公厅
温州市低碳城市试点工作实施方案	2013-10-15	温州市人民政府
南平市低碳城市试点工作实施方案	2013-09-02	南平市人民政府
景德镇市低碳试点工作实施方案 景德镇市生态文明先进示范区建设实施方案	2012-01	景德镇市人民政府
赣州市低碳城市试点工作实施方案	2014-05-26	赣州市人民政府

文件名称	颁布时间	颁布机构
赣州市人民政府关于建设低碳城市的意见	2014-04-30	赣州市人民政府
青岛市低碳发展规划(2014—2020 年)	2014-09-24	青岛市发展和改革委员会
济源市人民政府关于建设低碳城市的指导意见	2016-04-05	济源市人民政府
武汉市低碳城市试点工作实施方案(2011 年)	2013-09-15	武汉市人民政府
武汉市低碳发展"十三五"规划	2016-07-11	武汉市发展和改革委员会
中共广州市委广州市人民政府关于推进低碳发展建设生态城市的实施意见(2011 年)	2012-09-19	广州市人民政府
广州市人民政府关于印发广州市生态文明建设规划纲要(2016—2020 年)的通知	2016-08-10	广州市人民政府
桂林市人民政府办公室关于成立桂林市应对气候变化及节能减排工作领导小组的通知	2013-12-11	桂林市人民政府
桂林市低碳城市发展"十三五"规划	2017-02-08	桂林市发展和改革委员会
广元市国家低碳城市试点工作实施方案(2011 年)	2013-05-06	广元市人民政府
广元十三五低碳发展规划	2017-03-23	广元市发展和改革委员会
遵义市低碳试点工作初步实施方案(2011 年)	2015-05-07	遵义市发展和改革委员会
2015 年遵义市节能减排低碳发展行动方案的通知	2015-02	遵义市人民政府
低碳昆明建设实施方案(2011 年)	2011-03-16	昆明市人民政府
昆明市人民政府关于建设低碳昆明的意见(2008 年)	2008-06-15	昆明市人民政府
延安市低碳试点工作实施方案(2012 年)	2012-09-24	延安市人民政府
金昌市低碳城市试点工作实施方案(2011 年)	2013-09-16	金昌市人民政府
2016 年金昌市国家低碳试点城市建设重点任务分解表(2016 年)	2016-06-29	金昌市人民政府
乌鲁木齐市低碳城市试点工作实施方案(2014 年)	2014-06-17	乌鲁木齐市人民政府
乌海市近期建设规划(2016—2020 年)——乌海市"十三五"建设规划	2016-04-7	乌海市规划局
乌海市城市总体规划(2011—2030 年)	2011-05-01	内蒙古自治区人民政府
西藏乌海市政府工作报告(2015 年)	2015-01-18	乌海市人民政府
沈阳市国民经济和社会发展第十三个五年规划纲要(2016—2020 年)	2016-03	沈阳市人民政府
朝阳市城市总体规划(2011—2030 年)	2011	朝阳市人民政府
衢州市国民经济和社会发展第十三个五年规划的建议	2016-01-20	衢州市人民政府
衢州市稳步推进低碳经济发展之路	2009-10-13	浙江省环保厅
合肥市低碳城市试点建设工作方案	2017-04-07	合肥市人民政府
合肥市国民经济和社会发展第十三个五年规划纲要	2016-05-05	合肥市人民政府
淮北市国民经济和社会发展第十三个五年规划纲要	2016-02-01	淮北市人民政府
淮北市抢抓先行先试机遇助推城市转型发展	2016-12-07	淮北市发展和改革委员会
我市成功获批国家低碳城市试点	2017-01-22	黄山市发展和改革委员会
黄山市国民经济和社会发展第十三个五年规划纲要	2016-04-08	黄山市人民政府
六安市国民经济和社会发展第十三个五年规划纲要	2016-02-03	六安市人民政府
六安市 2016 年度绿色发展工作要点	2016-04-06	六安市人民政府
宣城市生态文明先行示范区建设工作进展情况	2017-02-16	宣城市发展和改革委员会

文件名称	颁布时间	颁布机构
宣城市国民经济和社会发展第十三个五年规划纲要	2016-02-26	宣城市人民政府
三明市国民经济和社会发展第十三个五年规划纲要	2016-01-29	三明市人民政府
共青城市国民经济和社会发展第十三个五年规划纲要	2016-08-25	共青城市人民政府
中共吉安市委关于制定全市国民经济和社会发展第十三个五年规划的建议	2016-06-22	吉安市发展和改革委员会
吉安市建设国家循环经济示范城市实施方案	2016-07-08	吉安市发展和改革委员会
抚州市国民经济和社会发展第十三个五年(2016—2020 年)规划纲要	2016-05-17	抚州市发展和改革委员会
济南市国民经济和社会发展第十三个五年规划纲要	2016-04-19	济南市发展和改革委员会
烟台市"十三五"规划	2016-03-30	烟台市人民政府办公室
潍坊市国民经济和社会发展第十三个五年规划纲要	2016-08-03	潍坊市发展和改革委员会
长沙市国民经济和社会发展第十三个五年规划	2016-05-24	长沙市人民政府
株洲市国民经济和社会发展第十三个五年规划	2015-12-26	长沙市人民政府
湘潭市国民经济和社会发展第十三个五年规划纲要	2016-07-20	湘潭市发展和改革委员会
郴州市国民经济和社会发展第十三个五年规划纲要	2016-09-14	郴州市发展和改革委员会
中山市低碳试点城市实施方案	2016-04	中山市发改局
中山市低碳生态城市建设规划	2015-11-19	中山市住房和城乡建设局
三亚市"十三五"国家低碳试点城市建设实施方案	2017-02-09	三亚市人民政府
三亚市重点节能低碳技术推广实施意见	2016-09-11	三亚市人民政府
三亚市 2014—2015 年单位地区生产总值二氧化碳排放降低目标及碳排放增量限额目标分解实施方案	2015-04-15	三亚市人民政府办公室
2013 年度三亚生态市建设工作要点	2013-06-28	三亚市人民政府办公室
海南省人民政府关于低碳发展的若干意见	2010-11-30	海南省政府办公厅
琼中黎族苗族自治县低碳城市试点实施方案	2016-05	琼中黎族苗族自治县人民政府
成都低碳城市试点实施方案	2017-03-27	成都市发展和改革委员会
成都市建设低碳城市工作方案	2009-12-25	成都市人民政府
安康市低碳城市试点工作实施方案	2017-04-12	安康市人民政府
兰州 2014—2015 年节能减排低碳发展实施方案	2014	兰州市人民政府
兰州市国民经济和社会发展第十三个五年规划纲要	2016	兰州市发展和改革委员会
甘肃省发展和改革委员会关于开展甘肃省第一批省级低碳城市试点的通知	2016	甘肃省发展和改革改委员会
甘肃省人民政府贯彻落实国务院关于加强城市基础设施建设意见的实施意见	2014	甘肃省政府
甘肃省发展和改革委员会关于开展甘肃省第一批省级低碳城市试点的通知	2016	甘肃省发展和改革改委员会
甘肃省人民政府贯彻落实国务院关于加强城市基础设施建设意见的实施意见	2014	甘肃省政府
西宁市关于建设绿色发展样板城市的实施意见	2017	西宁市人民政府
西宁市人民政府办公厅关于印发西宁市 2014—2015 年节能减排低碳发展行动方案的通知	2014	西宁市人民政府

续表

文件名称	颁布时间	颁布机构
青海省人民政府关于印发青海省"十三五"控制温室气体排放工作实施方案的通知	2017	青海省人民政府
西宁市人民政府办公厅关于转发西宁市开展公共建筑能效提升示范项目工作方案的通知	2016	西宁市人民政府
西宁市十三五基础建设规划	2017	西宁市发展和改革委员会
中共银川市委员会关于落实绿色发展理念加快美丽银川建设的实施意见	2016	银川市委
银川市绿化美化城乡专项行动实施方案等十个专项行动实施方案	2017	银川市委
银川市 2017 年蓝天工程实施方案	2017	银川市委
银川市人民政府办公厅关于印发银川市 2012 年节能工作要点的通知	2012	银川市政府
吴忠市积极推进国家低碳试点城市建设	2017	吴忠市政府办公室
吴忠市人民政府办公室关于在市政府机关开展节能降耗活动建设节约型机关的通知	2008	吴忠市政府

表 7-4　低碳城市建设评价指标在低碳试点城市政策文件中的应用频次统计

序号	频次	序号	频次	序号	频次
1	9	101	14	201	0
2	7	102	25	202	0
3	7	103	32	203	4
4	1	104	1	204	0
5	1	105	1	205	0
6	1	106	4	206	4
7	9	107	3	207	1
8	1	108	1	208	1
9	11	109	1	209	6
10	5	110	6	210	0
11	1	111	4	211	16
12	1	112	1	212	1
13	27	113	3	213	6
14	25	114	1	214	4
15	3	115	1	215	6
16	0	116	1	216	0
17	0	117	1	217	0
18	0	118	1	218	4
19	0	119	1	219	4
20	0	120	0	220	9
21	5	121	0	221	1

续表

序号	频次	序号	频次	序号	频次
22	3	122	4	222	1
23	21	123	0	223	0
24	10	124	1	224	1
25	5	125	5	225	1
26	1	126	0	226	0
27	4	127	1	227	0
28	1	128	0	228	1
29	1	129	0	229	0
30	1	130	1	230	1
31	1	131	3	231	1
32	1	132	1	232	0
33	1	133	1	233	0
34	1	134	3	234	0
35	3	135	0	235	12
36	3	136	0	236	21
37	1	137	0	237	1
38	1	138	0	238	1
39	1	139	0	239	58
40	1	140	1	240	24
41	0	141	1	241	0
42	5	142	0	242	19
43	0	143	3	243	3
44	0	144	4	244	1
45	0	145	6	245	3
46	0	146	1	246	6
47	1	147	1	247	1
48	0	148	1	248	5
49	0	149	1	249	1
50	1	150	1	250	1
51	0	151	0	251	1
52	0	152	1	252	1
53	0	153	1	253	0
54	1	154	9	254	1
55	1	155	0	255	3

续表

序号	频次	序号	频次	序号	频次
56	1	156	0	256	1
57	1	157	1	257	6
58	1	158	0	258	4
59	31	159	0	259	13.6
60	26	160	1	260	8.6
61	3	161	0	261	14.8
62	3	162	5	262	1.2
63	1	163	4	263	1.2
64	26	164	0	264	1.2
65	1	165	9	265	1.2
66	6	166	3	266	1.2
67	0	167	3	267	8.6
68	0	168	3	268	1.2
69	0	169	1	269	0.0
70	1	170	24	270	1.2
71	28	171	9	271	1.2
72	1	172	1	272	0.0
73	5	173	0	273	2.5
74	6	174	0	274	3.7
75	4	175	0	275	3.7
76	1	176	0	276	2.9
77	1	177	0	277	1.2
78	6	178	0	278	0.0
79	3	179	3	279	6.2
80	4	180	11	280	6.2
81	6	181	14	281	0.0
82	12	182	4	282	7.2
83	6	183	1	283	6.5
84	17	184	0	284	2.3
85	0	185	0	285	6.2
86	4	186	0	286	8.6
87	1	187	1	287	2.5
88	1	188	1	288	1.2
89	1	189	25	289	1.2

序号	频次	序号	频次	序号	频次
90	0	190	1	290	1.3
91	0	191	4	291	4.9
92	3	192	1	292	1.2
93	4	193	5	293	3.7
94	1	194	9	294	0.0
95	1	195	3	295	2.5
96	3	196	1	296	0.0
97	3	197	1	297	1.2
98	3	198	1	298	1.2
99	32	199	0	299	0.0
100	6	200	0	300	0.0

从表 7-4 中可以看出，构建的低碳城市建设评价指标库(表 7-2)中大部分指标都被应用在低碳试点城市有关政策文件中。表 7-4 也显示各指标被应用的频次是不一样的。被应用频次比较高的评价指标有森林覆盖率、碳排放总量、单位 GDP 碳排放降低率、单位 GDP 能耗、非化石能源占一次能源的比重、第二产业占总产值的比重、单位 GDP 能源能耗下降率、能源消耗总量等。这些高频次应用指标将优先被筛选为低碳城市建设评价指标，另一方面，从表 7-4 也可以看出，这些在政策文件中应用率较高的指标主要是与碳排放水平以及能耗水平有关的结果性指标，在一定程度上可以反映一个城市的低碳建设效果，但是在指导低碳城市建设的过程中有滞后效应，不能实时地指导低碳城市建设。因此，在筛选低碳城市建设评价指标时还需要进一步考虑低碳城市建设的过程性指标，以保证从过程性角度合理指导低碳城市建设。

二、研究讨论

基于评价指标信息独立性原则，避免指标间信息重叠和冗余，减少建立的低碳城市建设评价指标体系中各指标的重复性，从而用尽可能少的指标全面反映低碳城市建设的内涵，对表 7-2 中所筛选出的指标需要进一步研究讨论，对内涵相关性高、语义上具有包含关系的指标，在低碳试点城市的相关政策中使用频次为零的指标进行再次筛选合并。

表 7-2 中有不少内涵相似、语义重复的指标，例如，"工业中一次能源占总能源消费比重"与"非化石能源消费比重"这两个指标都是用来反映非化石能源的消费情况。为进一步理清这两个指标的内涵，需要理解几个能源概念。非化石能源包括核能、风能、太阳能和生物质能等，这些能源的消耗不产生或产生较少的温室气体。化石能源是指煤炭、石油、天然气等经长时间地质变化形成的能源，这些能源的使用是温室气体增多、全球气候变暖的主要原因。一次能源，是指自然界中以原有形式存在的、未经加工转换的能量资源，如原煤、石油、天然气、风能等。二次能源是指对一次能源加工后的能源，如电能、热能等。能源消费是生产和生活所消耗的能源，包括一次能源和二次能源。因此可以看出"工

业中一次能源占总能源消费比重"与"非化石能源消费"语义及内涵非常相似。同时，从表 7-4 进一步可知道，"工业中一次能源占总能源消费比重"与"非化石能源消费比重"这两个指标在低碳试点城市的相关政策中应用的频次分别是 28%、1%。表明非化石能源占一次能源比重应用比较普遍，在统计口径上比较容易获取相关数据，所以这两个评价指标通过合并后只保留了"工业中一次能源占总能源消费比重"，删除了"非化石能源消费比重"。另一方面，尽管有些指标在语义上具有信息重复性，但是所反映的内容是不同的，这些指标就不应该被合并。例如，"碳排放总量""碳排放总量降低率""人均碳排放量"这三个评价指标语义相近，都能反映总体碳排放状态。但是"碳排放总量降低率"是对城市低碳建设的动态考评，反映城市温室气体减排工作的进展。"碳排放总量"与"人均碳排放量"是考核城市低碳建设的结果性指标，碳排放总量是对城市碳排放绝对量的考核，人均碳排放量是在进行碳排放水平评价时考虑了人口影响的碳排放结果水平。根据表 7-4 的结果，这些指标在目前低碳城市中的应用都比较广泛，因此这样的语义相似但内涵不同的指标要建立在指标体系里面。

对于语义上具有包含关系的指标，要选择保留能更全面地反映低碳化水平的指标。如"建成区绿化覆盖率"、"建成区绿地覆盖率"、"中心城区绿地覆盖率"和"社区绿地率"，这四项指标反映的都是绿地覆盖率情况。一个城市的"建成区"是指城市行政区范围内经过征用的土地和实际建设发展起来的非农业生产建设地段（谈明洪和吕昌河，2003）；"中心城区"是以城镇主城区为主体，包括邻近各功能组团以及需要加强土地用途管制的空间区域（张水清和杜德斌，2001）；"社区"是指在城市一定区域内建筑的、具有相对独立居住环境的居民住宅（赵民和赵蔚，2004）。从语义上来看，"中心城区"与"社区"都在"建成区"的囊括范围内，因此建成区绿化覆盖率这个指标在反映城市的低碳状况方面更全面。同时，表 7-4 的频次结果显示，"建成区绿化覆盖率"、"建成区绿地覆盖率"、"中心城区绿地覆盖率"和"社区绿地率"这四项指标在低碳试点城市的相关政策中的应用频次分别为 24、21、1 和 1。因此，"建成区绿化覆盖率"这项指标应用最普遍，从统计口径上来看也较容易获取有关数据，所以该指标应该被构建到指标体系中，而"建成区绿地覆盖率"、"中心城区绿地覆盖率"和"社区绿地率"这三个指标应该被删除。

对于表 7-4 中应用频次为零的指标，反映了没有被应用，但不代表这些指标没有科学性和合理性。如"自行车车道长度"与"人均职住距离"这两个指标是从城市规划的视角来反映城市居民低碳行为的程度，对考核城市的低碳建设过程是很有意义的，但是其在低碳试点城市的政策制定中的应用频次为零。"自行车车道长度"在统计口径中没有数据来源，因此选择剔除该项指标。但"人均职住距离"这项指标可以有效地反映居民低碳行为，对引导城市低碳建设很重要，其有关数据可以通过统计方法，例如问卷抽样调查的形式，对城市居民进行调查获得，因此应予以保留。

表 7-2 显示管理维度的低碳建设评价指标涉及种类很多，可以归类为以下类别：低碳示范工程开展情况、城市规划合理性、低碳政策完善程度、碳行为行业标准、温室气体统计核算考核完善度、低碳发展资金投入情况、低碳技术完善程度。

经过上述的指标筛选合并过程，可以形成一个低碳城市建设评价指标的筛选库，见表 7-5。

表 7-5 低碳城市建设评价指标数据库

类别	指标
产业结构	单位工业增加值能耗/(吨标准煤/万元)
	单位工业增加值碳排放量/(吨/万元)
	工业碳排放总量/万吨
	第一产业占总产值的比重/%
	第二产业占总产值的比重/%
	第三产业占总产值的比重/%
	非煤产业增加值占 GDP 比重/%
	高新技术产业从业人数占总体从业人数的比重/%
	服务业从业人数占从业人数的比重/%
	规模以上工业企业节能监察达标率/%
	贴有节能标识产品产值占整个工业产值的比例/%
	战略性新兴产业增加值占 GDP 比重/%
	高新技术产业增加值占全市规模以上工业增加值的比重/%
	新能源产业增加值占工业增加值比重/%
	清洁生产企业达标率/%
	绿色产品产值增长率/%
	单位种植面积的化肥施用量/(吨/千公顷)
	农村沼气建池户数比例/%
	生态循环农业面积占比/%
	农作物秸秆实现低碳化利用比例/%
能源结构	工业能源消耗总量/万吨标准煤
	单位 GDP 能耗/(吨标准煤/万元)
	单位能源碳排放/(吨/吨标准煤)
	人均能源消耗/(吨标准煤/人)
	能源利用效率/%
	能源消费弹性系数/%
	工业中一次能源占总能源消费比重/%
	煤炭消费总量/万吨
	工业中燃煤占一次能源消费的比重/%
	工业中天然气占一次能源消费的比重/%
	煤改气企业个数/户
	非化石能源发电比例/%
	热电联产比例/%
	火电厂供电煤耗率/[克标准煤/(千瓦·时)]
	碳排放总量/万吨

续表

类别	指标
能源结构	人均碳排放量/(吨/人)
	单位 GDP 碳排放/(吨/万元)
	绿色建筑面积/万 米^2
	建筑业年碳排放总量/万吨标准煤
	新建建筑节能标准执行率/%
	新建建筑中产业化建筑面积占比/%
	新建建筑中精装修住宅建筑面积占比/%
	新建建筑中绿色建筑材料应用比例/%
	新建建筑中地源热泵应用比例/%
	建筑屋顶太阳能板覆盖率/%
	建筑屋顶绿化面积比率/%
	建筑垃圾资源化率/%
	既有建筑节能改造面积比例/%
	单位建筑面积能耗下降率/%
	非化石能源在建筑能耗中的比例/%
	单位建筑面积运营碳排放/(吨/万 米^2)
	人均居民生活能耗/(吨标准煤/人)
	居民人均生活用电量/(千瓦·时/人)
	太阳能热水器普及率/%
	能源分户计量设备安装率/%
	家庭燃气普及率/%
	PM$_{2.5}$年平均浓度/(微克/ 米^3)
	单位生活污水处理能源消耗/(吨标准煤/万元)
	污水处理管网铺设普及率/%
能源效率	城市生活污水集中处理率/%
	生活垃圾分类收集率/%
	城镇生活垃圾无害化处理率/%
	城镇生活垃圾社区化处理率/%
	工业垃圾无害化处理率/%
	工业废水处理率/%
	工业废气处理率/%
	工业固体废物综合利用率/%
	废旧电子产品回收处理率/%
	生活垃圾资源化率/%
	社区旧物交换及回收利用设施(有或无)
	社区低碳生活信息平台(有或无)
	低碳生活宣传教育活动(有或无)
	低碳消费宣传力度(有或无)

类别	指标
能源效率	市民对低碳理念的认知程度/%
	人均交通碳排放/(吨/人)
	绿色交通出行比例/%
	公共交通路网密度/(公里/公里^2)
	人均城市道路面积/平米^2
	万人拥有公交车数/(辆/万人)
	人均轨道交通里程/(公里/人)
	人均公交专用车道长度/(公里/人)
	新能源汽车比例/%
	每万人自行车数量/辆
	汽车油改气比例/%
	人均电动车公共充电站个数/(个/人)
	可再生能源路灯占比/%
	人均职住距离/(千米/人)
碳汇水平	总碳汇能力/万吨
	人均绿地面积/(公顷/万人)
	自然湿地面积占比/%
	水域面积占比/%
	建成区绿化覆盖率/%
	森林覆盖率/%
	人均森林蓄积量/米^3
	新增造林面积/公顷
	草原综合植被覆盖度/%
	道路绿化率/%
管理制度	低碳示范工程开展情况
	城市规划合理性
	低碳政策完善程度
	碳排放行业标准
	温室气体统计核算考核完善度
	低碳发展资金投入情况
	低碳技术完善程度

三、专家调查

表 7-5 中的指标在实践应用中的可操作性和合理性，可以通过专家调查进行最终选择。通过邀请在上一章表 6-6 中从事低碳城市建设研究的 11 位专家对表 7-5 中指标的合理性进行调查讨论，帮助确立最终的指标体系。

专家调查问卷采用了利克特五级打分法，对指标的合理性和可操作性进行打分，1 分代表不正确、2 分代表不太正确、3 分代表一般、4 分代表比较正确、5 分代表非常正确。考虑到专家可能对某些个别指标不熟悉的情况，专家调查问卷中增添了 0 分选项，如果专家对该指标并不清楚则可选择 0 分选项，在对指标的合理性打分时，0 分代表不确定。类似地，在对指标的可操作性进行打分时，0 分代表不确定、1 分代表无法操作、2 分代表操作性较差、3 分代表操作性一般、4 分代表操作性较好、5 分代表操作性很强。若专家选择了 0 分项，说明专家对该指标不了解，在进行指标筛选时需要剔除该专家对该指标的打分意见。

根据专家对表 7-5 中每项指标的打分值，通过设定阈值分别对指标的可操作性与合理性进行筛选，从而可以得到可操作性层面的关键指标与合理性层面的关键指标，具体的基于专家调查评价指标筛选的流程如图 7-1 所示。

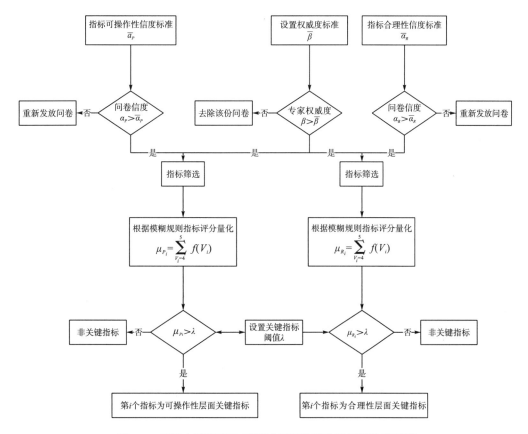

图 7-1　基于专家调查的低碳城市建设评价指标筛选流程图

基于图 7-1 的流程,为保证专家调查的质量和可靠性,一方面需要对每一位专家的专家权威度进行检验,另一方面需要对专家意见的一致性进行检验。

1)专家权威度检验

由于专家调查问卷中设计了"弃选项",当专家对某一指标不了解时,可以选择"弃选项"。在这种情况下,如果某位专家对很多评价指标都并不了解,则会有很多"弃选",这可以说明该专家对低碳城市建设内容并不了解。因此,专家的"弃选项"比例可以反映该专家对低碳城市建设情况的了解程度,即专家的权威度。在对表 7-5 中的指标进行打分时,如果某专家的非"弃选"的指标个数为 m,则该专家对低碳城市建设的权威度 β 可表达为

$$\beta = \frac{m}{104} \times 100\% \qquad\qquad (7\text{-}1)$$

将所邀请的 11 位专家的反馈结果带入公式(7-1)可知,这些专家对于低碳城市建设的权威度如表 7-6 所示。

表 7-6   低碳城市建设调查的专家权威度

专家	权威度(β)	专家	权威度(β)
1	88.57%	7	92.86%
2	94.29%	8	90.00%
3	93.57%	9	88.57%
4	85.57%	10	97.14%
5	95.00%	11	90.71%
6	91.43%		

从表 7-6 可以看出大部分专家的权威度都大于 90%,所有专家的权威度都大于 85%,证明所邀请的专家对低碳城市建设相关指标的应用有清楚的认识,具有专业权威性,其调查反馈意见可以作为低碳城市建设评价指标筛选的依据。

2)专家意见一致性检验

专家意见一致性检验是检查所应用的调查问卷的质量和可靠性。克朗巴哈系数 α 检验方法是对问卷进行信度检验的常用有效方法。通常克龙巴赫系数 α 取值在 0~1 之间,当这个值小于 0.6 时,一般认为专家意见一致性信度不足;若其值达到 0.7~0.8 时则表示专家意见的一致性具有较好的信度;其值达 0.8 以上时,说明专家意见的一致性信度非常好(Hair et al.,2010)。根据克朗巴哈系数计算方法可以得到信度系数值为 0.8524。说明调查问卷的质量是可信的,所邀请的专家的打分结果可以有效指导对评价指标的筛选。

3)指标确定

基于专家调查结果对指标体系的确定需要从指标的合理性和指标的可操作性两个维度进行考核。对于第 i 个指标,如果有 n 个专家对该指标的打分没有弃选,即有效的专家打分数为 n,则该指标在合理性方面的重要程度可表示如下(Zimmermann,1987):

$$\mu_{R_i} = \sum_{V_i=1}^{5} f(V_i) \tag{7-2}$$

式中，$f(V_i)$ 表示在专家打分中打分值为 V_i 的频率，其计算公式如下：

$$f(V_i) = \frac{N(V_i)}{n} \tag{7-3}$$

式中，$N(V_i)$ 表示打分值为 V_i 的专家个数。

同理，对于指标 i，其在可操作性方面的重要程度可表示如下：

$$\mu_{P_i} = \sum_{V_i=1}^{5} f(V_i) \tag{7-4}$$

将专家对表 7-5 中指标的问卷打分结果带入公式 (7-2)～(7-4)，可以得到每一项指标合理性方面与可操作性方面的重要程度，如表 7-7 所示。

表 7-7　指标合理性与可操作性评分汇总

类别	指标	合理性	可操作性
产业结构	单位工业增加值能耗/(吨标准煤/万元)	0.90	0.83
	单位工业增加值碳排放量/(吨/万元)	0.90	0.73
	工业碳排放总量/万吨	1.00	0.80
	第一产业占总产值的比重/%	0.20	0.73
	第二产业占总产值的比重/%	0.82	0.73
	第三产业占总产值的比重/%	0.91	1.00
	非煤产业增加值占 GDP 比重/%	0.90	0.78
	高新技术产业从业人数占总体从业人数的比重/%	0.78	0.78
	服务业从业人数占从业人数的比重/%	0.90	1.00
	规模以上工业企业节能监察达标率/%	0.78	0.89
	贴有节能标识产品产值占整个工业产值的比例/%	0.45	0.78
	战略性新兴产业增加值占 GDP 比重/%	0.90	0.80
	高新技术产业增加值占全市规模以上工业增加值的比重/%	0.90	1.00
	新能源产业增加值占工业增加值比重/%	0.78	0.78
	清洁生产企业达标率/%	0.78	0.90
	绿色产品产值增长率/%	0.70	0.78
	单位种植面积的化肥施用量/(吨/千公顷)	0.70	0.70
	农村沼气建池户数比例/%	0.56	0.80
	生态循环农业面积占比/%	0.64	0.44
	农作物秸秆实现低碳化利用比例/%	0.78	0.56
能源结构	工业能源消耗总量/万吨标准煤	0.90	0.80
	单位 GDP 能耗/(吨标准煤/万元)	0.83	0.91
	单位能源碳排放/(吨/吨标准煤)	0.91	0.75
	人均能源消耗/(吨标准煤/人)	0.90	0.78
	能源利用效率/%	0.67	0.11

类别	指标	合理性	可操作性
能源结构	能源消费弹性系数/%	0.81	0.91
	工业中一次能源占总能源消费比重/%	1.00	0.89
	煤炭消耗总量/万吨	0.82	0.73
	工业中燃煤占一次能源消费的比重/%	0.91	0.90
	工业中天然气占一次能源消费的比重/%	0.91	0.90
	煤改气企业个数/户	0.64	0.91
	非化石能源发电比例/%	1.00	0.73
	热电联产比例/%	0.78	0.22
	火电厂供电煤耗率/[克标准煤/(千瓦·时)]	0.80	0.70
	碳排放总量/万吨	0.78	0.56
	人均碳排放量/(吨/人)	1.00	0.81
能源效率	单位 GDP 碳排放/(吨/万元)	0.91	0.84
	绿色建筑面积/万 米^2	0.91	0.91
	建筑业年碳排放总量/万吨标准煤	0.82	0.60
	新建建筑节能标准执行率/%	1.00	0.40
	新建建筑中产业化建筑面积占比/%	0.73	0.56
	新建建筑中精装修住宅建筑面积占比/%	0.64	0.64
	新建建筑中绿色建筑材料应用比例/%	0.82	0.55
	新建建筑中地源热泵应用比例/%	0.73	0.90
	建筑屋顶太阳能板覆盖率/%	0.82	1.00
	建筑屋顶绿化面积比率/%	0.73	1.00
	建筑垃圾资源化率/%	0.64	0.18
	既有建筑节能改造面积比例/%	0.73	0.64
	单位建筑面积能耗下降率/%	0.73	0.56
	非化石能源在建筑能耗中的比例/%	0.90	0.67
	单位建筑面积运营碳排放/(吨/万 米^2)	0.91	0.80
	人均居民生活能耗/(吨标煤/人)	1.00	0.64
	居民人均生活用电量/(千瓦·时/人)	0.90	0.89
	太阳能热水器普及率/%	0.82	0.91
	能源分户计量设备安装率/%	0.73	0.80
	家庭燃气普及率/%	0.82	0.91
	$PM_{2.5}$年平均浓度/(微克/ 米^3)	0.70	0.55
	单位生活污水处理能源消耗/(吨标准煤/万吨)	0.73	0.82
	污水处理管网铺设普及率/%	0.82	0.73
	城市生活污水集中处理率/%	0.82	0.55
	生活垃圾分类收集率/%	0.82	0.64

续表

类别	指标	合理性	可操作性
	城镇生活垃圾无害化处理率/%	0.89	0.89
	城镇生活垃圾社区化处理率/%	0.82	0.73
	工业垃圾无害化处理率/%	0.82	0.91
	工业废水处理率/%	0.80	0.73
	工业废气处理率/%	0.80	0.80
	工业固体废物综合利用率/%	0.90	0.85
	废旧电子产品回收处理率/%	0.80	0.30
	生活垃圾资源化率/%	0.82	0.55
	社区旧物交换及回收利用设施(有或无)	0.64	0.91
	社区低碳生活信息平台(有或无)	0.73	0.91
	低碳生活宣传教育活动(有或无)	0.73	0.82
	低碳消费宣传力度(有或无)	0.73	0.55
能源效率	市民对低碳理念的认知程度/%	0.36	0.73
	人均交通碳排放/(吨/人)	0.90	0.60
	绿色交通出行比例/%	0.45	0.89
	公共交通路网密度/(公里/公里^2)	0.64	0.91
	人均城市道路面积/米^2	0.90	0.91
	万人拥有公交车数/(辆/万人)	0.90	0.90
	人均轨道交通里程/(公里/人)	0.82	0.91
	人均公交专用车道长度/(公里/人)	0.73	0.91
	新能源汽车比例/%	0.64	0.91
	每万人自行车数量/辆	0.64	0.90
	汽车油改气比例/%	0.64	0.82
	人均电动车公共充电站个数/(个/人)	0.82	0.91
	可再生能源路灯占比/%	0.82	0.91
	人均职住距离/(千米/人)	0.64	0.18
	总碳汇能力/万吨	0.91	0.60
	人均绿地面积/(公顷/万人)	0.91	1.00
	自然湿地面积占比/%	0.82	0.80
	水域面积占比/%	0.82	0.73
碳汇水平	建成区绿化覆盖率/%	1.00	0.90
	森林覆盖率/%	0.81	1.00
	人均森林蓄积量/米^3	0.82	0.73
	新增造林面积/公顷	0.81	0.91
	草原综合植被覆盖度/%	0.80	0.80
	道路绿化率/%	0.64	0.89

续表

类别	指标	合理性	可操作性
	低碳示范工程开展情况	0.90	1.00
	城市规划合理性	0.89	0.91
	低碳政策完善程度	0.89	0.90
管理制度	碳排放行业标准	0.64	1.00
	温室气体统计核算考核完善度	0.91	1.00
	低碳发展资金投入情况	0.73	1.00
	低碳技术完善程度	0.89	0.90

根据图 7-1 的指标选择流程图，在对各项指标合理性和可操作性进行量化评分之后，可以通过设置指标阈值来对指标进行筛选从而得到关键指标。在一个模糊集合中，λ 的取值为 0.85（Uysal and Yarman-Vural，2003）。以 0.85 为阈值分别应用在指标合理性与指标可靠性两个方面筛选出关键指标，即可以通过得到关键的合理性指标和关键的可操作性指标，从而剔除合理性和可操作性都较差的指标。进一步，基于合理性和可操作性两方面的关键指标和划分，可以将评价指标划分为三类：引导性指标、强制性指标、倡导性指标，如图 7-2 所示。

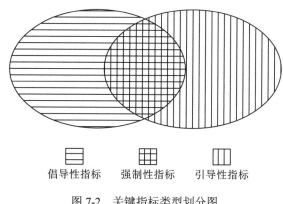

图 7-2　关键指标类型划分图

当某个指标仅属于合理性关键指标，该指标被划分为引导性指标；若某个指标既属于合理性关键指标，又属于可操作性关键指标，该指标被划分为强制性指标；若某个指标仅属于可操作性关键指标，该指标被划分为倡导性指标。其类别划分结果见表 7-8。

强制性低碳城市建设指标既能反映城市的低碳建设水平，又能用以指导城市的低碳建设过程，因此应当通过政策法规强制性地进行推广使用。引导性指标的合理性很高，但是其可操作性不强，即该指标合理性高但可操作性低，说明该类指标尽管科学，但在实际操作上有难度，因此不应该强制推行，但应该引导使用。该类指标应用的操作性低，主要是有关这些指标的统计数据缺失，或者是在传统的统计口径中没有这些指标，使其未能在实践中广泛应用。随着统计口径的完善和发展，以及有关管理机制的进一步改进，这类指标的统计数据的可获得性会大大提高，因此是值得引导应用的。倡导性评价指标的可操作性很强，但从合理性方面考虑不是关键性指标，说明该类指标在某些方面或一定程度上能反映低碳建设的状况和水平，由于这类指标不能全面反映城市的低碳建设水平，即使是操作性很强，但对城市低碳建设的整体效果有限，所以这类指标不需要作为强制性低碳城市建设评价指标，但可以倡导根据城市自身特点有选择地使用。

表 7-8 低碳城市建设评价关键指标

倡导性指标	强制性指标	引导性指标
• 单位工业增加值能耗/(吨标准煤/万元)	• 第三产业占总产值的比重/%	• 规模以上工业企业节能监察达标率/%
• 单位工业增加值碳排放量/(吨/万元)	• 高新技术产业增加值占全市规模以上工业增加值的比重/%	• 清洁生产企业达标率/%
• 非煤产业增加值占 GDP 比重/%	• 服务业从业人数占从业人数的比重/%	• 煤改气企业个数/户
• 单位能源碳排放/(吨/吨标准煤)	• 工业中一次能源占总能源消费比重/%	• 新建建筑中地源热泵应用比例/%
• 人均能源消耗/(吨标准煤/人)	• 工业中天然气占一次能源消费的比重/%	• 建筑屋顶太阳能板覆盖率/%
• 非化石能源发电比例/%	• 工业中燃煤占一次能源消费的比重/%	• 建筑屋顶绿化面积比率/%
• 新建建筑节能标准执行率/%	• 工业固体废物综合利用率/%	• 太阳能热水器普及率/%
• 非化石能源在建筑能耗中的比例/%	• 绿色建筑面积/万 米²	• 家庭燃气普及率/%
• 单位建筑面积运营碳排放/(吨/万 米²)	• 人均城市道路面积/ 米²	• 社区旧物交换及回收利用设施(有或无)
• 人均居民生活能耗/(吨标准煤/人)	• 万人拥有公交车数/辆	• 社区低碳生活信息平台(有或无)
• 人均交通碳排放/(吨/人)	• 居民人均生活用电量/(千瓦·时/人)	• 绿色交通出行比例/%
• 总碳汇能力/万吨	• 城镇生活垃圾无害化处理率/%	• 公共交通路网密度/(公里/公里²)
• 工业碳排放总量/万吨	• 建成区绿化覆盖率/%	• 人均轨道交通里程/(公里/人)
• 工业能源消耗总量/万吨标准煤	• 人均绿地面积/(公顷/万人)	• 人均公交专用车道长度/(公里/人)
• 人均碳排放量/(吨/人)	• 低碳示范工程开展情况	• 新能源汽车比例/%
• 单位 GDP 碳排放/(吨/万元)	• 城市规划合理性	• 每万人自行车数量/辆
	• 低碳政策完善程度	• 人均电动车公共充电站个数/(个/人)
	• 温室气体统计核算考核完善度	• 可再生能源路灯占比/%
	• 低碳技术完善程度	• 道路绿化率/%
		• 碳排放行业标准
		• 低碳发展资金投入情况
		• 单位 GDP 能耗/(吨标准煤/万元)
		• 能源消费弹性系数/%
		• 工业垃圾无害化处理率/%
		• 森林覆盖率/%
		• 新增造林面积/公顷

从表 7-8 可知，借助专家评分法，本课题组最终将表 7-7 中的 104 个指标筛出 61 个指标。其中，强制性指标 19 个，倡导性指标 16 个，引导性指标 26 个。

第四节　低碳城市建设评价指标体系形成

为了使表 7-8 中的低碳城市建设评价关键指标能被有效应用和推广,最终将表中的 19 个强制性指标构建成为适合我国低碳城市建设评价的指标体系。强制性指标既能合理地指导城市低碳建设,又能保证评价指标的数据可获取性,从而确保低碳城市建设指标体系的可操作性和合理性。

这些指标分为五个维度,包括产业结构、能源结构、能源效率、碳汇水平、管理制度,其结构可用图 7-3 表示。其中,产业结构反映城市在经济发展的同时对经济活动中碳排放的控制情况;能源结构反映城市对清洁能源与化石能源利用比例情况;能源效率反映城市工业、交通和建筑等方面的能源利用效率情况;碳汇水平反映城市在植树造林绿化方面做出的努力;管理制度反映城市为进行低碳城市建设制定的政策措施开展情况和城市规划合理性等政策机制的情况。

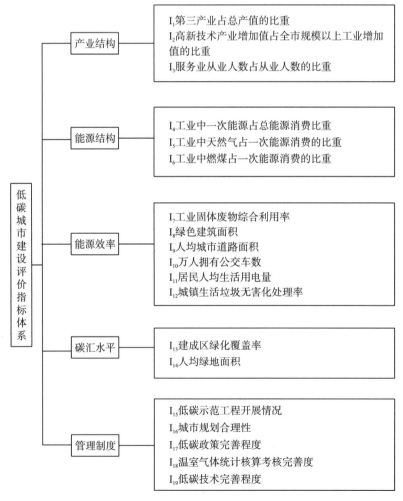

图 7-3　低碳城市建设评价指标体系

　　尽管低碳城市建设评价指标体系最终是由表7-8所示的低碳城市建设评价关键指标中的强制性指标组成，但倡导性指标和引导性指标也对引导城市的低碳建设具有重要的理论和现实意义，因此各地方政府可灵活地选取相关指标对低碳城市建设进行水平评估、过程控制和路径指导。

第八章 低碳城市建设评价指标体系的应用

本章应用第七章构建的低碳城市建设评价指标体系，对我国 35 个样本城市的低碳建设水平进行评价。评价结果定量地刻画样本城市的低碳建设阶段性特征和低碳建设的成熟度等级，对处于不同等级的城市提出针对性的低碳城市建设提升建议，从而推动我国低碳城市的全面建设与发展。

第一节 基于成熟度原理的低碳城市建设水平评价方法

本节将阐述基于成熟度原理的低碳城市建设水平评价原理及其定量方法。

一、成熟度概念在低碳城市建设水平评价中的应用

成熟度概念最早产生于计算机软件开发过程，随后逐渐应用到有关管理领域，如项目管理。项目管理成熟度模型由软件过程成熟度模型演变而来。1987 年，美国卡耐基梅隆大学研究小组首次提出软件过程成熟度模型的框架和成熟度水平，并将其应用于提升软件企业的生产质量。经过吸收实践过程中的反馈意见，成熟度模型的框架演变为能力成熟度模型(capability maturity model，CMM)的初始版本(Carnegie Mellon University，1991)。能力成熟度模型的本质是在生产过程中提升项目或组织管理能力的框架，以体现能力随时间不断提升的路径和步骤。在能力成熟度模型的后续发展中，学者以及企业组织试图通过这种思维逻辑解决更多方面、更多领域的问题，能力成熟度模型随之进入了项目管理领域。

(一)基于成熟度的低碳城市建设水平评价的重要性

由于不同城市的经济发展状况、城镇化水平、资源禀赋等特征各不相同，所以建设低碳城市的政策和措施要充分结合个别城市所处的发展阶段和实际情况，才能制定适合于不同城市的科学合理的低碳城市建设政策和措施(Poumanyvong and Kaneko，2010)。因此需要对低碳城市建设进行阶段性规律的把握，使得城市能准确判断自身所处的低碳建设的阶段，从而在低碳建设中采取相似的措施，提高低碳城市建设效率。而基于成熟度的低碳建设水平评价就可以对城市低碳建设的成熟阶段进行划分，使处于类似阶段的城市在低碳城市建设经验上相互借鉴，采取相似措施，处于不同阶段的城市在低碳城市建设经验上相互区分，采取有区别的政策措施。通过对城市低碳建设的成熟度分析识别城市所处的建设阶段可以帮助处于不同低碳建设阶段的城市找到其低碳建设的侧重点，确定符合其低碳现状的提升措施，从而使低碳城市建设水平得到整体提升。所以，基于成熟度对城市进行低碳建设阶段划分，对正确认识不同城市的低碳建设阶段状况和特征尤为重要。

(二)基于成熟度的低碳城市建设水平评价的必要性

传统的低碳城市评价聚焦在探讨城市的低碳建设的状态和发展水平上。例如,庄贵阳等(2014)通过对 100 个城市的分组比较研究发现我国南方沿海城市的低碳发展水平普遍高于北方城市。王峰等(2016)运用组合评价模型对江苏 13 个城市的低碳建设发展水平进行了分析,发现苏南、苏中、苏北城市的低碳建设水平呈现出"南高北低"的区域分布特征。关海玲和孙玉军(2012)从低碳和生态的角度出发,基于经济和社会生态、资源生态、环境生态和人文宜居生态四大要素,分析构建了低碳生态城市发展水平评价指标体系,应用 2009 年和 2010 年的传统数据,发现我国东部省份的低碳建设发展水平较高,而中、西部地区省区的发展水平偏低。张炜铃等(2012)应用人均 GDP、单位 GDP 能耗、经济结构及能耗、人均碳排放、碳生产率、碳能源排放系数等指标对北京市的低碳建设发展水平与国内低碳建设发展地平均水平进行分析对比,发现北京市在这些指标方面的表现都高于全国平均水平。

在有的研究文献中,对低碳城市的评价进行了低碳建设阶段划分。吴健生等(2016)用因子分析和聚类分析方法将我国 284 个城市的低碳水平分为低碳、相对低碳、相对高碳、高碳四个等级。路超君等(2014)以城市发展阶段和脱钩理论为基础,用城市发展过程中碳排放的变化为划分依据,将低碳城市发展分为初级、发展、高级三个阶段。雷刚和吴先华(2014)基于城市低碳发展与经济发展的关系,以低碳生态指数和人均 GDP 两个维度为坐标轴,将低碳城市划分为低经低碳、低经高碳、高经高碳、高经低碳四个发展阶段。也有学者研究处于不同经济发展阶段的城市的低碳发展水平(陈武等,2012; Kang et al.,2014)。

上述分析表明,传统上根据阶段划分方法对低碳城市进行评价,是基于经济发展与碳排放的关系。然而碳排放除了与经济发展有关,还与城市产业结构、能源结构等维度有密切关系,因此,传统上的低碳城市建设水平的阶段划分的有效性具有一定的局限性。而管理领域采用的成熟度模型是一种集成多维度的评价,可以帮助从低碳建设的多个维度出发对城市的低碳建设水平进行评价和阶段划分,从而刻画低碳城市建设的阶段性特征(廖晓东和关芬娜,2014)。基于此,本书将第七章中构建的低碳城市建设评价指标体系应用到项目管理成熟度模型中对低碳城市建设水平进行评价,并对城市低碳建设水平进行阶段划分。城市低碳建设水平的阶段性刻画能帮助城市准确定位自身的低碳建设特征,从而有效地采取提升低碳城市建设水平的措施。

(三)基于成熟度的低碳城市建设水平评价的可行性分析

管理成熟度模型在评价领域中的应用范围越来越广泛,例如工程项目 BIM 评价、EPC 项目评价、飞船项目评价、智能制造等,都应用了项目管理成熟度模型(张晓菲等,2016; 薛怡,2015; 袁家军等,2007; 于秀明等,2016)。这标志着项目管理成熟度模型应用的有效性被广泛接受,标志着应用项目管理成熟度原理的评价结果能帮助提供持续改进的途径与方法,从而满足评价对象所要达到的多个目标和要求。特别是项目管理成熟度模型能用到复杂性很高的工程项目上,这意味着项目管理成熟度模型可以应用到复杂的评价对象上。有学者应用项目管理成熟度模型对智慧城市建设进行评价(万碧玉,2015),对数字城市治理进行评价(张亚明等,2010),这些关于项目管理成熟度模型应用的背景展示了这种评价机理对城市低碳建设进行评价的可行性。

(四)基于成熟度模型原理的低碳建设水平评价的步骤

基于成熟度的低碳城市建设水平评价,包括构建低碳城市建设水平评价模型、建立低碳城市建设水平的成熟度等级、确定成熟度等级划分标准。

(1)构建低碳城市建设水平评价模型。本书第七章已经形成了由21个关键性指标组成的低碳建设评价指标体系,在应用这些指标进行低碳建设水平评价时,需要先构建评价模型。评价模型的构建主要包括评价指标权重的确定和综合评价模型的选定。

(2)建立低碳城市建设水平的成熟度等级。项目管理成熟度模型在发展过程中衍生出了很多不同的模型,对成熟度等级的划分也不同。因此,基于成熟度进行低碳城市建设水平评价时,需要结合城市的低碳建设特征,有针对性地选择低碳城市建设评价的成熟度模型,以此来建立低碳城市建设水平的成熟度等级。

(3)确定成熟度等级划分标准。成熟度等级的划分标准会决定低碳城市建设成熟度等级评价结果。因此,科学合理地确定成熟度等级划分标准十分重要。

二、基于成熟度的低碳城市建设水平评价模型

(一)低碳城市建设水平评价模型

为了划分低碳城市建设成熟度等级,首先需要构建对低碳城市建设水平评价的模型,并应用该模型对低碳城市的建设水平进行评价,然后才能根据评价结果确定成熟度等级。评价模型构建的主要内容是确定评价指标的权重和选取综合评价模型。

1. 指标权重的确定

权重是综合评价中的一个重要参数,在一套评价指标中合理地分配权重是正确评价低碳城市建设水平的关键。评价指标之间权重的构成是否合理,直接影响到评估的科学性(倪少凯,2002)。确定评价指标权重的方法类别可以分为主观确定、客观确定以及主客观结合确定,确定权重的技术方法有层次分析法(analytic hierarchy process,AHP)、主成分分析法(principal comporent analysis,PCA)、熵值法、模糊综合评价法(fuzzy comprehension evaluation method,FCEM)、人工神经网络法和灰色系统理论中的灰色关联分析法等。在这些权重设置的技术方法中,熵值法是一种应用较为广泛的客观加权法,该方法根据指标的原始数值确定其所占权重,可以避免主观因素偏差。由于在设置权重的过程中不受主观因素的影响,熵值法的应用广,产生的权重分配具有较高的有效性和客观性,评价结果也更具准确性。因此本书采用熵值法构建评价低碳城市建设水平的指标间的权重。

2. 评价方法的选择

对一个评价对象进行评价就是将所选择的评价指标应用到一个计算模型中,得出一个反映评价对象的表现水平值。常见的这种计算模型有综合计分模型、综合指数模型、模糊评价模型、多元统计分析模型、灰色系统评价模型和TOPSIS模型等。

TOPSIS(technique for order preferenceby similarity to ideal solution)法(优劣解距离法)是被广泛应用的一种综合评价方法,多用于对一组评价对象的表现水平进行评价的工作,可以充分利用原始数据中包含的信息,通过定量方法找出个别评价对象的优缺点。TOPSIS评价模型的基本原理是在指标的原始数据中找出最优值和最劣值,然后计算出各个评价对象与最优值、最劣值的距离,以此评价各个评价对象的表现水平(郝华勇,2011)。因此本书选择用 TOPSIS 模型评价低碳城市建设的表现水平。

3. 低碳城市建设水平评价模型构建

基于上面的分析,熵权法将被应用于计算低碳城市建设五个维度的指标的权重值,TOPSIS 综合评价模型将被应用于计算低碳建设水平的表现值,熵权法和 TOPSIS 模型的统一应用构成了低碳城市建设水平评价模型。有关具体的计算过程如下:

1)计算指标信息熵

$$E_j = -\frac{\sum_{i=1}^{m} P_{ij} \times \ln P_{ij}}{\ln n}, \quad (i=1, 2, 3, \cdots, n; j=1, 2, 3, \cdots, m) \tag{8-1}$$

其中

$$P_{ij} = \frac{X_{ij}}{\sum_{i=1}^{n} X_{ij}} \tag{8-2}$$

在式(8-1)、式(8-2)中的 X_{ij} 为评价对象 j 在指标 i 方面的表现原始值,n 是指标个数,m 为评价对象个数。本章前面指出的由 19 个关键指标组成的低碳城市建设评价指标体系,将应用于评价我国一组样本城市的低碳建设水平,因此这里 n 取值为 19。

2)计算指标权重
各指标的权重:

$$w_i = \frac{1-E_i}{k-\sum E_i}, \quad (i=1, 2, 3, \cdots, n) \tag{8-3}$$

其中, $k = \frac{1}{\ln n}$。

3)计算城市低碳建设水平评价的熵权得分

通过熵权法确定了的指标权重 w_i,把标准化的矩阵 $\boldsymbol{R}$ 每行的指标与其相应的权重 w_i 相乘,得到的加权规范化矩阵 $\boldsymbol{Y}_{ij}$:

$$\boldsymbol{Y}_{ij} = \begin{bmatrix} y_{11} & y_{12} & \cdots & y_{1j} \\ y_{21} & y_{22} & \cdots & y_{2j} \\ \vdots & \vdots & & \vdots \\ y_{i1} & y_{i2} & \cdots & y_{ij} \end{bmatrix} = \begin{bmatrix} w_1 r'_{11} & w_1 r'_{12} & \cdots & w_1 r'_{1j} \\ w_2 r'_{21} & w_2 r'_{22} & \cdots & w_2 r'_{2j} \\ \vdots & \vdots & & \vdots \\ w_i r'_{i1} & w_i r'_{i2} & \cdots & w_i r'_{ij} \end{bmatrix} \tag{8-4}$$

4)确定城市低碳建设水平评价最优值和最劣值

根据 $\boldsymbol{Y}_{ij}$,分别找到各个指标在整个数据采集期间表现的最大值和最小值,即城市低碳建设水平在这个指标方面的最优值和最劣值,分别用 Y_i^+ 和 Y_i^- 表示,详见式(8-5)和式(8-6):

$$Y_i^+ = \left\{ \max y_{ij} \mid j=1,2,\cdots, m \right\} = \left\{ Y_1^+, Y_2^+, \cdots, Y_{19}^+ \right\} \tag{8-5}$$

$$Y_i^- = \left\{ \max y_{ij} \mid j=1,2,\cdots, m \right\} = \left\{ Y_1^-, Y_2^-, \cdots, Y_{19}^- \right\} \tag{8-6}$$

5) 城市各个指标得分与最优值和最劣值的距离计算

第 j 个评价对象与最优值之间的距离的计算公式如下：

$$\theta_j^+ = \sqrt{\sum_{i=1}^{n} (y_i^+ - y_{ij})^2} \quad j=1, 2, \ldots, m \tag{8-7}$$

第 j 个评价对象与最劣值之间的距离计算公式如下：

$$\theta_j^- = \sqrt{\sum_{i=1}^{n} (y_{ij} - y_i^-)^2} \quad j=1, 2, \ldots, m \tag{8-8}$$

6) 低碳试点城市低碳建设水平计算

第 j 个评价对象与正理想解的相对接近程度用 θ_j 表示，θ_j 就是该指标的得分值，其计算公式为

$$\theta_j = \frac{\theta_j^-}{\theta_j^+ + \theta_j^-} \quad j=1, 2, \ldots, m \tag{8-9}$$

(二) 低碳城市建设水平成熟度等级的确定

低碳城市建设成熟度等级是城市的低碳建设能力从不成熟走向成熟的过程中具有明确意义的、能表征低碳建设水平的台阶。一方面，它可以用于描述低碳城市建设能力不断进化的过程；另一方面，它也可以作为低碳城市建设能力提升的阶段性目标，通过将当前的低碳城市建设水平成熟度等级与更优级别比较，可以找出差距，从而制定改进策略。

对评价对象进行成熟度等级划分有阶段式和连续式两种方式。其中连续式方式的成熟度是用百分比来表示的。而阶段式方式是给出明确的成熟度等级，包含五个等级，这五个等级在不同的应用领域表述有所不同，典型的表述见表 8-1。阶段式成熟度等级的提升表达了评价对象从低级到高级的发展过程。

表 8-1 典型的成熟度等级划分描述

模型	一级	二级	三级	四级	五级
CMM	初始级	可重复级	已定义级	已管理级	优化级
KLR-PM3	初始级	可重复级	已定义级	已管理级	优化级
PMS-PM3	初始过程	结构化的过程和标准	组织化的标准和制度化过程	已管理的过程	优化的过程
MF-PM3	混乱级	简略级	已组织级	已管理级	适应级

阶段式成熟度等级划分方法可操作性强，在本书中也采用这种方法。表 8-1 中能力成熟度模型 (CMM) 是最典型的采用离散等级划分方式的成熟度模型，由五个成熟度等级构成，分别是初始级、可重复级、已定义级、已管理级和优化级。较低级别是发展到较高级别的基础，每个等级的设定都需要基于一定的标准，满足标准才能被确定为相应等级的表现水平。要进一步提升到更高级别的水平就必须认识到决定成熟度等级的内部核心要素，从而采取相应措施。这些核心要素在能力成熟度模型中被称为关键过程域 (key process area，KPA）和关键实践（key practices，KP）。关键过程域是描述为了达到能力成熟度某个等级必须满足的一系列目标或条件。关键实践是为了达到关键过程域所确立的目标而必须采取的行动。当一个系统或组织把所有的关键实践作为行动方向，便可以实现关键过程域设立的标准目标，从而实现系统水平能力程度级别的提升。可以看出，能力成熟度模型的这种组成特征强调了一个系统的阶梯性和连续性改进结构模式。表 8-2 列出了能力成熟度模型各级别的关键过程域。

表 8-2　CMM 模型各级别的关键过程域

能力成熟度等级	等级特征	关键过程域
初始级	软件过程处于混乱无序的状态，很少对其过程进行定义，在这一阶段，项目成功依靠的是管理者个人的经验和能力，其管理方式属于反应式，即只对突发的管理情况进行即时的反应	无
可重复级	开始有项目管理的概念，通过跟踪进度、费用和功能来进行管理，并能够分析总结过往相似项目的成功经验，取得成功	需求管理，计划管理，项目跟踪和监控，软件子合同管理，软件配置管理，质量管理
已定义级	已经将管理过程标准化，并通过文档进行记录。订立标准软件开发过程，并要求项目按照标准过程执行	组织过程定义，组织过程焦点，培训大纲，软件集成管理，软件产品工程，组织协调，专家评审
已管理级	开始对软件过程和产品质量进行定量管理，能意识到二者应该处于怎样的定量区间	定量的软件过程和产品质量管理
优化级	对软件过程的量化结果及时反应，并通过新的思想和技术促进管理过程精益求精，不断改进	缺陷预防，过程变更管理和技术变更管理

（三）低碳城市建设评价水平成熟度等级的标准划分

确定低碳城市建设评价水平成熟度等级的划分标准包括总体评价的等级标准和对低碳建设的各维度的等级标准的确定。基于 2015 年来对北京、杭州、深圳、广州、上海、天津、保定和石家庄等城市的实地调研，以及深入的专家访谈讨论，低碳城市建设的成熟度等级划分标准如表 8-3 所示。其中 θ 为评价得分。

表 8-3　低碳城市建设成熟度等级划分的界定标准

原始级 I	总分标准	$0 \leqslant \theta < 0.3$
	各维度得分标准	各维度得分均高于 0.2
初始级 II	总分标准	$0.3 \leqslant \theta < 0.6$
	各维度得分标准	各维度得分均高于 0.3
基础级 III	总分标准	$0.6 \leqslant \theta < 0.8$
	各维度得分标准	各维度得分均高于 0.4
过渡级 IV	总分标准	$0.8 \leqslant \theta < 0.9$
	各维度得分标准	各维度得分均高于 0.5
优化级 V	总分标准	$0.9 \leqslant \theta \leqslant 1.0$
	各维度得分标准	各维度得分均高于 0.6

第二节 低碳城市建设评价指标体系应用的数据收集与处理

基于本章上一节构建的低碳城市建设水平评价模型,将描述应用评价模型的相关数据信息。

一、数据对象的选取

为了示范应用本书建立的低碳城市评价指标体系,选取的作为数据收集对象的样本城市需要满足以下几个条件:

(1)属于我国低碳试点城市。低碳试点城市是我国低碳建设的先锋城市,对其低碳建设水平进行评价的结果信息可以为其他城市的低碳建设提供借鉴,能起到示范作用。

(2)有较全面的数据来源。样本城市应具有较全面的数据来源,能保证各评价指标在一定期间内的数据可获得性,以便能对其低碳建设水平进行计算分析。

(3)具有一定的典型性。选取的样本城市要具有一定的典型性以及在地理分布上的广泛性,以便使评价结果为全面了解我国城市的低碳建设情况提供有价值的参考资料。

基于上述条件,所选取的样本城市来源于国家发展与改革委员会确定的第一、二批低碳试点城市。这两批国家低碳试点地区共涵盖了 36 个城市,其中由于大兴安岭地区、济源市、吉林市、金昌市和景德镇市的相关低碳建设指标数据难以获取,被排除在选取的样本城市之外。最终确定了 31 个低碳试点城市作为样本城市进行相关数据的收集,样本城市的详细信息见表 8-4。

表 8-4 低碳城市建设评价指标体系应用的样本城市

编号	1	2	3	4	5	6	7	8
样本城市	北京市	天津市	石家庄市	秦皇岛市	保定市	晋城市	呼伦贝尔市	上海市
编号	9	10	11	12	13	14	15	16
样本城市	苏州市	淮安市	镇江市	杭州市	宁波市	温州市	池州市	厦门市
编号	17	18	19	20	21	22	23	24
样本城市	南平市	南昌市	赣州市	青岛市	武汉市	广州市	深圳市	桂林市
编号	25	26	27	28	29	30	31	
样本城市	重庆市	广元市	贵阳市	遵义市	昆明市	延安市	乌鲁木齐市	

这 31 个样本城市践行低碳建设的时间较早,具有较为完善的数据公开平台,其低碳建设有关的指标数据的可获得性有保障。在地域分布上,这 31 个低碳试点城市涵盖了我国经济发达的华北、华东、华南地区,经济快速增长期的西南地区,以及经济欠发达的中西部地区和东北老工业区,这些地区代表我国不同发展阶段和特点。因此,对所选的 31 个样本城市进行低碳建设水平的评价能够全面地衡量我国城市的低碳建设现状,并帮助分析城市低碳建设不同阶段的特点,从而可以有针对性地提出城市低碳建设的模式与提升路径。

二、数据收集

基于第七章构建出的指标体系共含有 19 个强制性实施评价指标，有关这些指标的原始数据主要来自 2007～2016 年这十年间的《中国城市统计年鉴》、各个城市的统计年鉴、各个城市的国民经济和社会发展统计公报。绿色建筑面积的数据则收集自国家住房与城乡建设部科技与产业化发展中心主办的"绿色建筑评价标识网"。高新技术产值的数据则来自《中国高新技术产业年鉴》。部分原始数据需要经过处理和计算方可得出指标的最终数据，各个指标的数据来源汇总于表 8-5。

表 8-5　低碳城市评价指标体系应用的数据来源汇总

指标代号	指标	指标单位	指标性质	指标得到方式	数据原始来源
I1	第三产业占总产值的比重	%	正向	直接收集	2006～2016 年的《中国城市统计年鉴》
I2	高新技术产业从业人数	人	正向	替换得出	2006～2016 年各个城市国民经济和社会发展统计公报
I3	服务业从业人数占从业人数的比重	%	正向	直接收集	2006～2016 年《中国城市统计年鉴》
I4	工业中一次能源占总能源消费比重	万吨标准煤	负向	计算得出	2006～2016 年各个城市的统计年鉴
I5	工业中天然气占一次能源消费的比重	%	正向	计算得出	2006～2016 年各个城市的统计年鉴
I6	工业中燃煤占一次能源消费的比重	%	负向	计算得出	2006～2016 年《中国城市统计年鉴》
I7	工业固体废物综合利用率	%	正向	直接收集	2006～2016 年《中国城市统计年鉴》
I8	绿色建筑面积	万平方米	正向	直接收集	"绿色建筑评价标识网"
I9	人均城市道路面积	平方米	正向	直接收集	2006～2016 年《中国城市统计年鉴》
I10	万人拥有公交车数辆	辆	正向	直接收集	2006～2016 年《中国城市统计年鉴》
I11	居民人均生活用电量	千瓦时/人	负向	直接收集	2006～2016 年《中国城市统计年鉴》
I12	城镇生活垃圾无害化处理率	%	正向	直接收集	2006～2016 年《中国城市统计年鉴》
I13	建成区绿化覆盖率	%	正向	直接收集	2006～2016 年《中国城市统计年鉴》
I14	人均绿地面积	公顷/万人	正向	直接收集	2006～2016 年《中国城市统计年鉴》
I15	低碳示范工程开展情况得分	分	正向	评分得出	各个城市的低碳城市工作方案
I16	城市规划合理性得分	分	正向	评分得出	各个城市的低碳城市工作方案
I17	低碳政策完善程度得分	分	正向	评分得出	各个城市的低碳城市工作方案
I18	温室气体统计核算考核完善度得分	分	正向	评分得出	各个城市的低碳城市工作方案
I19	低碳技术完善程度得分	分	正向	评分得出	各个城市的低碳城市工作方案

由表 8-5 可知，19 个评价指标的数据来源有以下四种：

(1)直接收集。第三产业占总产值的比重 I1、服务业从业人数占从业人数的比重 I3、工业固体废物综合利用率 I7、人均城市道路面积 I9、万人拥有公交车数辆 I10、居民人均生活用电量 I11、城镇生活垃圾无害化处理率 I12、建成区绿化覆盖率 I13、人均绿地面积 I14 可以在《中国城市统计年鉴》中直接获得，绿色建筑面积 I8 则来自"绿色建筑评价标识网"。

(2)计算得出。工业一次能源消费占总能源消费的比重 I_4、工业中天然气占一次能源消费的比重 I_5、工业中燃煤占一次能源消费的比重 I_6 在现有的年鉴中并没有直接的数据，因此需要通过计算得到。能源结构是评价一个城市低碳建设水平的重要方面，而由于城市层面能源数据的缺失，使得很难准确计算出该城市的能源结构情况。考虑到工业能耗占城市总能耗的 70%以上，工业能源结构在很大程度上可以代表城市的能源结构，能够反映城市的能源结构特征。因此，这里采用工业能源结构反映城市能源结构，对指标 I_4，I_5，I_6 的计算如下：

工业一次能源消费占总能源消费的比重 I_4 的计算公式为

$$I_4 = 工业一次能源消耗量/工业能源消耗量 \tag{8-10}$$

工业中天然气占一次能源消费的比重 I_5 的计算公式为

$$I_5 = 工业天然气消耗量/工业一次能源消耗量 \tag{8-11}$$

工业中燃煤占一次能源消费的比重 I_6 的计算公式为

$$I_6 = 工业燃煤消耗量/工业一次能源消耗量 \tag{8-12}$$

其中，工业一次能源消耗量在《中国城市统计年鉴》中直接获得，工业能源消耗总量的计算公式为：

$$N = \sum_{i=1}^{m} E_i \times O_i \tag{8-13}$$

其中，N 代表城市的工业能源消耗总量；E_i 是该城市第 i 种能源的消耗量；O_i 是第 i 种能源的折算标准煤系数(这一折算系数来自《中国能源统计年鉴(2016)》，具体折算系数参考本书第三章的表 3-2)。

(3)替换得出。指标 I2"高新技术产业的发展情况"的数据在城市层面是缺失的。但高新技术产业相关指标的数据可以在《中国高新技术产业年鉴》中获得，其中有关数据是用以反映省域的高新技术产业发展水平。考虑到城市所在省份的高新技术产业发展水平可以在一定程度上反映该城市的高新技术产业发展情况，因此可以采用一个城市所在的省份的"高新技术产业从业人数"代替该城市的高新技术产业发展水平的 I2。

(4)评分得出。有关低碳城市管理制度维度的指标数据是通过定性评分得出的，包括低碳示范工程开展情况得分 I15、城市规划合理性得分 I16、低碳政策完善程度得分 I17、温室气体统计核算考核完善度得分 I18、低碳技术完善程度得分 I19。定性评分的主要依据是一个城市的低碳建设现状和该城市的低碳建设工作方案，具体得分依据见表 8-6。

表 8-6　低碳试点城市管理制度维度的指标评分依据表

指标名称	得分点	评分依据
I15 低碳示范工程开展情况得分	S11 是否建设低碳示范城区	绿色生态城区名单
	S12 是否建设低碳工业示范园区	低碳工业园区名单
	S13 是否建设低碳示范社区	各个省的低碳社区示范名单
I16 城市规划合理性得分	S21 有无产业空间集聚	低碳城市工作方案
	S22 有无轨道交通	进行实地调查
	S23 是否从城市规划角度开展低碳建设	低碳城市工作方案

指标名称	得分点	评分依据
I17 低碳政策完善程度得分	S31 有无激励型政策(新能源汽车补助)	低碳城市工作方案
	S32 有无强制型政策(低碳发展规划或者低碳法规)	低碳城市工作方案
	S33 有无自愿型政策(低碳宣传)	低碳城市工作方案
	S34 有无探索碳交易机制	低碳城市工作方案
I18 温室气体统计核算考核完善度得分	S41 是否进行温室气体监测和评价	低碳城市工作方案
	S42 是否建立能源数据网络公开平台	低碳城市工作方案
I19 低碳技术完善程度得分	S51 是否建立低碳技术创新平台	低碳城市工作方案
	S52 是否引进低碳技术人才	低碳城市工作方案
	S53 是否推广使用低碳技术	低碳城市工作方案

表 8-6 中，每个指标的得分点是基于该指标的得分点活动是否得到开展。某一个得分活动如果被得到开展，将得到 1 分。以指标 I15 为例，如果根据调查资料可知某个样本的城市建设有低碳示范城区，建设有低碳工业示范园区，建设有低碳示范社区，那么该城市在 I15 的得分就是 3 分。

三、数据处理

由于 19 个低碳建设评价指标的量纲、数量级及正负向具有差异性，有的指标属于正向指标，在进行低碳城市建设水平评价时这些指标的取值越大越好；而有的指标属于负向指标，在进行评价时这些指标的取值越小越好。因此，在应用这些指标的数据进行计算前需要对指标数据进行标准化，指标标准化的处理方法如下：

正向指标标准化的取值为

$$X'_{ij} = \frac{X_{ij} - \min\{X_j\}}{\max\{X_j\} - \min\{X_j\}} \tag{8-14}$$

负向指标标准化的取值为

$$X'_{ij} = \frac{\max\{X_j\} - X_{ij}}{\max\{X_j\} - \min\{X_j\}} \tag{8-15}$$

第三节　低碳城市建设评价指标体系应用实证分析

本节将本章第二节描述的指标数据代入本章第一节构建的低碳城市建设评价模型中，对各个样本城市的低碳建设水平进行评价和分析，包括确定评价指标权重值 w_i [公式(8-3)]，计算低碳建设水平值 θ_j (公式 8-9)，以及确立低碳城市建设成熟度等级。

将表 8-7 的指标数据，代入公式(8-1)～(8-9)依次进行计算，可以得出各样本城市产业结构维度的得分 W1，能源结构维度的得分 W2，能源效率维度的得分 W3，碳汇水平维度的得分 W4，管理制度维度的得分 W5 以及低碳建设总体得分值θ，再按照表 8-3 的划分标准可以得出各样本城市在低碳建设方面所处的成熟度等级。

一、低碳城市建设评价指标体系实证应用——低碳建设评价指标权重值分布（W_i）

根据熵权法的计算程序，各指标的权重值见表 8-7。

表 8-7　低碳城市建设评价指标权重值分布（w_i）

指标	I1	I2	I2	I4	I5	I6	I7
权重	0.0219	0.0291	0.0053	0.0003	0.0547	0.0036	0.0021
指标	I8	I9	I10	I11	I12	I13	I14
权重	0.1132	0.0101	0.0148	0.0001	0.0013	0.1572	0.1372
指标	I15	I16	I17	I18	I19		
权重	0.0349	0.0594	0.0463	0.0245	0.0564		

表 8-8（1）　各样本城市在 2006～2015 年间的产业结构维度得分值（W1）

样本城市	统计年份									
	2006	2007	2008	2009	2010	2011	2012	2013	2014	2015
北京	0.01	0.14	0.33	0.48	0.52	0.52	0.70	0.76	0.83	0.89
天津	0.33	0.41	0.56	0.66	0.78	0.48	0.63	0.65	0.67	0.78
石家庄	0.00	0.07	0.23	0.25	0.31	0.35	0.68	0.75	0.84	0.94
秦皇岛	0.20	0.21	0.23	0.26	0.31	0.33	0.65	0.73	0.87	0.99
保定	0.53	0.59	0.65	0.70	0.77	0.57	0.37	0.39	0.47	0.49
晋城	0.57	0.58	0.60	0.54	0.57	0.40	0.57	0.38	0.40	0.42
呼伦贝尔	0.26	0.31	0.57	0.67	0.66	0.70	0.73	0.71	0.81	0.85
上海	0.19	0.15	0.22	0.29	0.37	0.40	0.43	0.61	0.78	0.93
苏州	0.46	0.55	0.66	0.12	0.61	0.72	0.95	0.89	0.86	0.85
淮安	0.26	0.26	0.31	0.32	0.67	0.74	0.86	0.75	0.70	0.75
镇江	0.16	0.17	0.27	0.25	0.65	0.72	0.87	0.84	0.80	0.86
杭州	0.31	0.14	0.16	0.15	0.55	0.30	0.54	0.66	0.68	0.83
宁波	0.33	0.33	0.34	0.22	0.62	0.27	0.58	0.75	0.82	1.00
温州	0.09	0.07	0.13	0.11	0.43	0.34	0.59	0.80	0.85	1.00
池州	0.06	0.76	0.51	0.20	0.22	0.82	0.89	0.70	0.72	0.56
厦门	0.01	0.10	0.33	0.39	0.55	0.51	0.64	0.71	0.88	1.00
南平	0.19	0.16	0.21	0.24	0.47	0.52	0.59	0.73	0.86	0.90
南昌	0.50	0.45	0.48	0.49	0.54	0.38	0.44	0.37	0.43	0.50
赣州	0.06	0.07	0.12	0.16	0.28	0.38	0.51	0.60	0.76	1.00
青岛	0.00	0.06	0.12	0.18	0.28	0.32	0.73	0.79	0.95	1.00
武汉	0.07	0.10	0.15	0.24	0.33	0.34	0.50	0.65	0.81	0.99

样本城市	统计年份									
	2006	2007	2008	2009	2010	2011	2012	2013	2014	2015
广州	0.00	0.14	0.30	0.41	0.74	0.79	0.95	0.93	0.98	1.00
深圳	0.10	0.18	0.31	0.39	0.72	0.78	0.96	0.85	0.88	0.91
桂林	0.42	0.51	0.59	0.65	0.81	0.68	0.62	0.33	0.35	0.37
重庆	0.22	0.22	0.24	0.25	0.27	0.28	0.59	0.74	0.88	1.00
广元	0.06	0.10	0.18	0.44	0.60	0.70	0.81	0.78	0.72	0.76
贵阳	0.53	0.61	0.70	0.79	0.66	0.32	0.24	0.29	0.46	0.57
遵义	0.18	0.16	0.55	0.75	0.84	0.62	0.20	0.18	0.30	0.57
昆明	0.55	0.35	0.41	0.77	0.76	0.21	0.24	0.34	0.89	0.79
延安	0.52	0.46	0.33	0.69	0.65	0.63	0.69	0.35	0.40	0.58
乌鲁木齐	0.31	0.31	0.29	0.24	0.29	0.03	0.23	0.54	0.69	0.94

表 8-8(2)　各样本城市在 2006～2015 年间的能源结构维度得分值(W2)

样本城市	统计年份									
	2006	2007	2008	2009	2010	2011	2012	2013	2014	2015
北京	0.00	0.04	0.19	0.26	0.27	0.25	0.41	0.55	0.68	1.00
天津	0.00	0.10	0.19	0.13	0.15	0.25	0.37	0.44	0.59	1.00
石家庄	0.06	0.06	0.05	0.06	0.41	0.04	0.33	0.51	1.00	0.55
秦皇岛	0.02	0.03	0.10	0.14	0.47	0.98	0.98	0.79	0.90	0.97
保定	0.50	0.33	0.42	0.42	0.31	0.41	0.45	0.57	0.58	0.75
晋城	0.40	0.58	0.34	0.99	0.07	0.07	0.06	0.59	0.36	0.41
呼伦贝尔	0.91	0.90	0.75	0.71	0.61	0.30	0.30	0.30	0.10	0.00
上海	0.00	0.04	0.19	0.26	0.27	0.25	0.41	0.55	0.68	1.00
苏州	1.00	0.74	0.00	0.58	0.44	0.32	0.34	0.25	0.24	0.37
淮安	0.10	0.09	0.04	0.05	0.07	0.09	0.04	0.00	1.00	0.02
镇江	0.03	0.17	0.26	0.39	0.51	0.51	0.50	0.85	0.92	0.96
杭州	0.51	0.65	0.57	0.52	0.68	0.90	0.07	0.92	1.00	0.77
宁波	0.01	0.01	0.01	0.01	0.00	0.07	0.09	0.09	0.99	0.11
温州	0.82	0.99	0.58	0.52	0.39	0.22	0.28	0.17	0.02	0.11
池州	0.04	0.04	0.04	0.96	0.97	0.96	0.98	0.37	0.96	0.98
厦门	0.33	0.40	0.47	0.02	0.83	0.94	0.97	0.98	0.82	0.62
南平	0.74	0.77	0.26	0.26	0.88	0.88	0.88	0.88	0.72	0.80
南昌	0.33	0.40	0.47	0.02	0.83	0.94	0.97	0.98	0.82	0.62
赣州	0.02	0.02	0.02	0.02	0.02	0.02	0.02	0.02	0.02	0.98
青岛	0.25	0.25	0.50	0.70	0.70	0.71	0.73	0.74	0.77	0.81
武汉	0.10	0.05	0.00	0.23	0.28	0.12	0.01	0.50	0.97	1.00
广州	0.22	0.22	0.24	0.33	0.34	0.20	0.23	0.49	0.75	0.77

续表

样本城市	统计年份									
	2006	2007	2008	2009	2010	2011	2012	2013	2014	2015
深圳	0.12	0.22	0.01	0.42	0.55	0.98	0.91	0.85	0.87	0.76
桂林	0.26	0.20	0.15	0.09	0.04	0.00	0.17	0.32	0.54	0.99
重庆	0.50	0.08	0.56	0.07	0.12	0.02	0.62	0.25	0.79	1.00
广元	0.99	0.02	0.01	0.01	0.05	0.06	0.06	0.04	0.07	0.00
贵阳	0.53	0.67	0.77	0.82	0.77	0.77	0.68	0.17	0.18	0.18
遵义	0.86	0.93	0.88	0.75	0.82	0.51	0.48	0.24	0.43	0.12
昆明	0.08	0.06	0.07	0.04	0.09	0.03	0.09	0.22	0.99	0.88
延安	0.20	0.20	0.18	0.18	0.18	0.53	0.51	0.52	0.77	0.96
乌鲁木齐	0.27	0.15	0.15	0.18	0.18	0.69	0.49	083	0.79	0.97

表 8-8(3)　各样本城市在 2006～2015 年间的能源效率维度得分值(W3)

样本城市	统计年份									
	2006	2007	2008	2009	2010	2011	2012	2013	2014	2015
北京	0.47	0.41	0.44	0.48	0.42	0.41	0.62	0.80	0.83	0.63
天津	0.09	0.12	0.28	0.17	0.25	0.43	0.61	0.80	0.96	0.62
石家庄	0.20	0.23	0.38	0.76	0.88	0.91	0.85	0.83	0.36	0.37
秦皇岛	0.53	0.58	0.60	0.63	0.63	0.54	0.47	0.56	0.64	0.33
保定	0.24	0.14	0.23	0.59	0.66	0.47	0.54	0.69	0.88	0.38
晋城	0.08	0.11	0.14	0.43	0.42	0.62	0.69	0.73	0.76	0.99
呼伦贝尔	0.32	0.15	0.19	0.08	0.22	0.51	0.64	0.59	0.66	0.68
上海	0.78	0.17	0.19	0.20	0.19	0.20	0.24	0.31	0.32	0.30
苏州	0.08	0.29	0.49	0.60	0.75	0.97	0.65	0.74	0.69	0.94
淮安	0.33	0.35	0.38	0.53	0.42	0.49	0.69	0.67	0.71	0.70
镇江	0.17	0.33	0.49	0.30	0.44	0.63	0.65	0.84	0.86	0.96
杭州	0.14	0.21	0.58	0.76	0.68	0.71	0.71	0.92	0.67	0.62
宁波	0.13	0.54	0.62	0.27	0.36	0.57	0.64	0.78	0.80	0.89
温州	0.18	0.15	0.21	0.29	0.67	0.55	0.78	0.89	0.94	0.90
池州	0.33	0.48	0.54	0.43	0.61	0.50	0.66	0.79	0.64	0.88
厦门	0.14	0.37	0.41	0.59	0.62	0.78	0.88	0.77	0.81	0.94
南平	0.42	0.46	0.54	0.36	0.34	0.40	0.55	0.58	0.54	0.49
南昌	0.14	0.37	0.41	0.59	0.62	0.78	0.88	0.77	0.81	0.94
赣州	0.23	0.29	0.23	0.53	0.62	0.35	0.35	0.65	0.27	0.41
青岛	0.10	0.23	0.34	0.30	0.46	0.97	0.23	0.46	0.51	0.54
武汉	0.01	0.16	0.32	0.49	0.59	0.70	0.86	0.83	0.91	0.73
广州	0.40	0.48	0.18	0.43	0.66	0.71	0.75	0.87	0.86	0.54
深圳	0.84	0.10	0.07	0.36	0.60	0.63	0.62	0.59	0.54	0.49
桂林	0.35	0.39	0.44	0.34	0.42	0.59	0.63	0.74	0.60	0.70
重庆	0.12	0.20	0.44	0.58	0.73	0.71	0.84	0.94	0.78	0.78

续表

样本城市	统计年份									
	2006	2007	2008	2009	2010	2011	2012	2013	2014	2015
广元	0.00	0.40	0.20	0.32	0.38	0.57	0.69	0.76	0.87	0.88
贵阳	0.25	0.41	0.43	0.03	0.56	0.53	0.33	0.36	0.76	0.69
遵义	0.37	0.73	0.60	0.42	0.36	0.46	0.49	0.52	0.33	0.50
昆明	0.15	0.05	0.09	0.39	0.36	0.21	0.32	0.32	0.95	0.63
延安	0.53	0.53	0.60	0.50	0.79	0.58	0.35	0.70	0.86	0.75
乌鲁木齐	0.48	0.43	0.38	0.36	0.26	0.44	0.55	0.71	0.88	0.78

表 8-8(4)　各样本城市在 2006～2015 年间的碳汇水平维度得分值(W4)

样本城市	统计年份									
	2006	2007	2008	2009	2010	2011	2012	2013	2014	2015
北京	0.01	0.34	0.38	0.30	0.45	0.78	1.00	0.50	0.01	0.44
天津	0.02	0.72	0.99	0.72	0.47	0.34	0.37	0.45	0.48	0.51
石家庄	0.46	0.40	0.35	0.01	0.21	0.32	0.46	0.47	0.72	0.99
秦皇岛	0.00	0.33	0.18	0.43	0.50	0.97	0.23	0.20	0.29	0.37
保定	0.48	0.64	0.76	0.66	0.91	1.00	0.86	1.00	0.06	0.00
晋城	0.98	0.23	0.28	0.22	0.33	0.66	0.41	0.17	0.24	0.02
呼伦贝尔	0.00	0.12	1.00	0.85	0.98	0.99	0.54	0.58	0.33	0.21
上海	0.22	0.45	0.50	0.32	0.19	0.24	0.19	0.20	0.56	0.99
苏州	0.34	0.40	0.35	0.27	0.27	0.97	0.24	0.18	0.01	0.04
淮安	0.52	0.99	0.89	0.56	0.28	0.14	0.53	0.18	0.20	0.01
镇江	0.56	0.19	0.96	0.57	0.11	0.06	0.40	0.08	0.19	0.20
杭州	0.10	0.10	0.00	0.13	0.05	0.59	0.54	0.47	1.00	0.02
宁波	0.06	0.06	0.09	0.01	0.98	0.99	0.67	0.52	0.68	0.75
温州	0.03	0.09	0.88	0.33	0.88	0.90	0.89	0.79	0.39	0.32
池州	0.30	0.50	0.68	0.05	0.86	0.31	0.98	0.85	0.85	0.92
厦门	0.50	0.02	0.16	0.22	0.56	0.30	0.62	0.48	0.65	0.75
南平	0.04	0.04	0.00	0.03	0.99	0.52	0.41	0.30	0.16	0.10
南昌	0.40	0.98	0.19	0.21	0.21	0.18	0.03	0.01	0.06	0.13
赣州	0.97	0.79	0.27	0.33	0.15	0.03	0.23	0.10	0.16	0.10
青岛	0.95	0.16	0.05	0.06	0.11	0.27	0.26	0.40	0.48	0.58
武汉	0.02	0.02	0.02	0.03	0.01	0.73	0.76	0.80	0.96	0.98
广州	0.00	0.00	0.00	0.00	0.00	0.92	0.93	0.93	0.30	1.00
深圳	0.00	0.00	0.00	0.00	0.02	0.04	1.00	0.39	0.32	0.25
桂林	0.00	0.00	0.00	0.01	0.01	0.02	0.02	0.04	0.02	0.98
重庆	0.01	0.07	0.00	1.00	0.93	0.69	0.83	0.60	0.62	0.58
广元	0.20	0.55	0.12	0.43	0.09	0.48	0.45	0.41	0.73	0.62
贵阳	0.00	0.37	0.22	0.17	0.40	0.61	0.73	0.64	0.85	1.00
遵义	0.49	0.43	0.06	0.22	0.23	0.01	0.85	0.88	0.93	0.95
昆明	0.00	0.01	0.19	0.22	0.27	0.18	1.00	0.36	0.72	0.86

样本城市	统计年份									
	2006	2007	2008	2009	2010	2011	2012	2013	2014	2015
延安	0.00	0.13	0.56	0.43	0.39	0.34	0.77	0.84	0.92	1.00
乌鲁木齐	0.00	0.47	0.20	0.27	0.54	0.92	0.47	0.62	0.73	0.80

表 8-8(5)　各样本城市在 2006～2015 年间的管理制度维度得分值(W5)

样本城市	统计年份									
	2006	2007	2008	2009	2010	2011	2012	2013	2014	2015
北京	0.00	0.00	0.00	0.00	0.50	0.50	0.50	0.61	1.00	1.00
天津	0.00	0.00	0.00	0.00	0.00	0.00	0.61	0.78	1.00	1.00
石家庄	0.00	0.00	0.00	0.00	1.00	0.00	0.00	1.00	1.00	1.00
秦皇岛	0.00	0.00	0.00	0.00	0.59	0.00	0.00	0.25	1.00	1.00
保定	0.00	0.00	0.00	0.00	0.80	0.66	1.00	1.00	1.00	1.00
晋城	0.00	0.00	0.00	0.00	0.27	0.00	0.00	0.60	1.00	1.00
呼伦贝尔	0.00	0.00	0.00	0.00	1.00	0.00	0.00	0.00	0.00	0.00
上海	0.00	0.00	0.00	0.00	0.00	0.00	0.49	0.49	1.00	1.00
苏州	0.13	0.13	0.13	0.13	0.29	0.13	0.20	0.20	0.84	1.00
淮安	0.17	0.17	0.17	0.17	0.25	0.25	0.00	0.25	0.25	0.80
镇江	0.00	0.00	0.00	0.00	0.00	0.00	0.00	0.00	0.00	1.00
杭州	0.00	0.00	0.00	0.21	0.61	0.61	0.79	0.79	1.00	1.00
宁波	0.00	0.00	0.00	0.00	0.24	0.24	0.00	0.00	0.29	1.00
温州	0.00	0.00	0.00	0.00	0.00	0.00	0.00	0.28	0.56	1.00
池州	0.00	0.00	0.00	0.00	0.56	0.56	0.28	1.00	1.00	1.00
厦门	0.00	0.00	0.00	0.00	0.77	0.77	0.77	0.77	1.00	1.00
南平	0.00	0.00	0.00	0.00	0.00	0.00	0.00	1.00	1.00	1.00
南昌	0.00	0.00	0.00	0.00	0.20	0.20	0.20	0.37	0.80	1.00
赣州	0.00	0.00	0.00	0.00	0.00	0.00	0.00	0.26	1.00	1.00
青岛	0.00	0.00	0.00	0.00	0.24	0.24	0.24	0.37	1.00	1.00
武汉	0.00	0.00	0.00	0.00	0.59	0.59	0.59	1.00	1.00	1.00
广州	0.00	0.00	0.00	0.00	0.32	0.00	0.58	1.00	1.00	1.00
深圳	0.00	0.00	0.00	0.00	0.00	0.00	0.28	0.56	0.56	1.00
桂林	0.00	0.00	0.00	0.00	0.00	0.00	0.00	0.50	0.50	1.00
重庆	0.00	0.00	0.00	0.00	0.15	0.00	0.24	0.40	1.00	1.00
广元	0.00	0.00	0.00	0.00	0.00	0.00	0.00	0.70	1.00	1.00
贵阳	0.00	0.00	0.00	0.00	0.00	0.15	0.15	0.76	1.00	1.00
遵义	0.16	0.00	0.00	0.00	0.71	0.71	0.16	0.33	0.28	1.00
昆明	0.00	0.00	0.00	0.00	0.00	0.00	0.44	1.00	1.00	1.00
延安	0.00	0.00	0.00	0.00	0.00	0.00	1.00	1.00	1.00	1.00
乌鲁木齐	0.00	0.00	0.00	0.00	0.00	0.00	0.00	0.00	1.00	1.00

二、低碳城市建设评价指标体系实证应用——低碳建设水平值 (θ)

各样本城市在 2006～2015 年间的低碳城市建设总体得分见表 8-9。

表 8-9 各样本城市在 2006～2015 年间的低碳建设总体得分 (θ)

样本城市	统计年份									
	2006	2007	2008	2009	2010	2011	2012	2013	2014	2015
北京	0.01	0.01	0.05	0.07	0.49	0.49	0.50	0.61	0.91	0.99
天津	0.01	0.02	0.03	0.03	0.04	0.03	0.60	0.77	0.95	0.99
石家庄	0.02	0.01	0.02	0.03	0.08	0.04	0.06	0.91	0.97	0.91
秦皇岛	0.02	0.02	0.02	0.03	0.05	0.08	0.08	0.25	0.99	0.92
保定	0.03	0.08	0.05	0.06	0.77	0.65	0.88	0.97	0.98	0.96
晋城	0.07	0.10	0.06	0.16	0.26	0.03	0.03	0.60	0.89	0.90
呼伦贝尔	0.01	0.00	0.00	0.00	0.00	0.01	0.01	0.01	0.01	0.99
上海	0.03	0.02	0.08	0.11	0.11	0.11	0.48	0.49	0.87	0.98
苏州	0.13	0.13	0.13	0.13	0.29	0.13	0.21	0.21	0.84	0.98
淮安	0.17	0.17	0.17	0.17	0.25	0.25	0.08	0.25	0.26	0.80
镇江	0.02	0.02	0.03	0.03	0.07	0.07	0.09	0.09	0.09	0.98
杭州	0.04	0.05	0.05	0.21	0.61	0.61	0.78	0.80	0.99	0.98
宁波	0.02	0.02	0.02	0.01	0.24	0.24	0.05	0.05	0.29	0.99
温州	0.07	0.09	0.05	0.05	0.05	0.03	0.05	0.28	0.56	0.92
池州	0.02	0.09	0.06	0.22	0.58	0.57	0.38	0.81	0.88	0.94
厦门	0.06	0.07	0.09	0.03	0.77	0.77	0.77	0.77	0.96	0.93
南平	0.13	0.10	0.10	0.07	0.10	0.13	0.17	0.90	0.92	0.91
南昌	0.07	0.08	0.09	0.04	0.24	0.25	0.25	0.40	0.80	0.92
赣州	0.01	0.03	0.02	0.03	0.04	0.04	0.05	0.26	0.98	0.98
青岛	0.00	0.01	0.05	0.08	0.26	0.26	0.26	0.38	0.99	0.99
武汉	0.01	0.02	0.02	0.03	0.59	0.59	0.59	0.97	0.99	0.99
广州	0.02	0.03	0.06	0.09	0.34	0.15	0.59	0.96	0.99	0.99
深圳	0.16	0.09	0.13	0.20	0.26	0.30	0.37	0.59	0.59	0.86
桂林	0.02	0.02	0.03	0.03	0.03	0.03	0.03	0.50	0.50	0.97
重庆	0.02	0.02	0.03	0.03	0.16	0.05	0.25	0.40	0.99	0.99
广元	0.00	0.02	0.02	0.03	0.03	0.04	0.05	0.70	0.98	0.98
贵阳	0.01	0.03	0.03	0.02	0.04	0.15	0.15	0.75	0.99	0.99
遵义	0.16	0.03	0.03	0.02	0.71	0.71	0.16	0.33	0.28	0.97
昆明	0.03	0.02	0.03	0.07	0.07	0.05	0.44	0.91	0.98	0.95
延安	0.08	0.08	0.08	0.11	0.11	0.32	0.68	0.70	0.83	0.93
乌鲁木齐	0.03	0.02	0.09	0.05	0.06	0.11	0.10	0.14	0.96	0.99

三、低碳城市建设评价指标体系实证应用——低碳建设成熟度等级（Ⅰ，Ⅱ，Ⅲ，Ⅳ，Ⅴ）

将表 8-9 中的数据与表 8-3 中的成熟度等级划分标准相结合，可以得到各样本城市在 2006～2015 年间的低碳建设成熟度等级，见表 8-10。

表 8-10　2006～2015 年间的各样本城市低碳建设成熟度等级表

样本城市	统计年份									
	2006	2007	2008	2009	2010	2011	2012	2013	2014	2015
北京	原始级	原始级	原始级	原始级	初始级	初始级	初始级	基础级	优化级	优化级
天津	原始级	原始级	原始级	原始级	原始级	原始级	初始级	基础级	优化级	优化级
石家庄	原始级	原始级	原始级	原始级	原始级	原始级	原始级	初始级	初始级	初始级
秦皇岛	原始级	原始级	原始级	原始级	原始级	原始级	原始级	原始级	初始级	初始级
保定	原始级	原始级	原始级	原始级	原始级	原始级	原始级	基础级	基础级	基础级
晋城	原始级	原始级	原始级	原始级	原始级	原始级	原始级	初始级	基础级	基础级
呼伦贝尔	原始级	原始级	原始级	原始级	原始级	原始级	原始级	原始级	原始级	原始级
上海	原始级	原始级	原始级	原始级	原始级	原始级	原始级	初始级	初始级	初始级
苏州	原始级	原始级	原始级	原始级	原始级	原始级	原始级	原始级	初始级	初始级
淮安	原始级	原始级	原始级	原始级	原始级	原始级	原始级	原始级	原始级	原始级
镇江	原始级	原始级	原始级	原始级	原始级	原始级	原始级	原始级	原始级	优化级
杭州	原始级	原始级	原始级	初始级	初始级	初始级	初始级	过渡级	优化级	优化级
宁波	原始级	原始级	原始级	原始级	原始级	原始级	原始级	原始级	原始级	基础级
温州	原始级	原始级	原始级	原始级	原始级	原始级	原始级	原始级	原始级	原始级
池州	原始级	原始级	原始级	原始级	原始级	原始级	原始级	初始级	初始级	基础级
厦门	原始级	原始级	原始级	原始级	基础级	基础级	基础级	基础级	优化级	优化级
南平	原始级	原始级	原始级	原始级	原始级	原始级	原始级	过渡级	过渡级	过渡级
南昌	原始级	原始级	原始级	初始级	初始级	初始级	初始级	初始级	过渡级	过渡级
赣州	原始级	原始级	原始级	原始级	原始级	原始级	原始级	原始级	初始级	过渡级
青岛	原始级	原始级	原始级	原始级	原始级	原始级	原始级	原始级	初始级	过渡级
武汉	原始级	原始级	原始级	原始级	初始级	初始级	初始级	过渡级	优化级	优化级
广州	原始级	原始级	原始级	原始级	原始级	原始级	原始级	过渡级	优化级	优化级
深圳	原始级	原始级	原始级	原始级	原始级	原始级	初始级	初始级	初始级	基础级
桂林	原始级	原始级	原始级	原始级	原始级	原始级	原始级	初始级	初始级	初始级
重庆	原始级	原始级	原始级	原始级	原始级	原始级	原始级	原始级	优化级	优化级
广元	原始级	原始级	原始级	原始级	原始级	原始级	原始级	基础级	优化级	优化级
贵阳	原始级	原始级	原始级	原始级	原始级	原始级	原始级	初始级	基础级	过渡级
遵义	原始级	原始级	原始级	原始级	原始级	原始级	原始级	初始级	初始级	基础级
昆明	原始级	原始级	原始级	原始级	原始级	原始级	原始级	初始级	优化级	优化级
延安	原始级	原始级	原始级	原始级	原始级	原始级	初始级	初始级	基础级	过渡级
乌鲁木齐	原始级	原始级	原始级	原始级	原始级	原始级	原始级	原始级	优化级	优化级

四、低碳城市建设评价指标体系实证应用——低碳建设成熟度等级的演变分析

1. 样本城市的低碳建设成熟度等级演变图

根据表 8-10 中的信息，可以绘制出各样本城市在 2006～2015 年间的低碳建设成熟度等级演变图，见图 8-1（1～31）。

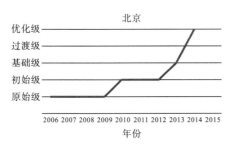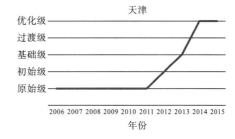

图 8-1（1） 北京市低碳建设水平成熟度等级演变图　图 8-1（2） 天津市低碳建设水平成熟度等级演变图

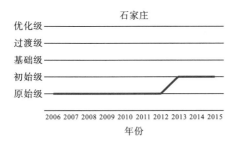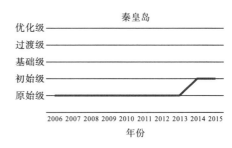

图 8-1（3） 石家庄市低碳建设水平成熟度等级演变图　图 8-1（4） 秦皇岛市低碳建设水平成熟度等级演变图

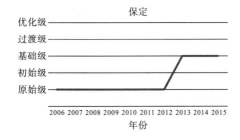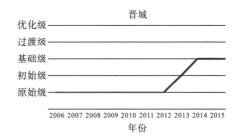

图 8-1（5） 保定市低碳建设水平成熟度等级演变图　图 8-1（6） 晋城市低碳建设水平成熟度等级演变图

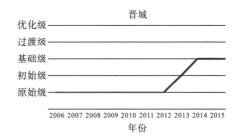

图 8-1（7） 呼伦贝尔市低碳建设水平成熟度等级演变图　图 8-1（8） 上海市低碳建设水平成熟度等级演变图

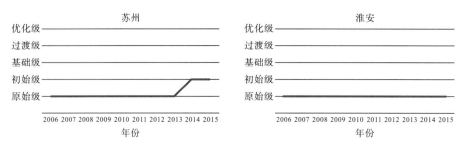

图 8-1(9)　苏州市低碳建设水平成熟度等级演变图　图 8-1(10)　淮安市低碳建设水平成熟度等级演变图

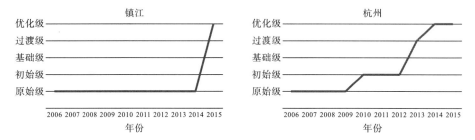

图 8-1(11)　镇江市低碳建设水平成熟度等级演变图　图 8-1(12)　杭州市低碳建设水平成熟度等级演变图

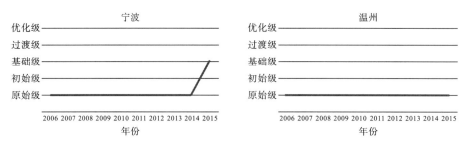

图 8-1(13)　宁波市低碳建设水平成熟度等级演变图　图 8-1(14)　温州市低碳建设水平成熟度等级演变图

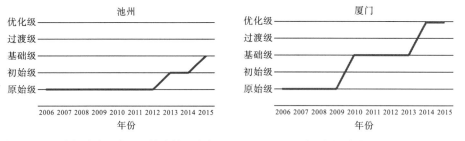

图 8-1(15)　池州市低碳建设水平成熟度等级演变图　图 8-1(16)　厦门市低碳建设水平成熟度等级演变图

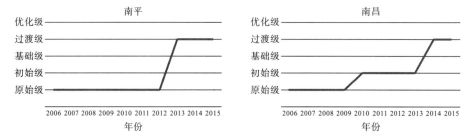

图 8-1(17)　南平市低碳建设水平成熟度等级演变图　图 8-1(18)　南昌市低碳建设水平成熟度等级演变图

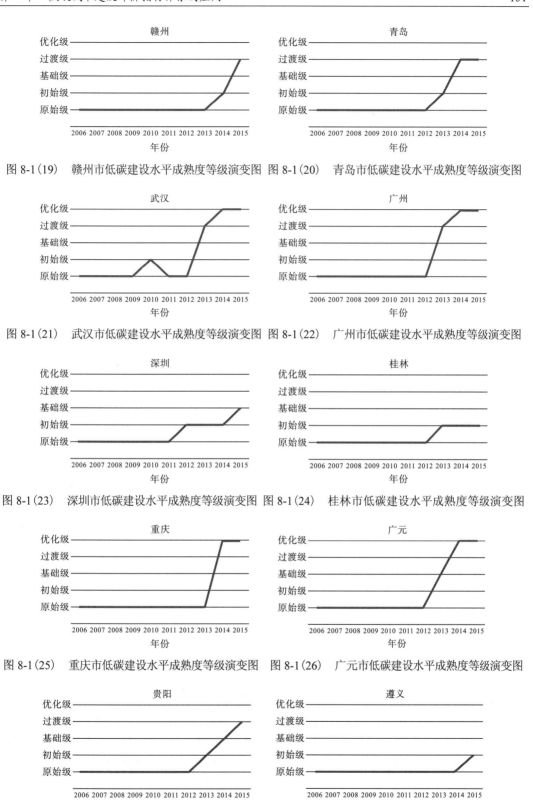

图 8-1(19)　赣州市低碳建设水平成熟度等级演变图　图 8-1(20)　青岛市低碳建设水平成熟度等级演变图

图 8-1(21)　武汉市低碳建设水平成熟度等级演变图　图 8-1(22)　广州市低碳建设水平成熟度等级演变图

图 8-1(23)　深圳市低碳建设水平成熟度等级演变图　图 8-1(24)　桂林市低碳建设水平成熟度等级演变图

图 8-1(25)　重庆市低碳建设水平成熟度等级演变图　图 8-1(26)　广元市低碳建设水平成熟度等级演变图

图 8-1(27)　贵阳市低碳建设水平成熟度等级演变图　图 8-1(28)　遵义市低碳建设水平成熟度等级演变图

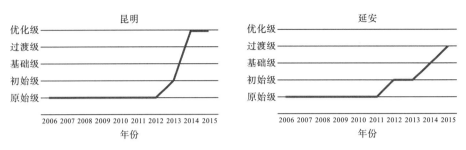

图 8-1(29)　昆明市低碳建设水平成熟度等级演变图　图 8-1(30)　延安市低碳建设水平成熟度等级演变图

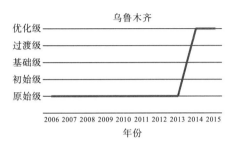

图 8-1(31)　乌鲁木齐市低碳建设水平成熟度等级演变图

2. 样本城市的低碳建设成熟度等级演变分析

1) 北京市

由图 8-1(1)可知，2006 年至 2015 年十年间，北京市的低碳建设成熟度等级从原始级到初始级，再到基础级，在 2014 年已经达到了优化级。

2006 年至 2009 年，北京市的低碳城市建设成熟度等级处于原始级。从表 8-8(3)中可以看到，该阶段北京市在能源效率(W3)方面的低碳建设得分较高，说明北京市较早地采取了提高能源利用效率的相关措施。2007 年在北京国际节能环保高层论坛上成立了节能监察大队，"节能警察"队伍从此正式上岗。这一阶段，北京市大力推进节能减排，实施了一系列的节能减排政策，在提高能源效率上取得了一定的成效。2009 年，北京市在全国节能目标责任评价考核中，"万元 GDP 能耗降低率"和"十一五节能目标完成进度"两项指标均名列第一。在原始级阶段北京市的碳汇水平维度(W4)的得分波动较大。数据显示，北京市的建成区绿地覆盖率由 2006 年的 44.35%下降至 2007 年的 36.17%，在 2008 年稍微回升至 37.2%，2009 年又高达 47.7%。建设"绿色奥运"可能是驱动北京市碳汇水平得分在 2008 年开始提升的主要原因,2008 年北京市全面兑现了绿色奥运 7 项绿化指标，圆满完成了奥运绿化保障任务，全市新增造林绿化面积 9984.7 公顷，森林覆盖率达到 36.5%，城市绿化覆盖率达到 43.5%，人均绿地面积达到 49 平方米。

2010 年至 2012 年，北京市的低碳城市建设成熟度等级提升至初始级。随着低碳建设管理制度的完善，北京市的低碳建设成熟度等级完成了原始级到初始级的跨越。作为我国的首都，北京市近年来一直都积极推进低碳建设，于 2012 年获批国家第二批低碳试点城市。以此为契机，北京市推动经济发展方向转型和推动产业升级，并积极建设生态文明，在管理制度等各个方面采取相关低碳实践，因地制宜地建设低碳城市。2012 年，北京市发改委会同市质监局、市财政局联合发布了百项节能低碳标准建设实施方案，探索提升和修订有关低碳标准机制，这些标准的制定为北京市的低碳城市建设工作提供了有力支撑。

2013 年北京市的低碳城市建设成熟度等级上升到基础级。该阶段北京市低碳建设的各个维度都在稳步提升，但是由于能源结构维度(W2)表现值较低，北京市在 2013 年未能跨越至优化级。作为能源消耗最高的城市之一，当时北京是世界上仅有的几个以燃煤作为主要能源消耗的特大型城市，清洁能源与可再生能源占总能源消费的比例不高，能源结构调整压力很大。2013 年北京市的工业能耗总量为 2238.48 万吨标准煤，工业中天然气占一次能源消费的比重为 17.84%，工业中燃煤占一次能源消费的比重为 21%。这些指标表明北京市的能源结构与低碳建设的目标有较大差距。

在低碳建设目标的驱动下，北京市近年来一直在按低碳建设目标优化能源结构。表 8-10 表明北京市的低碳城市建设成熟度等级在 2014 年和 2015 年提升至优化级。这一阶段北京市在各个低碳建设维度均取得了较好的成绩。在产业结构维度(W1)方面，北京市的第三产业占比从 2006 年的 70.91%提升至 2015 年的 79.65%，对不符合首都功能的企业实施关停改造或搬迁，对一些产业进行了调整、升级及转型，把发展的重点放在高新技术产业、现代服务业、生产性服务业和文化创意产业上。2014 年全市第三产业占 GDP 比重提升到 77.9%，战略性新兴产业增加值增长 17%左右。能源结构(W2)方面，北京大力推进"煤改气"工作，淘汰多家燃煤锅炉，并持续投入数十亿资金用于新能源设施的建设和研发。能源效率方面(W3)，北京市全面禁止建设钢铁、水泥、炼焦、有色等高耗能、高污染项目，进一步淘汰落后污染产能。"十二五"以来北京累计淘汰 940 余家高污染、高耗能企业，工业能源消费量连续三年下降。碳汇方面(W4)，北京市林木绿化率的"十二五"目标为 57%，2014 年达到了 58.4%，提前完成了预期目标。可见，北京市在这一阶段各个维度的低碳建设都表现良好，体现了北京市作为我国首都在低碳城市建设中的引领和表率作用。

2) 天津市

由图 8-1(2)可知，2006 年至 2015 年十年间，天津市的低碳城市建设成熟度等级从原始级提升到初始级，然后到基础级，最终达到优化级。

2006 年至 2011 年，天津市的低碳城市建设成熟度等级位于原始级。这一阶段由于低碳管理制度尚未全面系统地建立，制约了天津市的低碳建设水平。但这期间天津市低碳建设的碳汇水平有明显提升，天津市人均绿地面积由 2006 年的 3.5 公顷/万人提高到 2011 年的 10.3 公顷/万人，2007 年至 2009 年间，天津市新增造林面积连续三年保持在 11000 公顷以上。

作为首批低碳试点城市之一，天津市逐步完善了其低碳管理制度，使其低碳建设水平持续提升，天津市在 2012 年完成了低碳建设成熟度从原始级到初始级的跨越。天津市采取了很多措施完善其低碳管理制度，2011 年天津市建立了碳排放权交易制度，先后颁布了《天津生态市建设规划纲要》《2011—2013 年天津生态市建设行动计划》《天津市循环经济试点城市实施方案》《天津市应对气候变化方案》《关于天津排放权交易市场发展的总体方案》《天津市国家低碳城市试点工作实施方案》等政策法规。

进一步提升低碳建设成熟度等级过程中，天津市主要受制于传统的能源结构。天津市作为北方重工业城市，能源消耗总量极大，能源结构问题一直限制其低碳发展。天津市能源消费的主要品种是煤炭、原油、天然气和电力，各能源消费在 2005 年以后仍然呈增长趋势。这种以高碳能耗为主的能源结构限制了天津市的低碳建设水平提升。

面对高碳排放的能源结构问题，天津市积极采取节能和开发新能源等措施，将能源工作的重点从满足供给转向结构优化，从而提高了能源结构维度的权重得分。随着能源结构维度得分的提升，天津市的低碳建设成熟度等级度在 2013 年完成了由初始级到基础级的跨越，在 2014 年则直接由基础级跨越至优化级。

3）石家庄市

由图 8-1（3）可知，在 2006 年至 2015 年十年间，石家庄市的低碳城市建设成熟度等级从原始级跨越至初始级。2006 年至 2012 年石家庄的低碳建设成熟度处于原始级。这一阶段石家庄市的能源结构和低碳管理制度维度的表现较差，使得石家庄的低碳建设成熟度较长时间处于原始级。特别是能源结构是制约石家庄市低碳建设的主要瓶颈。作为一个资源匮乏、能源严重紧缺的北方省会城市，石家庄市在冬季供暖对煤炭消耗的需求量一直很大。数据表明，2012 年石家庄的工业能耗总量是 6444.36 万吨标准煤。在一次能源消费中，燃煤占比和天然气占比分别为 83% 和 2.04%，可见石家庄市的能源消费是以煤为主，可再生能源和新能源的使用比例很低。在成为第二批国家低碳试点城市之前，石家庄市几乎没有相关的低碳管理制度。

2012 年获批国家低碳试点城市之后，石家庄市政府颁布了《石家庄市"十二五"低碳城市试点工作要点》，采取了构建低碳产业体系、减少煤炭能源消耗等措施，在产业结构、能源效率及碳汇水平维度的低碳建设水平有稳步提升，石家庄市的低碳管理制度开始完善。2013 年至 2015 年石家庄的低碳城市建设成熟度水平已上升到初始级。这一阶段石家庄市的低碳管理制度得到了很大的改善。然而能源结构维度成为石家庄市低碳建设成熟度等级再进一步提升的主要制约因素。2013 年至 2015 年，石家庄市能源结构还是以巨大的煤炭消费量为主。2015 年，石家庄的工业能耗总量是 8924.90 万吨标准煤，煤炭消费占比为 80% 左右，工业中天然气占一次能源消费的比重仅为 7.89%。以燃煤为主的能源消费结构和较低的煤炭利用效率，对石家庄低碳建设水平影响很大。因此，要提升石家庄市的低碳建设成熟度等级，需要采取优化能源结构、改进能源利用效率的技术等。

4）秦皇岛市

由图 8-1（4）可知，秦皇岛市的低碳城市建设成熟度等级 2006 年至 2015 年十年间从原始级跨越至初始级。

2006 年至 2013 年，秦皇岛市的低碳建设成熟度等级处于原始级。这一阶段秦皇岛市尚未构建低碳管理制度，是限制低碳建设成熟度等级跨越的主要因素。由于缺乏有关低碳城市建设的法规和政策去统领低碳经济发展，缺乏激励政策力度与相关政策之间的协调，缺乏支持低碳经济持续发展的长效机制，秦皇岛市的低碳建设水平一直处于原始级。

但 2014 年和 2015 年秦皇岛市的低碳建设成熟度上升到了初始级，这是由于该市在开始建立有关其低碳管理制度。2014 年 5 月，秦皇岛市政府第七次常务会议通过了《秦皇岛市低碳试点城市建设实施意见》，提出了秦皇岛市低碳发展目标，从管理制度、政策措施和组织机制等多个方面完善了秦皇岛市的低碳管理机制。

然而特别是受到能源效率低的限制，秦皇岛市尚未由初始级向更高等级提升。

5）保定市

由图 8-1（5）可知，保定市的低碳城市建设成熟度等级在 2006 年至 2015 年的十年间由原始级直接跨越至基础级。

2006 年至 2012 年，保定市的低碳建设成熟度处于原始级。保定市的低碳建设在这一阶段呈现出两个特点：第一，低碳管理制度维度的得分在 2008 年和 2010 年高于其他低碳试点城市；第二，能源结构得分较低，限制了其成熟度等级的提升。2008 年 12 月，保定市政府正式发布了关于建设低碳城市的实施意见，"低碳保定市"建设正式启动。2010 年，保定市首批入选"中国低碳城市发展项目"，成为低碳建设的先行者。作为我国最早的低碳试点，保定市较早开始建立低碳管理制度。因此，保定市在 2008 年和 2009 年期间的低碳管理制度维度的得分高于其他低碳试点城市。但作为北方城市，保定市能耗很大，能源结构调整是保定市低碳建设的重点。能源结构不合理限制了保定市这一阶段低碳建设水平的等级跃升。2012 年保定市的工业能耗总量为 315.53 万吨标准煤，相比于 2006 年增加了 64%，燃煤占比仍然很高，天然气使用占比很低，在地理位置上，保定市距离天然气供应地较远，因而需要配套大量的天然气运输管道，导致天然气供给成本较高。政治地位上，保定市毗邻首都北京和河北省会石家庄，一旦气源紧张，只能优先保障北京市和石家庄市的供给，最后供给保定市。

2013 年至 2015 年保定市的低碳建设成熟度上升到基础级，这一阶段保定市能源结构得到一定的优化调整。但这期间低碳建设成熟度等级的进一步提升受到产业结构的限制。2013 年和 2014 年保定市的第三产业占比分别是 31.43% 和 34.48%。保定市引入了北京市转移出的部分第二产业。特别是 2013 年北京市大幅进行产业结构调整后，首钢许多业务搬至保定。因此，积极调整产业结构是保定市进一步提升低碳建设水平成熟度等级的重要措施。

6）晋城市

由图 8-1（6）可知，2006 年至 2015 年的十年间，晋城市的低碳城市建设成熟度等级从原始级到初始级，再提升至基础级。

2006 年至 2012 年，晋城市的低碳城市建设处于原始级，主要受到能源结构和管理制度的限制。能源结构方面，晋城市是我国传统的资源型城市，煤炭是该城市的主要能源。2006 年至 2012 年间，晋城市工业中燃煤占一次能源消费的比重一直高达 96% 及以上，可见其煤炭消耗量极大。数据表明，2006 年至 2012 年晋城市的工业能耗总量都在 700 万吨标准煤以上，尤其是冬天烧煤取暖大大地增加了该城市的煤炭消耗量。管理制度方面，晋城市是第二批低碳试点城市，其低碳建设管理制度在 2012 年获批低碳试点之后才逐步完善。

2013 年至 2014 年，晋城市的能源结构和管理制度建设得到了有效提升，带动其低碳建设从原始级跨越到了基础级。能源结构方面，晋城市在这期间推行"气化晋城"的措施。晋城市在这两年内的气化率达到了 90% 以上，30% 的工业园区完成了煤改气。在低碳建设管理制度方面，2013 年晋城市颁布了《晋城市低碳试点工作实施方案》《晋城市低碳发展规划 2013—2020》，完善了低碳建设的责任分配，制定了低碳建设重点指标的目标值。但是这期间受到产业结构的制约，晋城市的低碳建设成熟度水平没能达到更高的成熟度等级。

2015 年，通过进一步完善低碳建设管理机制，晋城市的低碳建设成熟度等级达到基础级，但进一步的提升受到产业结构和能源结构的制约。晋城市第三产业产值占比较低。作为资源型城市，晋城市存在"资源诅咒"效应，缺乏产业结构升级的动力。传统的资源初级产业排挤了制造业的增长，当然资源相关产业也会吸引大量的就业人员。如何打破"资源诅咒"效应，摆脱对传统产业的高度依赖，是晋城市调整产业结构的主要方向。高煤炭比重的能源结构则是晋城市实践低碳建设的主要问题，因此继续深化"气化晋城"，推行清洁能源，是晋城市提升低碳建设水平成熟度等级的重要措施。

7）呼伦贝尔市

由图 8-1(7)可知，2006 年至 2015 年的十年间，呼伦贝尔市的低碳城市建设成熟度等级一直处于原始级，这似乎与"呼伦贝尔大草原"的自然背景很相矛盾。

作为内蒙古自治区唯一的低碳试点城市，呼伦贝尔市在 2014 年之前其低碳管理制度建设仍处于起步阶段。该城市没有低碳示范工程，尚未单独推行适用于自己的低碳政策且城市能源有关数据并未公开。其公开年鉴《呼伦贝尔市年鉴》只是定性描述了该城市的基本情况，缺少定量数据的统计。特别是在低碳管理制度维度方面较落后，总体的低碳建设水平成熟度等级一直处于原始级。产业结构维度也较低。作为经济欠发达地区，呼伦贝尔市的产业结构长期以来第一产业居于主体地位，且第三产业增加值较少。因此，调整与优化产业结构是呼伦贝尔市实现低碳减排的主要途径。呼伦贝尔市在对传统产业进行技术改造、实现低碳化的同时，应积极促进产业结构升级，大力发展低碳产业，这样才能摆脱长期处于低碳建设水平成熟度原始级水平的状态。

8）上海市

由图 8-1(8)可知，上海市在 2006 年至 2015 年十年间的低碳城市建设成熟度等级从原始级提升到初始级。

2006 年至 2012 年上海市的低碳城市建设成熟度等级处于原始级，其能源效率和管理机制维度的表现值较低，影响了低碳建设的水平。上海市的工业生产主要以重工业为主，因此工业能耗较大，并且能源使用效率较低，导致了上海市整体能源利用效率不高。上海市的工业垃圾无害化处理率由 2006 年的 74.6%下降到 2011 年的 66.26%。建筑能源效率方面，2006 年至 2010 年，上海市每年新增绿色建筑面积均在减少。

上海市于 2012 年成为国家第二批低碳试点城市。以此为契机，上海积极建设低碳建设管理机制。2012 年至 2015 年上海市的低碳城市建设成熟度等级上升为初始级，在这期间，上海市控制煤炭的消耗和推广天然气的使用，使得能源效率维度方面的低碳建设得到提高，在工业能源效率方面，上海市工业垃圾无害化处理率由 2012 年的 78.95%提升到 2015 年的 83.33%；建筑能源效率方面，每年新增建筑面积由 2012 年的 4096.67 平方米增加到 2015 年的 7982.18 平方米；城镇生活垃圾无害化处理率进一步提升到 2015 年的 99.8%。整体上讲，上海的能源结构和能源使用效率两个维度的低碳建设水平较差，影响了城市的低碳建设成熟度等级的提升。因此，上海市需要进一步调整能源结构和提高能源使用效率来提升城市的低碳建设水平。一方面可以通过建设风力发电厂和太阳能发电厂对新型能源进行开发，调整能源结构；另一方面可以通过大力提升水源、地源技术和热能应用技术来提高能源使用效率。

9) 苏州市

由图 8-1(9) 可知, 2006 年至 2015 年十年间苏州市的低碳城市建设成熟度等级从原始级到初始级。在 2006 年至 2013 年苏州市的低碳城市建设成熟度等级处于原始级, 这一阶段苏州市低碳建设管理制度还未建立起来, 管理制度的表现值较低, 在其他四个维度的低碳建设水平波动较大, 所以苏州市在这一阶段的低碳建设一直处于原始级。

2014 年至 2015 年, 苏州市的低碳建设成熟度等级上升到初始级。在这一阶段苏州市不断完善低碳建设管制制度, 在全市培育低碳发展文化, 促进了苏州市低碳建设成熟度等级的跃升。但是由于城市的能源结构仍然不合理, 能源消费仍以煤为主, 苏州市未能进一步提升低碳建设水平到更高等级。由于苏州市的可再生能源禀赋匮乏, 无法开展大规模非化石能源发电, 导致非化石能源的生产和消费量较小。所以苏州市要实现低碳建设水平成熟度等级的提升, 需要重视能源结构调整、控制能源消费总量以及推广使用清洁能源。

10) 淮安市

由图 8-1(10) 表明在 2006 年至 2015 年的十年间, 淮安市的低碳城市建设成熟度等级一直处于原始级。

2006 年至 2015 年期间, 淮安市低碳建设的各个维度均有一定的发展, 但能源结构维度的表现差, 限制了其低碳建设成熟度等级的跨越。淮安市的煤炭消耗量大, 新能源使用占比较小, 是典型的高碳能源结构。淮安市的工业生产煤炭消耗量占比为 60% 左右, 远超其他种类的能源。工业能耗总量由 2006 年的 668.96 万吨标准煤增加至 2015 年的 777.91 万吨标准煤。工业燃煤占一次能源的比重由 2006 年的 80% 增加至 2015 年的 84%, 十年间均保持在 80% 及以上的高占比。在新能源方面, 2006 年至 2015 年十年间淮安市工业天然气占一次能源的比重一直均未达到 1%, 淮安市清洁能源的推广严重不足。尽管 2010 年以来, 淮安市的风能、太阳能、电能等清洁能源有了一定发展, 所占比重略有增加, 但与其日渐庞大的能源需求量相比仍然很小。因此, 淮安市应主要解决能源结构存在的问题, 积极推广清洁能源及新能源的使用, 才能将城市的低碳建设水平成熟度等级提升到更高等级。

11) 镇江市

由图 8-1(11) 可知, 2006 年至 2015 年的十年间, 镇江市的低碳城市建设成熟度等级前九年一直处于原始级, 到 2015 年时直接跃升至优化级。

2006 年至 2014 年间, 尽管镇江市在产业结构、能源结构、能源效率和碳汇水平四个维度都实现了从低水平向高水平的发展, 但是由于低碳建设管理制度还未建立, 使镇江市的低碳建设水平在这一时期一直处于原始级。这一阶段, 镇江市实施了产业碳转型、项目碳评估、区域碳考核、企业碳管理等 "四碳创新"。"十二五" 期间, 镇江市单位 GDP 的二氧化碳排放累计下降 29.1%、能耗累计下降 23.78%、主要污染物排放累计下降 21.9%、碳排放强度累计下降 24.09%。2013 年, 在全国 42 个低碳试点城市中, 镇江率先提出 2020 年左右实现碳排放峰值, 目标比全国提前了 10 年。但是, 由于缺乏系统的低碳建设管理制度, 镇江市没能实现低碳建设水平成熟度等级的提升。

2015 年镇江市的低碳建设表现有巨大发展, 低碳建设成熟度等级直接从原始级跨越至了优化级。这主要是镇江市完善了低碳城市建设相关的管理制度, 促使镇江市在低碳建设各个维度的全面发展。2015 年镇江市政府推出了一系列的低碳管理制度及政策体系，制定了《镇江市低碳城市建设工作计划》，从各个角度规范和建立了低碳建设管理制度。2015 年，镇江市创建了低碳城市建设管理云平台，该平台可以充分整合节能、减排、降碳、国土、环境和资源等数据资源，保证了低碳建设管理措施能够精准有效地实施。2015 年，镇江市全面启动规划了面积 230 平方公里的生态城镇化示范区建设，加快了低碳示范城镇的能源、水系、绿色等专题的研究与规划。

12) 杭州市

由图 8-1(12)可知，2006 年至 2015 年的十年间，杭州市的低碳城市建设成熟度等级由原始级上升到初始级、过渡级直至达到优化级。

2006 年至 2009 年杭州市的低碳城市建设成熟度等级处于原始级。杭州市在这一阶段的产业结构和能源结构都与低碳目标不相适应。另外在这一阶段杭州市没有建立低碳建设管理制度。这些都限制了杭州市低碳城市建设成熟度等级的提升。根据《2008 年杭州市能源与利用状况(白皮书)》，2008 年杭州全社会能源消费总量为 3182.54 万吨标准煤，其中第二产业消费能源为 2270.12 万吨标准煤，占 71.3%；工业消费能源为 2218.22 万吨标准煤，占 69.7%。可以看出，杭州能源消费的组成处于工业化过程中，以煤为主，第二产业占主导地位。

在 2009 年至 2012 年期间，杭州市的产业结构和低碳建设管理制度得到很大改善，使杭州的低碳城市建设成熟度等级上升到初始级。但这一期间杭州市的能源结构仍然以煤为主，工业中天然气占一次能源消费的比重提升幅度较小，工业中燃煤占一次能源消费的比重降低幅度也很小。因此能源结构问题限制了杭州市在这一阶段的低碳建设水平成熟度等级的进一步提升。

在 2013 年，杭州市的能源结构得到了较好改善，具体表现在该年的工业能耗总量降低为 197.25 万吨标准煤，工业中天然气占一次能源消费的比重由 2012 年的 0.47%提升至 5%，工业中燃煤占一次能源消费的比重较 2012 年下降了 4%。能源结构的优化，使得杭州市的低碳建设成熟度等级从初始级跃升至了过渡级。

2014 年至 2015 年间，杭州市在低碳建设的各个维度表现有了进一步的提升，使杭州市的低碳城市建设成熟度等级发展到优化级。在产业结构方面，杭州市加速产业结构向低碳、绿色、循环方向调整，2014 年第三产业占比达到 55.1%。能源结构方面，煤炭消费比重由 2010 年的 46.2%下降至 2015 年的 28.9%，清洁能源占比由 2010 年的 35.2%提高到 2015 年的 53.8%。能源效率方面，杭州市建立了由地铁、公交巴士、公共自行车、出租车和水上巴士组成的"五位一体"的低碳公交体系。碳汇水平方面，2014 年全市森林覆盖率达到 65.14%，位居 15 个副省级城市之首。在低碳建设管理制度方面，杭州市制定了一系列低碳相关的政策措施，以支撑低碳政策及管理机制的完善。

13) 宁波市

由图 8-1(13)可知，宁波市的低碳城市建设成熟度等级在 2006 年至 2015 年的十年间由原始级直接提升到基础级。

2006 年至 2014 年，宁波市还没有建立完善的低碳建设管理制度，使其低碳建设成熟度等级一直处于原始级，但是其他维度低碳建设的得分都在稳步提升。

2014 年后宁波市积极开展低碳建设,尤其是在提高能源效率方面采取了大量措施。宁波市将整治高能耗高污染企业作为实现减排低碳目标的重点工作并不断引进先进的节能减排管理经验。通过实行差别电价,引导企业转型升级,推广新技术和新产品等一系列措施,使得宁波市的能源效率不断提升。作为第二批低碳试点城市之一,宁波市的低碳建设管理制度也被建立起来,到 2015 年宁波市的低碳城市建设水平成熟度等级从原始级提升到了基础级。宁波市通过编制《宁波低碳发展系列规划》、推进温室气体清单的编制、建立温室气体清单数据信息查询管理系统等,不断完善其低碳建设管理制度。但是从计算分析中可以看出,宁波市的碳汇水平维度的表现得分较低,未能实现其低碳建设水平成熟度等级向更高等级的跨越。在 2015 年,宁波市的建成区绿地覆盖率为 38.3%,比 2014 年还降低了 0.6%;2015 年人均绿地面积仅为 38 平方米,相比 2010 年减少了 13.6%。因此,宁波市在今后的低碳建设过程中应重视碳汇水平的提高。

14)温州市

由图 8-1(14)表明,温州市在 2006 年至 2015 年的十年间的低碳城市建设成熟度等级一直处于原始级。

数据分析表明能源结构是温州市低碳建设成熟度等级跨越的主要限制因素。温州市的能源结构问题比较突出,一方面是由于高耗能行业占比高,另一方面是由于能源消费结构不合理。"十二五"期间,温州的高耗能工业占比由 2011 年的 43.4%上升到 2015 年的 50.1%。温州市的工业能耗连年增高,由 2006 年的 572.45 万吨标准煤增加至 2009 年的 682.47 万吨标准煤,再到 2015 年的 987.69 万吨标准煤。温州市的煤炭占比持续增高,由 2006 年的 73.8%增加至 2015 年的 86.2%。温州市的天然气推广效率很低,截至 2015 年天然气在工业生产中几乎没有得到推广。温州市初始能源消费结构中,煤炭、石油、电力和其他能源品种之比分别为 53.7:33.8:5.8:6.7,煤炭占比最大。这些现状表明温州市必须及时进行能源结构的调整,才能摆脱长期处于低碳建设成熟度原始等级的困境。

15)池州市

由图 8-1(15)可知,在 2006 年至 2015 年的十年间,池州市的低碳建设成熟度等级由原始级上升到初始级、再达到基础级。

2006 年至 2012 年,池州市的低碳建设成熟度等级处于原始级。这期间池州市没有建立有效的低碳建设管理制度。在 2012 年获得第二批低碳试点城市后,池州市不断建立和完善低碳建设管理制度,成立了节能减排及应对气候变化工作领导小组、开展了低碳建设相关的研究和措施制定,使池州市在 2013 年的低碳建设成熟度等级上升到初始级。

但较低的碳汇建设水平限制了池州市低碳建设成熟度等级的进一步提升。到 2015 年,低碳建设管理制度得到进一步的完善,碳汇水平也得到进一步提高。这期间池州市采取了一系列措施来增加造林面积和城市园林绿化面积,人均绿地面积从 2009 年的不足 10 公顷/万人增加至 2010 年的 20 公顷/万人,建成区绿地覆盖率从 2006 年的 35.58%增加到 2015 年的 42.43%。这一系列措施使池州市的低碳建设水平成熟度等级在 2015 年提升到初始级。

16)厦门市

由图 8-1(16)可知,在 2006 年至 2015 年这十年间,厦门市的低碳建设成熟度等级从原始级上升到基础级,再上升到优化级。

2006年至2009年，厦门市的低碳城市建设成熟度等级处于原始级，主要由于在这一阶段还没形成完善的低碳建设管理制度。虽然厦门市较早出台了一系列节能政策，设立了相关低碳节能执行部门，但缺乏总体的低碳城市发展规划，没有建立相关的低碳考核制度。直到2009年，厦门市邀请国外专家共同制定了厦门低碳城市建设总体规划，将"低碳城市"写入《政府工作报告》。自此厦门市开始积极践行低碳建设。为了贯彻落实《中华人民共和国节约能源法》《中华人民共和国可再生能源法》等法律，厦门市结合自身实际情况推进本地的低碳节能立法工作，制定了《厦门市低碳城市总体规划纲要》等法规制度，从制度层面上规范政府、企业及公众的低碳行为。低碳建设管理制度的逐步完善，使厦门市的低碳建设成熟度等级由原始级上升到基础级。

2010年至2013年，厦门市的低碳建设成熟度等级处于基础级，这一阶段厦门市低碳建设各个维度的得分均有提升。2010年厦门市入选为我国首批低碳试点城市，自此厦门市采取了一系列低碳建设措施。厦门市政府明确了低碳城市的战略地位，提出了低碳城市建设的战略步骤。厦门市以产业结构升级为引领，提升低碳发展的核心竞争力。在能源效率方面，厦门市积极构建绿色交通体系，推广绿色建筑，倡导绿色消费。在低碳建设管理制度方面，厦门市积极制定低碳相关的统计机制和评价体系，加强低碳建设的技术开发与应用，建立低碳发展的法规保障体系和技术创新体系，完善激励约束机制。

基于2010年至2013年间打好的基础，在2014年至2015年期间，厦门市的低碳城市建设成熟度等级达到了优化级，在这一阶段，厦门市各个维度的低碳建设表现都达到了较高水平。2015年厦门市三类产业的结构比例为0.7∶43.5∶55.8，第三产业占比较大；全市高新技术企业达到1000家；全市天然气供气总量为25041.83万立方米，其中居民家庭用量3426.98万立方米，用气户数43.72万户；城市环境空气质量位居全国第二位，并通过了国家生态市考核验收。厦门还获得了"国家环保模范城市""国家森林城市"和"国际花园城市"等称号。

17）南平市

由图8-1（17）可知，2006年至2015年这十年间，南平市的低碳城市建设成熟度等级从原始级提升至过渡级。

2006年至2012年，南平市的低碳城市建设成熟度等级处于原始级，这一阶段南平市还没有完善低碳建设管理制度，也没有被列为国家低碳试点城市，没有相关的法律法规或政策文件推动城市低碳建设。

2012年底南平市被列入国家低碳试点建设城市，2013年至2015年，南平市的低碳建设成熟度等级上升到过渡级，主要是由于低碳建设管理制度得到完善。这一阶段南平市以成为国家低碳城市试点为契机，不断完善低碳建设管理制度。2013年南平市制定了《南平市低碳城市试点工作实施方案》，明确了其低碳发展方向。南平市还积极推行激励型政策和节能减排财政政策，从多方面完善了低碳建设管理制度。

然而，南平市能源效率维度的表现得分不高，限制了其低碳建设成熟度等级向更高等级的跨越。南平市的工业垃圾无害化处理率由2005年的79.13%降低到2015年的50.11%；居民人均生活用电量也有所增加，由2005年的90千瓦时增加到2015年的191千瓦时。南平市部分城乡污水处理设施建设相对滞后；到2015年时南平工业园区高新区、江南区与政和经济开发区尚未完全实现污水集中处理。因此，为了提升低碳建设成熟度等级，南平市需要从工业、交通和建筑业等方面提高能源效率。

18）南昌市

由图 8-1（18）可知，2006 年至 2015 年这十年期间，南昌市的低碳城市建设成熟度等级从原始级提升到初始级，再到过渡级。

2006 年至 2009 年，南昌市还未建立完善的低碳建设管理制度，其低碳建设水平成熟度等级处于原始级。南昌市经济底子相对比较薄弱，发展水平较落后，产业经济增长方式以传统的粗放式为主。

2010 年 12 月，《南昌市国家低碳城市试点工作实施方案》通过评审后，南昌市低碳建设有了指导性文件，随后相继制定了《关于推进产业结构、绿色发展建设的若干意见》等各种推进低碳建设的政策文件，低碳建设管理制度逐步得到完善。2010 年至 2013 年，南昌市的低碳城市建设成熟度等级上升到初始级。在该阶段，南昌市能源结构、能源效率和碳汇水平等维度的低碳建设表现得分都比较高。南昌市工业天然气消费占一次能源比重由 2010 年的 11.24%提升到 2013 年的 12.86%。能源效率方面，南昌市城镇生活垃圾无害化处理率从 2010 年的 96.93%提升到 2013 年的 99.2%。碳汇水平方面，建成区绿地覆盖率从 2010 年的 40.4%上升到 2013 年的 41.78%，人均绿地面积从 19.35 公顷上升到 20.31 公顷。但这一阶段产业结构还不合理。2013 年南昌市第三产业占比不到 40%，高新技术产业产值较低。

2014 年至 2015 年间，南昌市开始采取一系列措施调整产业结构，建立动态更新的南昌市低碳产业重大项目库、低碳产业企业信息库和低碳技术库，制订并实施具体方案来促进工业领域低碳产业支柱化和传统产业低碳化。在这期间南昌市的低碳建设成熟度水平上升到过渡级。但是由于南昌市产业结构维度的基础建设较为薄弱，而且产业结构调整是一项长期的系统工程，需要一段时间方可产生成效。因此，相较于其他低碳建设维度，南昌市在产业结构维度的低碳建设表现得分仍然不高，截至 2015 年只达到了 0.5 分，使得南昌市未能达到更高级别的低碳建设成熟度水平。

19）赣州市

由图 8-1（19）可知，在 2006 年至 2015 年这十年间，赣州市的低碳城市建设成熟度等级从原始级提升到初始级和过渡级。

2006 年至 2013 年，赣州市的低碳城市建设成熟度等级处于原始级。这一阶段没有完善的低碳建设管理制度，缺乏低碳建设相关政策机制，限制了赣州市的低碳建设发展。赣州市于 2012 年底获批国家低碳试点城市后，其低碳城市建设才开始起步。一系列低碳建设的政策措施被采用，2014 年，赣州市的低碳城市建设成熟度等级上升到初始级。

赣州市在能源效率维度的得分一直较低，在 2014 年该维度的得分仅为 0.28。统计数据表明，赣州市的人均道路面积从 2013 年的 14.95 平方米减少至 2014 年的 9.53 平方米，万人拥有公交车数量也从 7.79 辆减少至 4.07 辆。赣州市的城市规划仍以功能分区理论为指导，居住、工作、生活和学习的区域相互分离，导致人们对机动车的依赖度较高。从 2010 年至 2015 年，江西省的私家车数量以 615.3%的增速位居全国各省份第一位。这一信息间接反映了赣州市的公共基础设施不够齐全，交通碳排放严重，导致其在能源效率维度的低碳建设表现值不佳。

但是 2014 年后，赣州市进一步采取了一系列低碳建设的措施，几个维度方面的低碳建设表现都有改善，因此在 2015 年，赣州市的低碳城市建设成熟度等级上升到过渡级。不过能源效率低仍是限制赣州市的低碳建设成熟度上升到高一等级的制约因素。为了提升能源利用效率，赣州市应控制碳排放总量，进一步加强减污减碳协同作用，合理引导能源需求，从而达到低碳建设的优化级。

20) 青岛市

由图 8-1(20) 可知，青岛市在 2006 年至 2015 年这十年期间的低碳城市建设成熟度等级从原始级上升至初始级，以及达到过渡级。

2006 年至 2012 年间，青岛市的低碳城市建设成熟度等级处于原始级。在 2006 年至 2009 年期间，青岛市处于低碳建设路径的探索阶段，没有建立完善的低碳发展政策制度。2010 年，青岛市将低碳经济发展纳入"十二五"全市国民经济和社会发展规划，制定了海水淡化的产业发展规划。自此，青岛市低碳建设管理制度得到建立，但总的低碳成熟度得分较低。

随着 2012 年 12 月青岛市获批第二批全国低碳试点城市，青岛市的各个维度的低碳建设都在不断进步，采取了提高产业准入门槛措施，严格实行新增项目低碳化；积极推进风电、太阳能、海洋能等可再生能源的开发利用，进一步扩大低碳能源消费占全市能源消费的比重。这些措施的有效实施使得青岛市在 2013 年的低碳建设成熟度等级上升至初始级。但是在这一阶段，青岛市的低碳建设管理制度维度的得分相较于其他维度偏低，表明该市的低碳规划和低碳政策仍然不够完善，低碳技术发展也还不够成熟，限制了这期间其低碳建设成熟度等级向更高等级的跨越。

2014 年以来，青岛市的低碳建设管理制度得到了明显完善。青岛市制定的一系列低碳城市建设目标及其有效实施，使青岛市在低碳建设的各个方面都取得了一定成效。因此 2014 年至 2015 年间，青岛市的低碳城市建设成熟度等级上升到过渡级。但是，分析数据表示青岛市在这期间的能源效率维度的得分仍然较低，青岛的城市环境污染仍然较高，城市固体废物、工业废物和农业污染等问题仍然较突出。加之青岛市半岛和多山的地理特点，其道路交通造成的污染较难治理。因此，青岛市的低碳建设水平成熟度等级在这期间未能得到进一步提升。青岛市提升其能源效率、减少污染和降低能耗是提升其低碳建设成熟度等级的主要措施。

21) 武汉市

由图 8-1(21) 可知，在 2006 年至 2015 年这十年间，武汉市的低碳城市建设成熟度等级波动较大。武汉市的低碳建设成熟度等级在 2006 年至 2009 年间处于原始级，2010 年跃升至初始级，2011 年到 2012 年又回到原始级，2013 年又跃升至过渡级，2014 年达到了优化级。

2006 年至 2009 年间，武汉市没有健全的低碳建设管理制度，在低碳示范项目、低碳城市规划和低碳技术等方面都缺乏相关政策，对节能设备和低碳产品的使用缺乏激励措施，所以武汉市在该阶段的管理制度维度得分较低，导致其低碳城市建设的进程缓慢，限制了其低碳建设成熟度等级的提升。

在 2010 年至 2012 年间，通过完善有关管理制度，武汉市的低碳建设成熟度等级上升到初始级。但受能源结构方面得分较低的影响，限制了其低碳建设等级的进一步提升。武汉市能源对外依赖性强，年均能源消费量在 2400 万吨标准煤以上，能源消费结构表现为煤炭主导型。武汉市煤炭消费在一次能源消费中的占比较高，为 60%左右，能源结构限制了其低碳建设，2011 年到 2012 年间其低碳建设成熟度又下降到原始级。

2013 年以来，武汉市大力推行低碳建设的各种措施，低碳建设成熟度等级于 2013 年上升为过渡级，在 2014 年和 2015 年更是达到优化级，这些跨越式发展主要是因为其能源结构的持续优化。"十二五"期间，武汉市的能源消费结构有一定程度改善。随着西气东输、川气入汉，武汉市的清洁能源特别是天然气的消费比重大大提高。同 2006 年相比，2015 年武汉市煤炭消费比重从 57.4%下降到 42.0%，天然气消费比重由 2.69%上升至 4.77%，非化石能源占比由 8.17%上升至 10.3%。此外，武汉市能源消费总量年均增长 6.11%，低于 10.8%的 GDP 增幅，能源结构不断优化。

22）广州市

由图 8-1（22）可知，在 2006 年至 2015 年这十年期间，广州市的低碳建设成熟度等级从原始级上升至过渡级，到 2014 年达到了优化级。

2006 年至 2012 年，广州市的低碳城市建设成熟度等级处于原始级。这一阶段广州市的能源结构维度得分低且波动较大，限制了其低碳建设成熟度等级的提升。广州市作为中国发达地区的省会城市，进入 21 世纪以来，其经济总量增长迅猛，重化工业产能不断扩大，能源需求总量的增长势头迅猛。在能源结构方面，广州市能源消费总量逐年递增，2007 年至 2012 年每年能源消耗量平均增长 370 万吨左右标准煤，每年年均增长率为 7%左右。这期间能源消费结构不尽合理，化石能源比重相对过高，而清洁能源所占的比重偏低。广州市每年消耗的煤炭约 2900 万吨，其中 2010 年终端能源消费中煤炭、石油等传统能源所占比重高达 72%。其一次能源主要依赖于国内外市场，运输成本高且存在能源安全隐患。这些问题增大了广州市能源结构调整的难度，严重制约了其低碳城市建设。

广州市针对以煤炭为主的能源结构采取了许多重要举措。为巩固亚运成果并进一步改善环境空气质量，广州市在 2012 年提出了整治高污染燃料锅炉的总体思路，划定高污染燃料禁燃区，逐步分类淘汰治理高污染燃料锅炉。2013 年其能源结构维度得分上升至 0.5，2013 年，广州市根据国家《大气污染防治行动计划》，结合自身大气污染防治工作的实际需要，提出了全面淘汰高污染燃料锅炉，改用清洁能源和采用节能环保燃烧方式等具体要求。2013 年，广州市的低碳城市建设成熟度等级处于过渡级。

2013 年后，广州市政府进一步通过以上措施的有效实践，全面推行低碳建设，使广州市能源结构维度的得分迅速提升，由 2013 年的 0.49 上升至 2014 年的 0.75，基于此，广州市低碳城市建设成熟度等级在 2014 年跃升至优化级。广州市积极推行能源结构调整，继续推行各项措施。2014 年底，广州市确定了 2015 年高污染燃料锅炉整治工作计划，以实施新环保法为契机，督促排放不达标的锅炉尽快完成整治。为进一步提高燃煤机组的污染治理效率，广州市实施了《广州市燃煤电厂"超洁净排放"改造方案》，对全市燃煤电厂进行"超洁净排放"改造。该方案以更高的标准和要求、更先进的治理技术削减大气污染物的排放。这些措施对有效推进广州市的低碳建设意义重大。

23) 深圳市

由图 8-10(23) 可知，在 2006 年至 2015 年这十年期间，深圳市的低碳建设成熟度等级从原始级提升到初始级，然后达到了基础级。

2006 年至 2011 年间，深圳市的低碳城市建设成熟度等级处于原始级，这期间深圳市没有建立完善的低碳建设管理制度，也缺乏有效的低碳建设措施。深圳市在 2012 年成为国家第二批低碳试点城市，开始逐步完善其低碳管理制度。2012 年 5 月深圳市制定了《深圳市低碳发展中长期发展规划》，规划文件中从产业结构、能源结构、能源效率、科技创新和管理机制等方面规范了深圳市的低碳建设方案。

2012 年至 2014 年深圳市的低碳城市建设成熟度等级提升到初始级，低碳建设的各个维度发展较均衡，特别是产业结构维度的得分较高。这一阶段，深圳市不断优化产业结构，淘汰落后工艺、技术和重污染企业，限制高耗能高污染行业；重点发展生物、互联网、新能源等战略性新兴产业。2014 年深圳市高新技术产值超五千亿元，在全国属于较高水平。

2015 年深圳市的低碳城市建设成熟度等级提升至基础级。随着各个维度发展水平的不断进步，深圳市的总体低碳建设水平也得到了提高，低碳发展成熟度等级达到了基础级。产业结构方面，深圳市制定并实施了"互联网+"和"中国制造 2025"行动计划，支持产业升级项目 2350 个，强化梯次型现代产业体系，现代服务业占服务业比重 69.3%。能源结构方面，深圳市不断加大对天然气、核能、太阳能、生物质能和风能等清洁能源的利用，提高清洁能源比例。2015 年，深圳市天然气供应能力达到 65 亿立方米，天然气在一次能源结构中的比例提高到 14%。能源效率方面，深圳市积极推行绿色建筑的建设，全市绿色建筑总面积达 3303 万平方米。碳汇水平方面，深圳市大力开展"美丽深圳市"绿化提升行动，推进园林绿化均衡化发展，各项园林绿化指标在国内处于领先地位。低碳建设管理制度方面，深圳市制定了一系列的低碳政策法规，为建设低碳城市营造良好的政策法规环境。伴随着这一系列的措施，出现了许多绿色升级项目和低碳社区建设项目。

24) 桂林市

由图 8-1(24) 可知，在 2006 年至 2015 年这十年期间，桂林市的低碳城市建设成熟度等级从原始级提升到初始级。

2006 年至 2012 年，桂林市的低碳城市建设成熟度等级处于原始级。这一阶段，桂林市缺乏完善的低碳城市规划和考核标准，缺乏低碳城市的政策措施。直到 2012 年 12 月成为国家第二批低碳城市试点之后，桂林市才开始完善低碳建设方面的管理制度。2013 年 7月，国家发展改革委正式批准《桂林市低碳城市试点工作实施方案》。此后，桂林市以漓江生态环境保护工程、清洁能源、战略性新兴产业、生态碳汇等重点低碳建设项目为龙头，进行了产业结构的合理调整，推进节能降耗工作，积极发展低碳能源，开展全民低碳行动及国际合作，使桂林市在 2013 年至 2015 年间的低碳城市建设成熟度水平上升到初始级。由于桂林市在产业结构方面的表现较差，限制了其低碳建设成熟度等级向更高级别的提升。桂林市的三类产业结构比例不太合理，第三产业占总产值比重一直在 40%以下，且还有降低的趋势。2015 年桂林市的第三产业比重只占 36.15%，服务业就业人数占比也从 2006年的 64.52%下降到 2015 年的 59.13%。桂林市的第三产业中，金融、保险、咨询、技术服务、风险基金等服务行业的规模过小，而为生活服务的商业和餐饮业等行业比重又过高。

商业和餐饮业等行业同质性过高，经常出现过度竞争的现象，容易导致服务业就业人数减少，从而影响桂林市第三产业的稳步发展。因此，桂林市需要合理布局产业结构，才能使其低碳建设成熟度等级向更高级别提升。

25）重庆市

由图 8-1（25）可知，重庆市在 2006 年至 2015 年这十年间的低碳城市建设成熟度等级从原始级跃升至优化级。

2006 年至 2013 年间，重庆市的低碳建设成熟度等级还处于原始级。在这一阶段，重庆市还没有建立完善的低碳建设管理制度，缺乏有关统计核算机制，少有低碳示范工程，各维度的低碳表现值都较低，低碳技术发展也较滞后，特别是在能源结构维度的得分相对较低。重庆市能源消费传统上主要以煤炭为主，煤炭消耗占能耗比例的 60%左右。

2013 年后重庆市进行了一系列改进，采取了一系列的低碳建设政策措施，特别是建立了有效的低碳建设管理制度。2014 年至 2015 年，重庆市的低碳建设成熟度等级直接上升为优化级。这一阶段重庆市在低碳建设的各个维度都取得了一定成绩，特别是能源结构的优化取得了很大进步。在产业结构方面，通过大力推进结构调整，重庆的第三产业增加值比重连续三年超过第二产业，由 2010 年的 36.4%上升到 2014 年的 47.7%。能源效率方面，重庆在"十一五""十二五"期间采取措施节能减排降耗，重点推进了搬迁污染企业、控制机动车污染、改用清洁能源等措施。从 2010 年到 2014 年重庆市单位生产总值能耗和二氧化碳排放分别降低了 23%和 25%。在低碳建设管理制度方面，重庆市积极探索碳排放权交易试点的体制机制创新，建立低碳相关的政策体系。重庆市在 2014 年 6 月正式开市交易碳排放权，随后结合碳排放权交易制度，建立了企业温室气体报告制度，开发投用了温室气体在线报告系统。2014 年，重庆制定了低碳产品认证试点方案，建立企业碳排放报告制度，推进低碳产品认证试点。截至 2015 年，重庆市已陆续推进了多个低碳建设方面的重点项目、制订了多项行动计划、启动了多项示范工程，成为我国西南地区的绿色低碳建设示范城市。

26）广元市

由图 8-1（26）可知，在 2006 年至 2015 年这十年间，广元市的低碳城市建设成熟度等级直接从原始级提升至基础级，直至达到了优化级。

在 2006 年至 2012 年间，广元市的低碳建设成熟度水平尚处于原始级，主要是缺乏有效的低碳建设管理制度，尽管其他各个低碳建设维度的表现得分均在稳步提升，但总体成熟度等级很低。2008 年"5·12"汶川特大地震之后，作为地震重灾市，广元市辖区内有一个极重灾区县、六个重灾县区。其人均 GDP 只有全国平均水平的 1/3，城市化率只有全国平均水平的 31%。经济不发达加上自然灾害导致广元市在低碳城市建设方面滞后。

然而广元市在大地震后的困境中并没有畏缩不前，而是凭借生态优势和资源禀赋，提出了低碳重建灾区的思路。将低碳发展的理念融入所有重建项目的规划和建设中，逐步建立了较为完善的低碳管理制度，制定了节能减排单标考评办法，在重建项目上对节能减排目标考核实行一票否决制。通过这些措施的实施，2013 年，广元市的低碳建设成熟度等级直接跃升至基础级。由于广元多年来一直通过节能减排有序推进低碳建设，低碳理念不断深入人心，低碳能源产业结构和消费结构不断优化。2012 年底，国家发改委正式批准广元市为第二批国家低碳试点城市。借助这一平台,广元市继续开展了大量低碳建设工作。广元市 2013 年制定了低碳城市试点相关政策、启动的碳排放权交易试点和低碳示范工程建设等皆与低碳建设的任务和目标紧紧挂钩。

数据分析表明 2014 年至 2015 年间,广元市的低碳建设成熟度等级已经提升至优化级,体现了广元市的低碳建设各个方面都取得了较好的成果。在产业结构方面,广元市强化建设低碳农业园区、循环工业园区、生态旅游园区和城乡低碳社区。能源结构方面,广元市凭借丰富的自然条件大力发展水电、风电、生物质发电、天然气、农村沼气和地热等清洁能源,加快实施"气化广元"工程,非化石能源占一次能源消费比重达到 30%。能源效率方面,广元市深入开展企业单位产品能耗限额对标活动,强化对重点耗能企业的节能监管,加强对项目的节能评估和审查,严格限制高能耗、高污染和生产力过剩项目。在低碳建设管理制度方面,广元市政府实行年度的《低碳试点城市工作重点及责任分工》,确定低碳发展重点工作和重点低碳项目,并保证低碳项目的申报、审批和资金安排上给予优先支持。这一系列措施使广元市的低碳建设成果显著。2015 年,该市全年单位 GDP 能耗比上年下降 3.8%,单位工业增加值能耗下降 4.7%,非化石能源占一次能源消费比重达到 30%。

27) 贵阳市

由图 8-1(27)可知,贵阳市在 2006 年至 2015 年这十年间的低碳城市建设成熟度水平从原始级提升到初始级,随后提升到基础级,最后达到了过渡级。

2006 年至 2012 年间,贵阳市的低碳城市建设成熟度等级处于原始级,在这一阶段贵阳市的低碳建设管理制度不完善,产业结构不合理。贵阳市是西部地区欠发达城市,推进工业化和城镇化的任务十分艰巨,缺乏建设低碳城市的资源和基础条件,在此阶段,贵阳市的高新技术产业从业人数较少,第三产业比重较小。

2012 年底贵阳市被批准成为国家低碳试点建设城市。借助这一契机,贵阳市积极完善低碳建设管理制度,积极采取各项措施调整产业结构。数据分析表明,贵阳市的第三产业有明显的上升,高新技术产业和服务业从业人数逐年上升。因此,可以看出贵阳市产业结构维度的得分逐年升高,这些改变使贵阳市的低碳建设成熟度等级在 2014 年提升到基础级,2015 年更达到了过渡级。

28) 遵义市

由图 8-1(28)可知,2006 年至 2015 年这十年间,遵义市的低碳建设成熟度等级从原始级跃升至基础级。2006 年至 2014 年间,遵义市的低碳建设成熟度等级一直处于原始级。特别在 2006 年至 2009 年间,由于缺乏完善的低碳建设管理制度,遵义市整体的低碳建设表现较差。2012 年国家批准遵义市为第二批低碳试点城市。借助这一契机,遵义市的低碳建设管理制度也逐渐得到完善,先后制定了低碳发展规划;建立温室气体排放数据统计系统,建立基于目标责任制的温室气体排放管理体系;积极开展低碳宣传工作,倡导低碳绿色生活方式和消费模式,促进全民低碳行动。这些措施发挥了有效的作用,到 2015 年,遵义市的低碳建设成熟度水平等级提升到初始级。

遵义市的产业结构中一直以第二产业为主,而第二产业中重化工业占比较大,第三产业和战略性新兴产业比重低。能源结构方面,遵义市一次能源生产总量中原煤占比达到 70%以上,能源消费以原煤为主的能源结构是碳排放高的主要原因。能源效率方面的表现值也较低，2015 年工业垃圾无害化处理率为 63%，居民生活用电量增幅很大。在碳汇水平建设方面，遵义市建成区绿地覆盖率在 2010 年达到 51.11%，但随后逐年降低，一直下降到 2015 年的 30%，因此遵义市应该深入认识这些特征，进一步实施低碳建设措施，争取在低碳建设的各个维度取得进步。

29）昆明市

由图 8-1（29）可知，在 2006 年至 2015 年十年间昆明市的低碳城市建设成熟度等级从原始级到初始级，在 2014 年时直接跃升至优化级。

2006 年到 2012 年间，昆明市的低碳建设成熟度等级处于原始级。2011 年以前昆明市没有建立低碳建设等级管理制度，但是 2011 年之后，昆明市制定了一系列与低碳城市发展有关的政策法规文件，包括《中共昆明市委昆明市人民政府关于建设低碳昆明的意见》《昆明市关于促进太阳能产业升级发展的意见》《昆明市机动车排气污染防治条例》。这些政策法规文件与国家、省制定的相关文件一起构成了昆明市低碳建设的政策法规体系，在这一套政策法规的指引下，昆明市进一步制定了一系列建设低碳城市的具体措施，形成了比较完善的低碳建设管理制度。

但是传统上，昆明市的产业结构都是以第一产业、第二产业为主，建设低碳城市的难度很大，所以昆明市的低碳建设成熟度等级到 2013 年才上升为初始级。

2013 年后，昆明市积极构建低碳产业体系，采取了一系列措施加快产业结构调整，依法依规淘汰落后产能和过剩产能，重点化解钢铁、煤炭、水泥等高耗能过剩产能，控制能源、钢铁、有色金属、化工、建材等重点行业碳排放总量。同时积极培育壮大新兴产业，努力融入国家新兴产业发展体系，运用高新技术和先进适用技术改造提升传统产业，打造绿色低碳供应链。在完善的管理制度保证下，经过这一系列的产业结构调整优化措施，昆明市的低碳建设成熟度等级在 2014 年直接跃升至优化级。

30）延安市

由图 8-1（30）可知，在 2006 年至 2015 年十年间，延安市的低碳城市建设成熟度等级经历了原始级到初始级、基础级、过渡级的发展。

2006 年至 2011 年，延安市的低碳建设成熟度等级处于原始级，主要是没有建立完善的低碳建设管理制度，由于缺乏低碳建设的政策框架及措施，使其低碳建设水平在该期间没有得到提升。

2012 年延安市被批准为国家第二批低碳试点城市。基于这个契机，延安市建立了低碳建设管理制度，并制定了具体的低碳措施，将延安市的低碳建设成熟度等级提升到初始级。这一时期延安市积极在各个维度展开低碳建设，加快产业结构调整，扩大天然气推广使用范围，加快垃圾填埋场及污水处理厂建设步伐，加大低碳建设监管和宣传力度。这些措施保证了延安市初始级各个维度的低碳建设水平较为均衡。

2014 年，延安市的低碳建设成熟度等级从初始级提升到基础级，在这一阶段，延安市进一步完善低碳建设管理制度。延安市的经济发展主要依靠能源产业，"油主沉浮"的产业结构短期内难以改变，所以其产业结构调整压力较大。从三大产业情况来看，延安市的一、三产业发展相对缓慢，第三产业占总产值的比重只有 21.9%，产业结构比例不合理，优化升级缓慢。但是延安市政府一直坚持低碳理念，采取一系列低碳建设措施，特别是在碳汇水平和管理制度维度的表现得分均有明显提高，2015 年，延安市的低碳城市建设成熟度等级从基础级提升到过渡级。产业结构调整是延安市进一步提升低碳建设成熟度等级的关键。

31）乌鲁木齐市

由图 8-1(31)可知，在 2006 年至 2015 年十年间，乌鲁木齐市的低碳建设成熟度等级直接在 2014 年从原始级跃升至优化级。

2006 年至 2013 年期间，乌鲁木齐市的低碳城市建设成熟度水平一直处于原始级。但可以发现乌鲁木齐市一直以来重视绿化建设，从分析数据可以看出其碳汇水平维度的得分在 2013 年为 0.62 分，变化最为明显。乌鲁木齐的建成区绿地覆盖率由 2006 年的 20.99%提升至 2013 年的 37.93%。整体上，这时期该市的低碳水平较低，没有形成低碳建设管理制度，低碳建设成熟度水平等级一直处于原始级。

但自从 2012 年乌鲁木齐市成为国家低碳试点城市后，乌鲁木齐市政府高度重视低碳经济发展和节能减排工作，先后编制了能源发展规划、节能减排规划和循环经济规划，建立完善的低碳建设管理制度，实现了在各维度低碳建设的提升，在 2014 年乌鲁木齐市的低碳建设成熟度等级直接跨至优化级。2014 年，乌鲁木齐市入选为全国首批中德低碳生态试点示范城市。可以看出，乌鲁木齐市近年来低碳建设工作上取得了很大进展。

第四节 低碳城市建设成熟度等级特征分析

上一节计算分析了我国 31 个低碳试点样本城市在 2006 年至 2015 年期间的低碳建设成熟度等级及其变化情况。计算结果表明，在这期间，31 个样本城市的低碳建设成熟度等级分别分布在原始级、初始级、基础级、过渡和优化级五个等级。本节将对这五个成熟度等级的特征进行进一步分析。

(一)低碳城市建设原始级特征

低碳试点城市在调研的初期，低碳建设成熟度等级都处于原始级。这一阶段的低碳建设工作受多个方面的限制，特别是缺乏低碳建设的管理制度。其他维度的低碳建设表现也比较差，包括产业结构不合理，第二产业占比较大；能源结构不合理，以煤炭作为主要能源；能源效率较低，工业能源利用率较低，建筑碳排放量较大，公共交通配套不完善，居民节能减排意识较差；碳汇水平极低，植树造林意识较差，植树造林面积较低；低碳管理制度尚未完善，缺乏低碳建设具体政策措施。政府在低碳建设中未能起到其应有的主导作用，没有形成政府、市场、公众三位一体的低碳城市管理模式。管理制度不健全是这个阶段城市的低碳建设处于原始级的根本原因。因此，政府建设低碳城市意识的觉醒是原始级到初始级的关键实践。处于该阶段的城市需要建立完善的管理制度，对低碳城市建设重点领域采取相应政策与规划，才能提升至低碳建设的更高等级。

(二)低碳城市建设初始级特征

处于低碳建设成熟度初始级的城市主要是在被批准为低碳试点城市后，开始尝试建立低碳建设管理制度。管理制度的建立和实施提升了低碳建设各维度的表现得分。在这个阶段，城市的产业结构得到初步调整，第三产业占比逐步增加，高新技术产业进入市场；能源结构向低碳方向发展，控制能耗总量，减少煤炭占比，开始使用清洁能源；能源效率有所提高，提高工业污染处理率，进一步发展公共交通，公民对低碳建设的重要性意识增强；碳汇水平有所提升。

低碳城市建设成熟度等级处于初始级时，各个维度低碳建设水平有所提升，但总体表现仍较落后。为了实现初始级到基础级的提升，需要积极正确评价低碳建设的状况，认识低碳建设过程中的不足，采取措施纠正低碳措施执行过程中的偏差，进一步调整产业结构，发展第三产业，控制能源消耗总量，推行清洁能源对传统能源的替换，推行绿色公交和绿色建筑，促进低碳技术的应用，稳定发挥政府在低碳建设中的作用。

(三)低碳城市建设基础级特征

处于低碳建设成熟度基础级城市的特征主要反映在低碳管理制度逐步健全，低碳建设的各个维度的建设水平在这一阶段都得到稳步上升，有个别的表现有明显的上升，处于这个阶段的城市应找准定位，充分发挥自身优势，制定更精准的措施，不断发展现代服务业和战略新兴产业，积极开展新能源的研发；推动既有建筑节能改造，发展现代化的交通系统，减少职住距离；加强固碳技术的研发；建立碳交易市场，建立起以政府为主导、充分发挥市场作用的低碳城市建设模式，从而实现城市的低碳建设整体水平的提高。

(四)低碳城市建设过渡级特征

城市处于低碳建设水平成熟度过渡级的特征反映在城市的大部分低碳建设维度都表现良好，有个别维度的得分较低。这一阶段的样本城市低碳建设实践已经相对成熟，可以切实地起到降低碳排放的效果。由于表现得分较低的维度在不同的城市间有所不同，城市面临的低碳建设重点工作也应该是不同的。处于这个阶段的城市要更清楚地认识自身低碳建设的短板维度，聚焦在这些短板维度上采取措施。只有突出低碳建设重点，打破短板，才能完成从过渡级到优化级的提升，因此必须采用点对点的政策，形成填补漏洞的发展模式，聚焦于当前阻碍低碳建设城市建设的突出对象并制定针对性的政策，特别应重视低碳技术的市场化与应用，积极发展高新技术产业，提高高新技术产值；鼓励居民绿色出行，植树造林，形成绿色消费观念；建立强制性政策、激励性政策、自愿性政策相结合的低碳管理制度，形成政府、市场、公众三位一体的低碳城市建设模式。

(五)低碳城市建设优化级特征

优化级的低碳建设成熟度等级代表的是最高级别的低碳建设水平。处于这一阶段的城市在五个低碳建设维度得分都很高，各个维度的低碳建设水平得到均衡发展。在产业结构方面，城市积极发展低碳产业、现代服务业和高新技术产业；在能源结构方面，城市能有效控制能源消耗总量，实现了能源结构的低碳化，积极推进新能源的使用；在能源效率方面，城市提高了工业能源使用率，积极发展绿色建筑，能实践绿色出行和低碳生活方式；在碳汇建设方面，这些城市积极植树造林，积极发展碳汇技术已达到固碳减碳的目的；在低碳建设管理制度方面,处于优化级的城市制定有明确详细的低碳发展规划,设有低碳管理小组、开展一系列低碳示范工程、积极引入碳交易制度,有一系列的低碳建设政策措施,建立起完善的低碳建设管理制度。

必须注意的是,尽管优化级是低碳城市建设成熟度等级的最高等级,但是达到优化级并不意味着城市的低碳建设已经完成。达到优化级以后,城市应保持对自身的低碳建设情况进行动态评估,及时发现短板和问题,针对性地采取纠偏措施,使低碳城市建设管理制度形成一个常规的 PDCA 循环,即持续提出具有更高水平的低碳建设规划要求,制定和实施具体的针对性强的执行措施,动态检查和评价低碳建设状况,及时对低碳建设过程中的不足进行纠正,从而持续优化城市的低碳建设。

第九章 低碳城市建设路径的设计

低碳城市建设是一个复杂的动态过程,需要设计正确的路径来指导这个过程。自我国低碳城市试点设立以来,各试点城市经过不断的探索和尝试,取得了较好的进步,总结了许多低碳建设过程中的经验和不足。为了广泛地推动我国的低碳城市建设,本章基于对低碳试点城市的经验总结,结合低碳城市建设的科学内涵,设计低碳城市建设路径,使其成为可以广泛被借鉴的低碳城市建设方法。

第一节 低碳城市建设路径设计的方法

设计科学合理的低碳城市建设路径是引导城市实现低碳建设目标的关键,对促进国家实现整体减排目标、提升城镇化的低碳质量具有重要意义。低碳城市建设设计的实质是使低碳城市建设评价指标体系在低碳建设过程中发挥引导作用。低碳城市建设路径是城市低碳建设的工作指南,是城市为了实现低碳建设目标而制定的减排行动方案。

一、低碳城市建设路径设计的原则

设计低碳城市建设路径的主要内容是将节能减排的思想全面融入城市建设和发展过程中,通过转变经济发展模式和居民生活方式减少碳排放,促进城市由高碳向低碳转型发展,实现城市可持续发展的长远目标。基于此,设计低碳城市建设路径时应遵守以下原则:

(1)低碳城市建设路径的设计需考虑城市的发展阶段。处于不同发展阶段的城市,其产业结构不同,能源需求不同,能源结构不同,碳排放量不同,低碳建设的重点也应不同,所以在设计低碳城市建设路径时应该考虑城市的这些发展背景和特点。

(2)低碳城市建设路径的设计需考虑城市的资源禀赋。不同的城市有不同的资源禀赋,需要与自身资源禀赋相符合,根据当地的资源环境条件和经济社会条件,设计有针对性的低碳建设路径。

(3)低碳城市建设路径的设计需基于对现阶段低碳建设过程中存在的问题的认识。不同城市的发展特征不同,所以在低碳建设的过程中遇到的问题也是各不相同。只有明确了城市在低碳化发展的道路上遇到的问题是什么,才能设计出具有针对性的建设路径,做到有的放矢,才能解决这些低碳建设中的问题,达到减排目的。

(4)低碳城市建设路径的设计应该基于过程控制的原则。过程影响结果,结果反映过程。所以要达到全面减排的结果,就不能忽视对低碳建设的过程控制。因此在设计低碳建设路径时,要识别低碳建设过程中的主要内容和任务,对这些关键活动进行严格动态控制,才能最终实现城市发展低碳化。

二、低碳城市建设路径设计的理论框架

设计低碳城市建设路径的理论基础是经验挖掘技术。经验挖掘技术是在案例推理（case-based reasoning，CBR）原理基础上发展的，其核心思想是对人们过去好的经验和知识进行挖掘和存储。当要寻找解决新问题的方法时，可以借鉴存储中的解决类似问题的经验确立解决新问题的方法。低碳城市建设是一个动态复杂的系统，其呈现出的许多问题难以用结构化的数据表达，积累和产生的知识和经验也难以用数学模型规则化，但是这些知识和经验存在于个别案例中，因此可以用经验挖掘技术对已有的低碳城市建设实践所积累的经验进行挖掘，为设计低碳城市建设路径提供参考资料。

基于经验挖掘技术的低碳城市建设路径设计的核心是通过搜索与目标城市在面临的问题和城市特征方面比较相似的一组低碳案例城市，将最相似案例城市的低碳建设经验挖掘出来，为目标城市设计有效的低碳城市建设路径提供决策依据。再将这些决策依据与低碳城市建设路径的设计原则相结合，确立有针对性的低碳城市建设路径。

因此，基于经验挖掘技术设计低碳城市建设路径包括 3 个关键步骤：

（1）建立低碳城市经验案例库；

（2）基于低碳建设目标和城市特征搜索最佳低碳建设案例；

（3）设计目标城市的低碳建设路径。

根据上述的关键步骤，低碳城市建设路径设计的理论框架可以用图 9-1 表示。

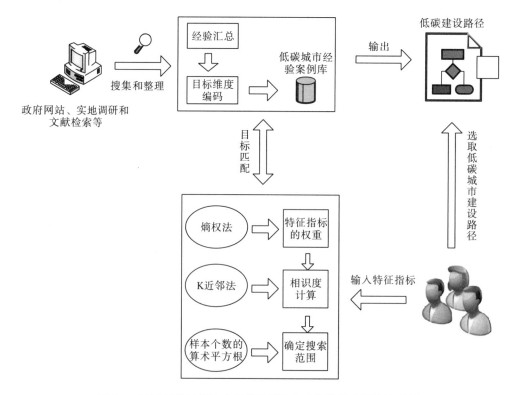

图 9-1　基于经验挖掘技术进行低碳城市建设路径设计的流程图

三、低碳城市建设路径设计的步骤

(一)建立低碳城市经验案例库

我国发改委分别于 2010 年、2012 年和 2017 年组织开展了三批共 6 个低碳省区试点和 81 个低碳城市试点。2013 年上半年，我国发改委组织开展了 2012 年度控制温室气体排放目标责任评价考核。结果显示，被列入试点的 10 个省区和城市 2012 年的碳强度比 2010 年的碳强度平均下降 8.2%，高于全国总体碳强度的 6.6%(中国碳排放交易网,2014)。推行低碳城市建设试点以来，虽然各试点城市的碳排放规模与人均碳排放量呈持续增长的趋势，但这些指标相较于成为低碳试点城市之前的水平均有显著降低，碳排放强度也呈持续下降趋势。由此可见，我国第一批和第二批低碳试点省区和低碳试点城市在低碳城市建设工作中取得了良好的成效，积累了许多低碳建设经验。第三批试点城市由于设立较晚，还处于低碳建设的前期阶段，还未形成系统性的低碳建设经验。

因此可以选择第一批和第二批低碳试点城市作为案例城市，探索有关低碳建设经验，基于此构建了低碳城市建设经验案例库。由于有些低碳试点城市的相关指标数据无法获得，因此最终仅对 31 个低碳试点城市的低碳建设经验进行总结，并按照城市的产业结构、能源结构、能源效率、碳汇水平和管理制度这五个目标维度将经验措施进行编号，建立低碳城市建设经验案例库。

(二)基于低碳城市建设目标和城市特征搜集最佳低碳建设案例

为了比较准确地为目标城市提供可参考的低碳建设经验，需要保证案例库中搜索出的经验城市与目标城市的情况有相似性。只有目标城市与经验案例库中的案例城市具有一定相似度，才能保证所挖掘出的案例城市建设经验能够为目标城市提供有价值的参考资料。因此需要对案例库中的城市与目标城市的相似度进行计算。由于低碳城市建设包括了五个重要维度，即产业结构、能源结构、能源效率、碳汇水平、管理制度，因此在计算案例城市与目标城市的相似度时需要分别计算在这五个维度的相似度，然后根据相似度去搜索有价值的案例城市。总结起来，搜索相似低碳城市案例分为四个步骤：①确立低碳城市建设特征；②确立城市低碳建设特征指标权重值；③计算案例城市与目标城市间的相似度；④挖掘案例城市。

1. 选取低碳城市建设的特征指标

本书第七章已经建立了低碳城市建设的维度和关键指标，其构成见表 9-1。

表 9-1　低碳城市建设特征指标

维度	代码	特征指标
	I1	第三产业占 GDP 的比重/%
产业结构	I2	高新技术产业从业人数/人
	I3	服务业从业人数占从业人数的比重/%

续表

维度	代码	特征指标
能源结构	I4	工业中一次能源消费量/万吨标准煤
	I5	工业中天然气占一次能源消费的比重/%
	I6	工业中燃煤占一次能源消费的比重/%
能源效率	I7	工业固体废物综合利用率/%
	I8	绿色建筑面积/平方米
	I9	人均城市道路面积/平方米
	I10	万人拥有公交车数/辆
	I11	居民人均生活用电量/(千瓦小时/人)
	I12	城镇生活垃圾无害化处理率/%
碳汇水平	I13	建成区绿化覆盖率/%
	I14	人均绿地面积/(平方米/人)
管理制度	I15	低碳示范工程开展情况得分
	I16	城市规划合理性得分
	I17	低碳政策完善程度得分
	I18	温室气体统计核算考核完善度得分
	I19	低碳技术完善程度得分

2. 设定城市特征指标的权重

前面指出城市低碳建设特征指标划分为五个维度共 19 个指标。由于每个特征指标对低碳城市建设的影响和重要程度不同，因此需要根据各个特征指标的重要程度对其赋以权重系数。这里采用熵权法计算指标权重值，其步骤如下：

假设案例城市和目标城市的个数之和是 m，低碳建设特征指标个数是 n，城市 C_i 在第 k 个特征指标的值为 V_{ik}。

(1)计算第 k 个指标在第 i 个城市的指标值的比重 P_{ik}：

$$P_{ik} = \frac{V_{ik}}{\sum_{i=1}^{m} V_{ik}} \tag{9-1}$$

(2)计算第 k 个指标的熵值 e_k：

$$e_k = -\frac{1}{\ln m} \sum_{i=1}^{m} P_{ik} \ln P_{ik} \tag{9-2}$$

其中，若 $P_{ik}=0$，则 $P_{ik}\ln P_{ik}=0$。

(3)计算第 k 个指标的权重值 w_k：

$$w_k = \frac{1-e_k}{n - \sum_{j=1}^{n} e_k} \tag{9-3}$$

3. 计算案例城市与目标城市间的相似度

这里采用 K 近邻法计算目标城市与案例城市之间的相似度。这种方法是通过计算两个城市间的"距离"来表示它们之间的相似程度。为了计算目标城市与案例城市之间总的相似度，首先需要计算出目标城市和案例城市在各特征指标上的相似度。个别指标的目标城市与案例城市相似度计算方法如下：

假设案例城市 C_i 与目标城市 C_t 在第 k 个特征指标的取值分别为 V_{ik} 和 V_{tk}，则案例 C_i 和 C_t 在第 k 个指标上的相似度为

$$\text{sim} = (c_{ik}, c_{tk}) = 1 - \frac{|V_{ik} - V_{tk}|}{V_k^{\max} - V_k^{\min}} \tag{9-4}$$

其中，$V_k^{\max}$ 是第 k 个指标在所有城市间的最大值；$V_k^{\min}$ 是第 k 个指标在所有城市间的最小值。

在计算出目标城市和案例城市在各指标的相似度之后，就可以计算在各个维度上目标城市与案例城市各维度之间的相似度，目标城市与案例城市之间在低碳建设各个维度上的相似度为

$$\text{sim}(C_i, C_t) = \frac{\sum_{k=1}^{n} \text{sim}(c_{ik}, c_{tk}) \cdot w_k}{\sum_{k=1}^{n} w_k} \tag{9-5}$$

式中，w_k 为第 k 个指标的权重。$\text{sim}(C_i, C_t)$ 越大，案例城市 C_i 与目标城市 C_t 之间的相似性越大。

4. 挖掘案例城市

为了挖掘有效的案例城市，首先要确立一个合理的搜索基准范围，即希望挖掘出的相似城市数量。若搜索基准范围过大，会造成许多经验案例城市相似度不高，其经验可取性较低。反之，搜索的相似范围过小，会使得可以用来借鉴的经验案例过少，通常搜索范围取案例库中样本个数的算数平方根。

(三)设计目标城市的低碳建设路径

在挖掘出的各维度低碳建设的经验基础上，要结合目标城市自身的特点对挖掘出的经验进行总结和整理，从而形成低碳建设维度的参考路径。再对维度参考路径进行汇总，从而得出目标城市的低碳城市建设总体路径。采用经验挖掘技术得到的低碳城市建设路径是目标城市的参考路径。由于目标城市与案例城市具有不同的城市特征，不能直接将挖掘得出的低碳建设路径作为目标城市的低碳建设路径，而需要结合目标城市的现状和背景进行适当调整和修改后才能应用。

第二节　低碳城市建设路径设计方法的应用

本节将展示前一节提出的低碳城市建设路径设计方法的应用，选取一个目标样本城市进行实证分析，为样本城市的低碳城市建设设计出参考路径，为提出的低碳建设路径设计方法的应用提供示例。

一、实证对象的选取

选取目标城市进行实证分析是为了证实所建立的低碳城市建设路径设计方法的有效性和适用性，目标样本城市的选取应该满足以下要求：

(1)具有迫切的低碳建设需要，目前我国城市对低碳建设都有迫切的要求，因此设计低碳城市建设路径为全面推动低碳城市建设提供重要的引导基础。

(2)处于低碳城市建设初期。在低碳城市建设的初期阶段，城市的低碳建设路径不清晰，需要有科学合理的方法指导设计低碳城市建设路径。

(3)具有代表性。样本城市的实证分析应为其他城市提供参考，并能体现低碳城市建设路径设计方法的普适性。

基于上述样本城市选取的要求，这里选取成都市作为样本目标城市进行实证分析。成都市是四川省省会，西部地区重要的中心城市，以第三、第二产业为主，国家重要的高新技术产业基地和综合交通枢纽。

近年来，经济快速发展的同时，成都市的生态环境也受到一定的污染，排放了大量的工业扬尘、废气废水、汽车尾气等。成都市地处四川盆地，特有的静小风气象特征导致大气环境容量有限，加剧了成都的雾霾现象，成都市与碳排相关的主要环境问题与我国大多数城市类似，具有较强的代表性。

"十二五"规划以来，成都市的城市生态面貌、环境质量得到了很大改善。2015 年成都市成为西部省会城市中首个通过国家生态市技术评估的城市，吸引了不少绿色低碳循环发展产业向成都市聚集。为了加强生态环境保护，促进成都市的可持续发展，成都市环保局定期组织污染物、废弃物排查治理工作，加强信息系统建设，提升环境监测质量。2017年，成都市被列为国家第三批低碳试点城市。

然而成都市仍然缺乏一套完整成熟的低碳管理制度和发展体系，城市的低碳建设成熟度水平还处于初期阶段，急需设计一条科学合理的建设路径来指导其低碳建设。因此，这里选取成都市为样本目标城市。

二、低碳城市经验库建立

将在上一章低碳城市建设评价指标体系应用中的 31 个低碳城市试点城市作为案例城市，将它们的有关低碳建设经验总结形成低碳城市建设经验库。表 9-2 至表 9-6 分别列出了产业结构、能源结构、能源效率、碳汇水平以及管理制度五个维度低碳建设经验政策。

表 9-2   产业结构维度低碳建设经验政策案例库编码

政策分析单元编码	政策分析单元	案例库编码	政策分析单元编码	政策分析单元	案例库编码
1-1	大力发展战略性新兴产业	1-A-1	18-4	大力发展循环经济	18-A-1
1-2	促进传统产业低碳化升级改造	1-A-2	18-5	加快培育战略性新兴产业	18-A-2
1-3	优先发展现代服务业	1-A-3	18-6	提升发展现代服务业	18-A-3

政策分析单元编码	政策分析单元	案例库编码	政策分析单元编码	政策分析单元	案例库编码
1-4	积极发展低碳农业	1-A-4	20-2	加快发展低碳农业	20-A-1
2-1	推动产业结构低碳化	2-A-1	20-3	推动传统产业优化升级	20-A-2
2-2	推进低碳产业园区建设	2-A-2	20-4	优先发展新兴产业	20-A-3
2-3	打造战略性新兴产业核心集聚区	2-A-3	20-5	积极推进低碳旅游发展	20-A-4
2-4	促进制造业低碳化发展	2-A-4	20-6	加快发展现代服务业	20-A-5
2-5	加快服务业低碳集约发展	2-A-5	21-1	调整产业结构	21-A-1
2-6	大力发展低碳农业	2-A-6	21-2	构建以低碳排放为特征的产业体系	21-A-2
3-1	大力发展低碳型新兴产业	3-A-1	22-1	培育低碳产业	22-A-1
3-2	巩固低碳优势产业	3-A-2	24-1	建立低碳产业体系	24-A-1
3-3	加快改造升级高碳产业	3-A-3	24-2	推行"清洁生产"	24-A-2
3-4	稳步推进静脉产业	3-A-4	24-3	推动低碳创业	24-A-3
3-5	着力提高清洁能源利用比例	3-B-1	24-4	开发低碳科技	24-A-4
4-11	加快发展现代服务业	4-A-1	24-5	发展静脉产业	24-A-5
4-12	推进工业节能降耗	4-A-2	25-1	发展低碳工业	25-A-1
4-13	发展低耗能工业	4-A-3	25-2	发展低碳服务业	25-A-2
4-14	推进技术减碳	4-A-4	25-3	推进农业低碳化	25-A-3
5-1	积极发展壮大低碳重点产业	5-A-1	25-4	建设低碳示范产业园区	25-A-4
5-2	建设一批低碳产业集聚区	5-A-2	26-1	大力发展战略性新兴产业	26-A-1
5-3	改造提升一批传统产业	5-A-3	26-2	促进传统产业低碳化改造	26-A-2
5-4	加快拓展静脉产业集群	5-A-4	26-3	大力发展现代服务业	26-A-3
5-5	开展低碳设计	5-A-5	26-4	积极发展低碳农业	26-A-4
5-6	推动低碳创业	5-A-6	27-1	推进先进制造业实现低碳化发展	27-A-1
7-1	调整产业结构	7-A-1	27-2	大力发展高技术产业和战略性新兴产业	27-A-2
7-2	构建低碳排放为特征的产业体系	7-A-2	27-3	全面加快现代服务业发展	27-A-3
8-7	大力发展低碳旅游业	8-A-1	27-4	积极发展绿色都市农业	27-A-4
8-8	打造中国低碳会展城	8-A-2	28-1	产业低碳工程	28-A-1
8-9	发展低碳物流产业	8-A-3	28-2	能源低碳工程	28-A-2
8-10	改造提升资源型产业，推进传统工业低碳化	8-A-4	30-1	低碳工业	30-A-1
8-11	加快发展生物医药装备制造产业和战略性新兴产业	8-A-5	30-2	低碳服务业	30-A-2
8-12	加快工业园区建设，推进产业集群发展	8-A-6	30-3	绿色循环农业	30-A-3
8-13	加快可再生能源建设	8-A-7	30-4	低碳战略性新兴产业	30-A-4
9-1	推进能源结构调整	9-A-1	31-1	促进农业生产低碳化	31-A-1
9-2	构建低碳产业支撑体系	9-A-2	31-2	推进农村生活方式低碳化	31-A-2
9-3	加快低碳技术开发与应用	9-A-3	31-3	建设低碳农业示范园区	31-A-3
9-4	发展静脉产业	9-A-4	31-4	促进低碳环保农业技术应用发展	31-A-4

政策分析单元编码	政策分析单元	案例库编码	政策分析单元编码	政策分析单元	案例库编码
9-5	推行清洁生产	9-A-5	31-5	规划引领促进工业快速发展	31-A-5
10-1	推动传统产业低碳化改造	10-A-1	31-6	实施传统工业低碳绿色改造	31-A-6
10-2	积极培育低碳产业	10-A-2	31-7	加快工业园区上档升级建设	31-A-7
10-3	加快发展低碳服务业	10-A-3	31-8	加速推进战略性新兴产业体系发展	31-A-8
11-1	加快传统产业升级改造	11-A-1	31-9	全面深化工业行业节能减排	31-A-9
11-2	积极培育战略性新兴产业	11-A-2	32-1	重点发展战略性新兴产业	32-A-1
11-3	大力发展现代服务业	11-A-3	32-2	实施传统产业低碳化升级改造工程	32-A-2
11-4	积极发展低碳农业	11-A-4	32-3	科学发展特色旅游业	32-A-3
12-1	重点培育战略性新兴产业	12-A-1	32-4	积极发展低碳农业	32-A-4
12-2	改造提升传统高碳产业	12-A-2	32-5	大力发展循环经济	32-A-5
13-1	构建低碳产业体系	13-A-1	32-6	优化产业空间布局	32-A-6
14-1	加快发展低碳建筑	14-A-1	33-1	发展文化产业	33-A-1
14-2	加快发展低碳交通	14-A-2	33-2	做强旅游业	33-A-2
14-3	加快发展低碳农业	14-A-3	33-3	发展会展业	33-A-3
15-1	深入推进工业体系转型升级	15-A-1	33-4	发展物流业	33-A-4
15-2	着力提升现代服务业	15-A-2	33-5	推进传统工业低碳化	33-A-5
15-3	加快建设高效农业	15-A-3	33-6	大力发展轻型化产业	33-A-6
16-1	积极推动产业低碳转型	16-A-1	33-7	培育发展新兴产业和高技术产业	33-A-7
16-2	大力发展低碳新型工业	16-A-2	33-8	推进产业集群发展	33-A-8
16-3	发展壮大低碳旅游业	16-A-3	33-9	发展低碳农业	33-A-9
16-4	加快发展文化产业	16-A-4	33-10	大力发展循环经济	33-A-10
16-5	积极发展智慧产业	16-A-5	36-4	加快发展现代服务业	36-A-1
16-6	推动发展观光休闲农业	16-A-6	36-5	大力发展低碳农业	36-A-2
16-7	进一步发展绿色生态农业	16-A-7	36-6	不断发展低碳交通业	36-A-3
17-1	落实主体功能区制度	17-A-1	36-7	积极发展低碳建业	36-A-4
17-2	推进产业集中集聚集约发展	17-A-2	37-1	编制低碳发展规划	37-A-1
17-3	大力发展低碳型战略性新兴产业	17-A-3	37-2	大力发展战略性新兴产业	37-A-2
17-4	加快发展现代服务业	17-A-4	37-3	推动重点排放行业低碳化升级改造	37-A-3
17-5	加快发展现代农业	17-A-5	37-4	优先发展现代服务业	37-A-4
17-6	加快传统产业升级改造	17-A-6	38-5	加快推广绿色照明的应用	38-A-1
17-7	加大清洁生产力度	17-A-7	38-6	大力发展战略性新兴产业	38-A-2
17-8	加快园区循环化改造	17-A-8	38-7	促进传统产业低碳化升级改造	38-A-3
17-9	加快节能减排重点项目建设	17-A-9			

表 9-3 能源结构维度低碳建设经验政策案例库编码

政策分析单元编码	政策分析单元	案例库编码	政策分析单元编码	政策分析单元	案例库编码
1-5	优化产业空间布局	1-B-1	25-5	加大天然气资源引进和应用	25-B-1
1-6	优先发展非化石能源	1-B-2	25-6	推进可再生能源发展	25-B-2
1-7	提高天然气利用比例	1-B-3	25-7	提高能源生产和输送效率	25-B-3
1-8	调整优化火电项目	1-B-4	25-8	鼓励能源生产企业探索碳捕集与资源化利用	25-B-4
1-9	推进燃煤锅炉改燃或拆除并网工程	1-B-5	26-5	积极发展非化石能源	26-B-1
2-7	合理控制能源消费总量	2-B-1	26-6	提高天然气利用比例	26-B-2
2-8	优化发展煤炭利用体系	2-B-2	26-7	大力推进城市集中供热和燃煤锅炉改燃工程	26-B-3
2-9	加快实施水电开发项目	2-B-3	27-5	建立新建项目碳核准入机制	27-B-1
2-10	推进非水可再生能源利用	2-B-4	27-6	建立落后产能退出机制	27-B-2
2-11	有序推进热电联产和天然气发电	2-B-5	27-7	建立节能减碳市场机制	27-B-3
2-12	积极推进智能电网建设	2-B-6	27-8	建立节能减碳的监督管理机制	27-B-4
2-13	大力发展循环经济	2-B-7	27-9	完善废弃物处理机制	27-B-5
3-5	着力提高清洁能源利用比例	3-B-1	27-10	积极发展太阳能光伏和热利用	27-B-6
3-6	降低能源生产部门碳排放	3-B-2	27-11	因地制宜利用生物质能源	27-B-7
3-7	试点智能电网建设	3-B-3	27-12	适度推广应用地源热泵技术	27-B-8
5-7	积极利用低碳能源	5-B-1	27-13	大力发展车用新能源	27-B-9
5-8	加强工业节能减排减碳	5-B-2	27-14	培育新能源技术创新基地	27-B-10
7-3	推广可再生能源	7-B-1	28-4	严格控制煤炭消费	28-B-1
7-4	积极引入核电	7-B-2	29-1	能源高效利用工程	29-B-1
7-5	提高天然气使用比重	7-B-3	30-5	进一步优化能源结构	30-B-1
10-4	率先完成"气化晋城"	10-B-1	30-6	控制能源消费总量	30-B-2
10-5	强化煤炭清洁高效利用	10-B-2	31-21	推动能源生产革命	31-B-1
10-6	积极发展零碳能源	10-B-3	31-22	推动能源消费革命	31-B-2
11-9	大力开发利用煤层气	11-B-1	31-23	完善能源输配体系,建成区域性能源枢纽	31-B-3
11-10	积极扶持非化石能源利用	11-B-2	31-24	深化能源体制机制改革,推进能源科技创新	31-B-4
11-11	优化发展火电和提高供热效率	11-B-3	32-7	积极创建新能源示范城市和产业园区	32-B-1
12-3	加速淘汰落后工业产能	12-B-1	32-8	提高天然气消费比例	32-B-2
12-4	全面建设现代服务业	12-B-2	32-9	规模化发展生物质能	32-B-3
13-2	加速能源结构调整	13-B-1	32-10	推广太阳能光热利用	32-B-4
14-4	严控煤炭消费总量,提高能源利用效率	14-B-1	32-11	温泉开发利用一体化	32-B-5
14-5	积极发展可再生能源和新能源	14-B-2	32-12	开发利用水电资源	32-B-6
15-4	全面促进企业管理低碳化	15-B-1	33-11	加快推进乌江芙蓉江洪渡河和桐梓河干流规划梯级水电站开发建设	33-B-1

政策分析单元编码	政策分析单元	案例库编码	政策分析单元编码	政策分析单元	案例库编码
15-5	优化能源结构	15-B-2	33-12	大力发展新能源，	33-B-2
16-8	加快传统高耗能行业的节能技术改造	16-B-1	33-13	加强农村户用沼气池建设维护	33-B-3
16-9	加强重点耗能企业的节能管理	16-B-2	33-14	实施天然气输气管网系统建设	33-B-4
16-10	推动重点耗能场所实施合同能源管理	16-B-3	34-1	调整能源结构	34-B-1
16-11	开展利用生物质能发电	16-B-4	34-2	提高工业能效	34-B-2
16-12	大力发展光伏发电项目	16-B-5	35-1	加大新能源开发与利用，推动新能源产业发展	35-B-1
16-13	加快风力发电工程建设	16-B-6	35-2	普及太阳能建筑一体化，构建绿色低碳阳光春城	35-B-2
16-14	扩大利用天然气能源	16-B-7	36-8	积极发展太阳能光伏光热发电	36-B-1
16-15	探索开展纤维素乙醇工程	16-B-8	36-9	适度发展生物能源	36-B-2
16-16	鼓励发展新型热泵	16-B-9	36-10	大力开发利用风能水能核能资源	36-B-3
16-17	努力提高秸秆综合利用水平	16-B-10	36-11	因地制宜发展农村新能源	36-B-4
18-7	大力推广天然气使用	18-B-1	37-5	积极发展低碳农业	37-B-1
18-8	推进可再生能源开发利用	18-B-2	37-6	优先发展新能源	37-B-2
19-1	大力调整能源结构	19-B-1	37-7	提高天然气利用比例	37-B-3
20-7	加快推动核电燃气发电等清洁能源项目建设	20-B-2	38-1	培育发展新能源工程	38-B-1
20-8	积极探索新能源和可再生能源开发利用	20-B-3	38-2	大力开发风能资源，推进风能发电产业	38-B-2
21-3	推广可再生能源	21-B-1	38-3	实施太阳能光伏发电，推进光伏发电产业	38-B-3
21-4	提高天然气使用比重	21-B-2	38-4	推动生物质能的应用	38-B-4
21-5	强化节能降耗	21-B-3	38-8	加快淘汰落后产能设备实施清洁能源替代工程	38-B-5
22-2	优化能源结构	22-B-1	38-9	推进天然气利用	38-B-6
23-3	新能源开发利用	23-B-1	38-10	推进清洁能源区建设，2012 年前在中心城区实现高污染燃料禁燃，到 2015 年完成供热能源结构调整目标任务，实现主城区热电联产煤改气全覆盖，形成 150 平方公里左右的清洁能源区	38-B-7
24-6	推进能源结构调整	24-B-1	38-11	推进电力工业结构调整	38-B-8
24-7	发展新能源产业	24-B-2	38-12	积极稳妥发展热电联产，城市供热全面采用清洁能源	38-B-9
24-8	加快光伏发电示范工程建设	24-B-3			

表 9-4　能源效率维度低碳建设经验政策案例库编码

政策分析单元编码	政策分析单元	案例库编码	政策分析单元编码	政策分析单元	案例库编码
1-10	提高工业能效水平	1-C-1	24-9	强化工业企业节能减排	24-C-1
1-11	大力推广绿色节能建筑	1-C-2	24-10	推进商贸流通业节能减排	24-C-2
1-12	构建低碳交通体系	1-C-3	24-11	加强公共机构节能	24-C-3
1-13	引导绿色出行方式	1-C-4	24-12	倡导合同能源管理	24-C-4
1-14	培养低碳消费习惯	1-C-5	24-13	加强建筑节能管理	24-C-5
2-14	大力推进节能降耗	2-C-1	24-14	打造节能精品建筑	24-C-6
2-15	推进沿江防护林建设	2-C-2	24-15	实施城市"屋顶绿化"	24-C-7
2-20	科学制定城市规划	2-C-3	24-16	推进既有建筑节能改造	24-C-8
2-21	发展低碳交通	2-C-4	24-17	推进城市交通节能减排	24-C-9
2-22	发展低碳建筑	2-C-5	24-18	严格执行机动车低排放标准	24-C-10
2-23	发展低碳市政	2-C-6	24-19	加快城区"免费自行车"服务工程建设	24-C-11
2-24	引导低碳生活方式和消费模式	2-C-7	24-20	倡导低碳出行方式	24-C-12
3-8	提高工业能效水平	3-C-1	25-9	促进清洁能源车船发展	25-C-1
3-9	构建低碳交通网络	3-C-2	25-10	推进交通结构低碳化	25-C-2
3-10	推广绿色建筑	3-C-3	25-11	优化综合交通运输体系组织方式	25-C-3
3-11	降低公共机构能耗	3-C-4	25-12	强化交通需求管理	25-C-4
3-12	加强节能基础能力建设	3-C-5	25-13	推进智能交通网络体系建设	25-C-5
3-22	多领域践行低碳生活	3-C-6	25-14	建立交通运输碳排放管理体系	25-C-6
3-23	以低碳理念推进城市空间紧凑发展	3-C-7	25-15	推进新建建筑能效达标	25-C-7
4-5	大力发展绿色交通	4-C-1	25-16	推进既有建筑节能改造	25-C-8
4-6	倡导绿色消费	4-C-2	25-17	推广绿色建筑	25-C-9
4-7	完善再生资源回收利用体系	4-C-3	25-18	提高建筑可再生能源应用	25-C-10
4-15	减少燃煤使用，提高低碳清洁能源使用比例	4-C-4	25-19	推进低碳城镇化建设	25-C-11
4-16	积极发展可再生能源	4-C-5	25-20	建设低碳型政府	25-C-12
4-17	加快智能电网建设	4-C-6	26-8	提高工业能效水平	26-C-1
5-19	加快地下空间开发	5-C-1	26-9	构建低碳建筑体系	26-C-2
5-20	提高低碳建筑绿色(低碳)公共建筑占新建筑面积	5-C-2	26-10	构建低碳交通体系	26-C-3
5-21	既有居住建筑节能改造完成50%	5-C-3	26-12	倡导低碳生活	26-C-4
5-27	分层次建设轨道网通道	5-C-4	27-15	优先发展绿色公共交通	27-C-1
5-28	推进公交体化进程	5-C-5	27-16	改革综合交通运输体系管理体制	27-C-2
5-29	建立和推广城市慢行系统	5-C-6	27-17	建设智能交通工程	27-C-3
7-6	推行工业节能减排	7-C-1	27-18	加快发展低碳排放运输装备	27-C-4
7-7	推进建筑节能	7-C-2	27-19	严格执行建筑节能标准	27-C-5
7-8	发展低碳交通	7-C-3	27-20	大力推进可再生能源建筑应用	27-C-6
10-7	大幅降低工业碳排放	10-C-1	27-21	稳步推进既有建筑节能改造	27-C-7
10-8	积极发展低碳建筑	10-C-2	27-22	推广应用适用技术高效节能设备和绿色照明	27-C-8

政策分析 单元编码	政策分析单元	案例库 编码	政策分析 单元编码	政策分析单元	案例库 编码
10-9	努力构建低碳交通	10-C-3	27-23	建立低碳经济发展的激励与约束机制	27-C-9
11-5	实施重点工业节能项目	11-C-1	27-24	创新循环经济发展模式	27-C-10
11-6	实施交通节能重点项目	11-C-2	27-25	推进工业园区低碳化发展	27-C-11
11-7	实施建筑节能重点项目	11-C-3	27-26	建立温室气体排放统计体系和方法	27-C-12
11-8	实施资源综合利用重点项目	11-C-4	27-27	组织编制市级温室气体清单	27-C-13
12-5	降低煤炭消耗,提高能源利用效率	12-C-1	27-28	加强温室气体清单编制能力建设	27-C-14
12-6	积极发展可再生能源和新能源	12-C-2	27-28	加快推进建立温室气体排放评估机制和目标考核机制	27-C-15
12-7	推进节能低碳建筑	12-C-3	28-3	提高电力使用比例	28-C-1
12-8	完善低碳交通体系	12-C-4	28-5	推广热电联产	28-C-2
12-9	形成低碳消费模式	12-C-5	28-6	生活低碳工程	28-C-3
12-13	生活垃圾回收率	12-C-6	28-7	推进交通低碳化	28-C-4
13-4	创新低碳生活模式	13-C-1	28-8	推进公共机构低碳化	28-C-5
13-5	推进节能低碳建筑	13-C-2	28-9	推进生活方式低碳化	28-C-6
13-6	完善低碳交通体系	13-C-3	29-4	资源综合利用效率提升工程	29-C-1
15-6	改善用能方式	15-C-1	29-5	绿色建筑推广工程	29-C-2
15-7	加强能效管理	15-C-2	29-6	低碳交通出行工程	29-C-3
15-8	打造低碳交通	15-C-3	30-7	优化城市交通结构,提倡公共交通出行	30-C-1
15-9	推广低碳建筑	15-C-4	30-8	推广低碳燃料和节能型汽车	30-C-2
16-18	建设慢行交通工程	16-C-1	30-9	加强交通管理,建设智能交通网络	30-C-3
16-19	推广新能源汽车	16-C-2	30-10	优化城市功能布局	30-C-4
16-20	探索开展自助式汽车租赁模式	16-C-3	30-11	构建绿色建筑体系	30-C-5
16-21	建设公共自行车服务系统	16-C-4	30-15	社区低碳化	30-C-6
16-22	实现清洁低碳水运工程	16-C-5	30-15	鼓励低碳消费	30-C-7
16-23	推进智能交通及物流信息化	16-C-6	30-16	开展废弃物无害化资源化处理	30-C-8
16-24	新建建筑严格执行节能标准	16-C-7	31-14	加强绿色低碳小城镇建设试点示范	31-C-1
16-25	继续实行既有建筑节能改造选择	16-C-8	31-15	推动建筑节能改造	31-C-2
16-26	积极推进光伏发电建筑应用项目的实施	16-C-9	31-16	实施绿色建筑行动计划	31-C-3
17-14	高标准规划建设	17-C-1	31-17	做好低碳交通规划和组织管理	31-C-4
17-15	实施建筑节能改造和监测	17-C-2	31-18	加快现代物流体系建设	31-C-5
17-16	推进绿色建筑示范	17-C-3	31-19	提高交通工具的低碳化比重	31-C-6
17-17	实施低碳能源行动	17-C-4	31-20	实行绿色交通行动计划,实施"公交优先"策略	31-C-7
17-18	加快推广天然气水能等清洁能源利用	17-C-5	32-13	提高工业能效水平	32-C-1
17-19	积极推广运用新能源	17-C-6	32-14	普及推广绿色照明	32-C-2
17-20	推进绿色照明	17-C-7	32-15	推动低碳政务,实现公共机构节能	32-C-3
17-21	实施低碳交通行动	17-C-8	34-3	优化产业结构	34-C-1
17-22	开展低碳交通城市创建工作	17-C-9	34-4	建筑交通生活低碳化	34-C-2

政策分析 单元编码	政策分析单元	案例库 编码	政策分析 单元编码	政策分析单元	案例库 编码
17-23	坚持"公交优先"发展战略	17-C-10	34-5	打造城市低碳建筑	34-C-3
17-24	推进交通工具低碳化	17-C-11	34-6	建设低碳交通	34-C-4
17-25	推进低碳示范道路建设	17-C-12	34-7	引导绿色消费，推行低碳生活	34-C-5
17-29	实施构建低碳生活方式行动	17-C-13	35-3	培养低碳意识，营造低碳生活氛围	35-C-1
17-30	加强低碳宣传	17-C-14	35-4	倡导绿色消费，推行低碳生活方式	35-C-2
17-31	开展示范试点创建	17-C-15	36-12	改造燃煤锅炉(窑炉)	36-C-1
17-32	提升城市管理水平	17-C-16	36-13	实施工业园区热电联产	36-C-2
17-33	加强鼓励引导	17-C-17	36-14	节约和替代石油	36-C-3
18-9	强化工业节能	18-C-1	36-15	推进机电系统节能	36-C-4
18-10	推进建筑节能	18-C-2	36-16	普及推广绿色照明	36-C-5
18-11	建设低碳交通	18-C-3	36-17	推动政府机构节能	36-C-6
18-12	倡导低碳生活	18-C-4	36-18	推广节能环保空调	36-C-7
20-9	提高能源资源利用效率	20-C-1	37-8	调整优化火电项目	37-C-1
20-10	推动工业企业节能降耗	20-C-2	37-9	运用先进适用技术	37-C-2
20-11	构建低碳交通体系	20-C-3	37-10	推广绿色节能建筑	37-C-3
20-12	大力推广绿色节能建筑	20-C-4	38-14	强化新建筑节能管理	38-C-1
20-13	加强城市废弃物无害化处理与综合利用	20-C-5	38-15	加快既有建筑节能改造	38-C-2
21-6	发展低碳交通	21-C-1	38-16	促进循环经济发展	38-C-3
21-7	推进建筑节能	21-C-2	38-17	加强能源节约利用	38-C-4
21-10	优化城市规划	21-C-3	38-20	大力开展碳汇造林，增加绿地面积	38-C-5
21-11	提高低碳意识	21-C-4	38-21	倡导低碳生活理念	38-C-6
22-3	实行节能降耗	22-C-1	38-22	降低生活消费能耗	38-C-7
23-2	推进低碳工业发展	23-C-1	38-23	优先发展公共交通，实施轨道交通等快速大容量工程	38-C-8
23-4	强化工业节能减排	23-C-2	38-24	拓展和完善城市路网骨架	38-C-9
23-5	推动建筑节能减排	23-C-3	38-25	完善交通节能标准政策	38-C-10
23-6	加强公共机构节能减排	23-C-4	38-26	倡导低碳交通运输的消费模式，推行绿色慢行交通方式	38-C-11
23-7	建立低碳交通运输体系	23-C-5	38-27	开展汽车客运站节能改造工作，加速淘汰老旧汽车，全面推行机动车环保标志管理，到2015年基本淘汰2005年以前注册运营的"黄标车"	38-C-12
23-8	发展低碳农业	23-C-6			

表 9-5　碳汇水平维度低碳建设经验政策案例库编码

政策分析 单元编码	政策分析单元	案例库 编码	政策分析 单元编码	政策分析单元	案例库 编码
1-26	增加林业碳汇	1-D-1	21-8	发展低碳农业	21-D-1
1-27	提高林业碳汇能力	1-D-2	21-9	提高碳汇能力	21-D-2
2-16	继续实施退耕还林	2-D-1	22-4	增强碳汇能力	22-D-1
2-17	开展石漠化综合治理	2-D-2	23-9	建设林业生态体系	23-D-1
2-18	因地制宜搞好城乡绿化	2-D-3	23-10	培育生态旅游	23-D-2
2-19	强化森林经营管护	2-D-4	23-11	实施环保工程	23-D-3
3-19	提升森林碳汇能力	3-D-1	24-21	增强农业碳减排能力	24-D-1
3-20	构建城市碳汇体系	3-D-2	24-22	加快发展低碳农业产业	24-D-2
3-21	提高全民低碳意识	3-D-3	24-23	加快农村沼气的应用和推广	24-D-3
5-9	推进国家森林城市建设	5-D-1	24-24	建设林业生态体系	24-D-4
5-10	加强城市生态带建设,提高生态 保护能力	5-D-2	25-21	加强森林资源培育和城市园林 绿化	25-D-1
5-11	完善环保基础设施,控制氧化碳 和污染物排放	5-D-3	25-22	加强湿地保护与建设	25-D-2
7-9	发展生态农业	7-D-1	25-23	发展海洋碳汇技术	25-D-3
7-10	增加林业碳汇	7-D-2	26-11	提高林业碳汇能力	26-D-1
10-10	增加森林碳汇	10-D-1	27-29	构建"二轴两环六楔入城"生 态园林框架	27-D-1
10-11	增加城市碳汇	10-D-2	27-30	完善城市园林绿地体系	27-D-2
10-12	提高碳捕获利用与封存能力	10-D-3	27-31	增加森林固碳能力	27-D-3
11-12	实施山上治本造林工程	11-D-1	28-10	生态降碳工程	28-D-1
11-13	实施身边增绿绿化工程	11-D-2	28-11	实施"绿色骨架"主体工程	28-D-2
11-14	实施流域生态修复工程	11-D-3	28-12	实施"绿满江城花开三镇"工 程	28-D-3
13-8	打造生态碳汇体系	13-D-1	28-13	实施生态蓝网绿化和湿地保护 修复工程	28-D-4
14-6	加快低碳技术平台建设	14-D-1	28-14	实施山体修复及山体公园建设 工程	28-D-5
14-7	加快低碳技术人才引进和培养	14-D-2	29-3	碳汇产业发展工程	29-D-1
14-8	加快低碳技术研发和成果转化	14-D-3	30-12	加强生态建设	30-D-1
14-9	强化全市"碳汇"功能建设	14-D-4	30-13	加强环境保护	30-D-2
15-10	创建低碳社区	15-D-1	30-14	增加林业碳汇	30-D-3
15-11	增加林木碳汇	15-D-2	31-25	增强森林碳汇,提高城乡绿化水 平	31-D-1
15-12	保护农业和湿地碳汇	15-D-3	31-26	加强林业生态体系建设,推动林 下经济发展	31-D-2
16-27	建设城市森林公园	16-D-1	32-25	增强森林碳汇	32-D-1
16-28	建设生态防护林	16-D-2	32-26	建设城区绿道网	32-D-2
16-29	加大城乡绿化建设力度	16-D-3	32-27	推进城乡绿化	32-D-3

续表

政策分析单元编码	政策分析单元	案例库编码	政策分析单元编码	政策分析单元	案例库编码
17-10	加强环境综合整治	17-D-1	34-11	合理规划土地利用，保证生态用地面积	34-D-1
17-11	加强碳汇林建设	17-D-2	34-12	加快林业生态建设	34-D-2
17-12	加大城镇绿化力度	17-D-3	34-13	全面推进城乡园林绿化建设	34-D-3
17-13	保护生态功能区	17-D-4	34-14	加强湿地系统保护和恢复	34-D-4
18-13	森林碳汇	18-D-1	36-19	加强生态系统修复与保护	36-D-1
18-14	海洋碳汇	18-D-2	36-20	推进城乡绿化	36-D-2 .
20-25	加大生态的修复和保护力度	20-D-1	37-11	建设低碳交通网络	37-D-1
20-26	提高林业碳汇能力	20-D-2	37-12	增加林业碳汇	37-D-2
20-27	有效管护生态公益林	20-D-3	38-18	加强资源综合利用	38-D-1
20-28	抓好生态廊道的建设	20-D-4	38-19	提升碳汇能力和质量	38-D-2
20-29	支持符合条件的碳汇项目参与国内温室气体自愿减排交易	20-D-5			

表 9-6　管理制度维度低碳建设经验政策案例库编码

政策分析单元编码	政策分析单元	案例库编码	政策分析单元编码	政策分析单元	案例库编码
1-15	低碳产业示范	1-E-1	16-36	建立低碳技术研发与成果转化机制	16-E-7
1-16	低碳能源示范	1-E-2	16-37	建立温室气体排放统计和核算体系	16-E-8
1-17	低碳建筑示范	1-E-3	16-38	建立控制温室气体排放目标责任制	16-E-9
1-18	低碳交通示范	1-E-4	16-39	建立企业自愿减排机制	16-E-10
1-19	低碳技术示范	1-E-5	16-40	建立碳交易服务合作机制	16-E-11
1-20	低碳园区示范	1-E-6	17-26	加快平台建设	17-E-1
1-21	低碳社区示范	1-E-7	17-27	成立低碳发展协会	17-E-2
1-22	低碳小城镇示范	1-E-8	17-28	实行公共机构重点用能单位管理制度	17-E-3
1-23	建立低碳发展相关标准和评价制度	1-E-9	18-1	编制宁波低碳发展系列规划	18-E-1
1-24	搭建自主创新平台	1-E-10	18-2	推进温室气体排放清单编制	18-E-2
1-25	建立低碳服务体系	1-E-11	18-3	构建低碳统计体系	18-E-3
1-28	建立温室气体排放数据统计核算和管理体系	1-E-12	18-15	加强我市低碳城市试点宣传力度	18-E-4
1-29	编制 2005 年和 2010 年温室气体清单	1-E-13	18-16	加大低碳知识普及力度	18-E-5
1-30	探索区县碳排放控制指标分解和考核体系	1-E-14	18-17	建设宁波低碳网	18-E-6
1-31	开展碳排放权交易试点	1-E-15	19-2	深入开展低碳宣传	19-E-1
1-32	建立自愿碳减排交易体系	1-E-16	19-3	注重加强规划引领	19-E-2

政策分析 单元编码	政策分析单元	案例库 编码	政策分析 单元编码	政策分析单元	案例库 编码
1-33	编制实施天津市应对气候变化与低碳发展规划	1-E-17	20-1	编制南平市"十二五"低碳发展规划	20-E-1
1-34	研究建立低碳发展绩效评估考核机制	1-E-18	20-14	低碳工业示范	20-E-2
1-35	完善促进低碳发展政策法规体系	1-E-19	20-15	低碳新城建设示范	20-E-3
2-25	强化智力保障	2-E-1	20-16	低碳交通示范	20-E-4
2-26	加强科技基础研究	2-E-2	20-17	低碳农业示范	20-E-5
2-27	研发推广清洁加工技术	2-E-3	20-18	开展碳捕获与封存(CCS)技术试验	20-E-6
2-28	研发推广节能减碳技术	2-E-4	20-19	推动绿色出行	20-E-7
2-29	研发推广低碳农业技术	2-E-5	20-20	培养低碳消费习惯	20-E-8
2-30	打造科技推广平台	2-E-6	20-21	深入开展节能减排全民行动	20-E-9
2-31	建立温室气体排放统计制度	2-E-7	20-22	研究探索低碳经济指标体系和考核方案	20-E-10
2-32	加强温室气体排放核算和核查体系建设	2-E-8	20-23	开展低碳经济发展动态监测	20-E-11
2-33	开展碳排放权交易试点	2-E-9	20-24	研究制定绿色低碳发展的配套政策和制度措施	20-E-12
3-13	建立低碳发展技术体系	3-E-1	20-30	建立温室气体排放数据统计体系	20-E-13
3-14	制定低碳技术政策和标准	3-E-2	20-31	分解落实碳排放控制目标	20-E-14
3-15	加强低碳创新能力建设	3-E-3	20-32	建立控制碳排放任务考核体系	20-E-15
3-16	完善低碳发展政策法规	3-E-4	21-12	开展教育培训	21-E-1
3-17	探索低碳发展新机制	3-E-5	21-13	倡导低碳生活	21-E-2
3-18	加强生态保护与建设	3-E-6	21-14	创新体制机制	21-E-3
3-24	加强土地节约集约利用	3-E-7	21-15	建设低碳技术创新平台	21-E-4
3-25	低碳政府示范	3-E-8	21-16	加快低碳技术人才引进和培养	21-E-5
3-26	低碳企业示范	3-E-9	21-17	加快低碳技术的研发和成果转化	21-E-6
3-27	低碳城区示范	3-E-10	21-18	打造四大低碳示范区域	21-E-7
3-28	低碳园区示范	3-E-11	21-19	建设七个低碳示范基地	21-E-8
4-1	合理布局城市功能	4-E-1	21-20	培育一批低碳示范企业	21-E-9
4-2	推进建筑节能，发展低碳建筑	4-E-2	21-21	建设八项低碳示范工程	21-E-10
4-3	完善城市信息通信网络，推进城市管理低碳化	4-E-3	22-5	建设低碳示范园区示范社区示范县	22-E-1
4-4	改善城乡生态环境，提高城市碳汇能力	4-E-4	23-1	编制发展规划	23-E-1
4-8	构建两岸低碳技术交流中心	4-E-5	23-12	完善低碳城市基础设施	23-E-2
4-9	构建两岸低碳产业合作基地	4-E-6	23-13	开展低碳示范园区建设	23-E-3
4-10	推进两岸低碳合作体制机制创新	4-E-7	23-14	推进低碳示范社区(村镇)建设	23-E-4

续表

政策分析单元编码	政策分析单元	案例库编码	政策分析单元编码	政策分析单元	案例库编码
4-18	组织开展低碳示范点创建工作	4-E-8	23-15	加快低碳示范县(市区)创建	23-E-5
4-19	开展"城千辆"试点工程	4-E-9	23-16	探索建立温室气体排放数据统计核算和管理体系	23-E-6
4-20	开展"城万盏"试点工程	4-E-10	23-17	编制赣州市温室气体排放清单	23-E-7
4-21	实施"金太阳"示范工程	4-E-11	23-18	探索建立碳排放控制指标分解和考核体系	23-E-8
4-22	建立健全节能技术产品推广体系	4-E-12	23-19	构建低碳支撑体系	23-E-9
4-23	引进国家推广项目企业	4-E-13	23-20	积极开展低碳宣传	23-E-10
4-24	建立完善温室气体排放统计核算和考核制度	4-E-14	23-21	保障工作经费	23-E-11
4-25	建立健全促进低碳发展的体制机制	4-E-15	24-25	提高节能低碳意识	24-E-1
4-26	完善低碳相关法规,探索构建低碳城市发展的政策法规体系	4-E-16	24-26	开展低碳示范园区建设	24-E-2
4-27	将应对气候变化(低碳城市)工作全面纳入发展规划	4-E-17	24-27	推进低碳示范社区建设	24-E-3
5-12	明确重点低碳技术	5-E-1	24-28	加快低碳示范县(市区)创建	24-E-4
5-13	建设低碳技术产学研平台	5-E-2	24-29	建立低碳城市发展体制机制	24-E-5
5-14	建设低碳技术示范载体	5-E-3	24-30	加大低碳技术人才培养引进力度	24-E-6
5-15	建立低碳技术合作机制	5-E-4	24-31	加强低碳技术平台建设	24-E-7
5-16	构筑以市区为中心,县城为基础中心,镇为节点,公路水路铁路路互通为骨架的市域网络化大都市,实现城市结构低碳	5-E-5	24-32	积极推动碳排放权交易试点	24-E-8
5-17	以新城建设引领城市有机更新	5-E-6	25-24	加强组织领导	25-E-1
5-18	以城市综合体强化城市功能培育	5-E-7	25-25	建立健全温室气体排放统计与核算体系	25-E-2
5-22	开展社区低碳宣传活动	5-E-8	25-26	建立和完善温室气体排放目标责任评价考核制度	25-E-3
5-23	开展低碳示范社区试点	5-E-9	25-27	加大财政支持力度	25-E-4
5-24	推进低碳社区规划建设	5-E-10	25-28	拓展多元化低碳投融资渠道	25-E-5
5-25	加强低碳社区管理	5-E-11	25-29	健全生态补偿机制	25-E-6
5-26	倡导低碳生活方式	5-E-12	25-30	加强低碳技术创新	25-E-7
5-30	低碳园区示范工程	5-E-13	25-31	引进培育低碳人才	25-E-8
5-31	低碳产业示范工程	5-E-14	25-32	开展多层次低碳试点	25-E-9
5-32	低碳技术研发示范工程	5-E-15	25-32	加大低碳教育和宣传力度	25-E-10
5-33	新能源和可再生能源利用示范工程	5-E-16	25-33	推进低碳交流与合作	25-E-11
5-34	低碳建筑示范工程	5-E-17	26-13	制定《济源市低碳城市中长期发展规划(2012—2020 年)》	26-E-1
5-35	低碳交通出行示范工程	5-E-18	26-14	制定《济源市碳排放指标分解和考核体系》	26-E-2

续表

政策分析单元编码	政策分析单元	案例库编码	政策分析单元编码	政策分析单元	案例库编码
5-36	低碳生活示范工程	5-E-19	26-15	建立温室气体排放数据统计和管理体系	26-E-3
5-37	资源循环综合利用示范工程	5-E-20	26-16	探索碳排放交易	26-E-4
5-38	低碳县(市)城区乡镇建设示范工程	5-E-21	26-17	建立低碳城市建设专项资金	26-E-5
5-39	碳汇功能区建设示范工程	5-E-22	26-18	积极引导金融机构增加对低碳产业的信贷支持	26-E-6
7-11	提高低碳意识	7-E-1	26-19	开展低碳园区社区示范试点	26-E-7
7-12	优化城市规划	7-E-2	26-20	加强国际合作	26-E-8
7-13	开展教育培训	7-E-3	27-32	放大低碳试点示范效应	27-E-1
7-14	倡导低碳生活	7-E-4	27-33	建立低碳生活的教育宣传机制	27-E-2
7-15	创新体制机制	7-E-15	27-34	构建崇尚绿色消费的全民参与机制	27-E-3
7-16	建设低碳技术创新平台	7-E-16	27-35	探索建立碳减排网络	27-E-4
7-17	加快低碳技术人才引进和培养	7-E-17	27-36	深入推进碳值计量国际合作项目	27-E-5
7-18	加快低碳技术的研发和成果转化	7-E-18	27-37	完善碳排放权交易体制机制	27-E-6
7-19	打造大低碳示范区域	7-E-19	27-38	开展建立碳标志碳认证等制度研究	27-E-7
7-20	建设低碳示范基地	7-E-20	28-15	低碳基础能力提升工程	28-E-1
7-21	培育低碳示范企业	7-E-21	28-16	建设低碳节能智慧管理系统	28-E-2
7-22	建设低碳示范工程	7-E-22	28-17	制定低碳相关标准	28-E-3
8-1	编制贵阳市低碳发展中长期规划	8-E-1	28-18	低碳发展示范工程	28-E-4
8-2	建立温室气体排放统计监测体系和目标分解体系	8-E-2	28-19	实施"五十百"低碳示范工程	28-E-5
8-3	建立温室气体排放目标考核制度	8-E-3	28-20	开展低碳科技创新示范	28-E-6
8-4	强化管理,提高能源利用效率	8-E-4	28-21	建立机制管长效	28-E-7
8-5	完善有利于低碳发展的生态补偿机制	8-E-5	29-2	低碳技术开发应用工程	29-E-1
8-6	探索环境交易机制	8-E-6	29-7	低碳园区示范工程	29-E-2
8-14	构建低碳城市交通系统	8-E-7	29-8	碳市场培育工程	29-E-3
8-15	推进建筑节能,发展低碳绿色建筑	8-E-8	29-9	低碳型消费模式创建工程	29-E-4
8-16	大力推进公共机构节能	8-E-9	31-10	拓展低碳+旅游发展的内涵	31-E-1
8-17	倡导低碳生活方式与消费模式	8-E-10	31-11	加强旅游开发建设中的生态环境保护	31-E-2
8-18	加强森林资源培育和森林资源管理,增强碳汇	8-E-11	31-12	构建低碳旅游评价技术标准体系	31-E-3
9-6	提高低碳意识	9-E-1	31-13	建设一批低碳旅游示范景区	31-E-4
9-7	推进生活方式低碳化	9-E-2	32-16	完善公共交通基础设施	32-E-1
9-8	推进城市建设低碳化	9-E-3	32-17	建设智慧广元	32-E-2
9-9	抓好农村节能	9-E-4	32-18	大力推进建筑节能	32-E-3

政策分析单元编码	政策分析单元	案例库编码	政策分析单元编码	政策分析单元	案例库编码
9-10	强化工业企业节能减排	9-E-5	32-19	开展低碳建筑示范	32-E-4
9-11	推进建筑节能	9-E-6	32-20	构建小城镇的绿色生态系统	32-E-5
9-12	强化城市交通运输节能减排	9-E-7	32-21	建设生态小康新村	32-E-6
9-13	推进商贸流通业节能减排	9-E-8	32-22	开展农村可再生能源应用示范	32-E-7
10-13	培育低碳文化	10-E-1	32-23	建设低碳农业示范园区	32-E-8
10-14	推进低碳生活和消费	10-E-2	32-24	发展低碳畜牧业	32-E-9
10-15	鼓励低碳办公	10-E-3	32-28	大力发展适用高新技术	32-E-10
10-16	深入推进国家低碳城市试点建设	10-E-4	32-29	加快发展军用配套产业，推进民用信息系统的开发和产业化	32-E-11
10-17	低碳城镇试点示范建设	10-E-5	32-30	创新低碳发展体制建设	32-E-12
10-18	低碳园区试点示范建设	10-E-6	32-31	推进节能管理能力建设	32-E-13
10-1	低碳企业试点示范建设	10-E-7	32-32	建立温室气体排放数据统计核算和管理体系	32-E-14
10-20	低碳社区试点示范建设	10-E-8	32-32	编制2010年温室气体清单	32-E-15
10-21	产业结构调整工程	10-E-9	32-34	探索县区碳排放控制指标分解和考核体系	32-E-16
10-22	能源结构优化工程	10-E-10	33-15	构建低碳城市交通系统	33-E-1
10-23	重点领域减碳工程	10-E-11	33-16	推进建筑节能	33-E-2
10-24	提升碳汇能力工程	10-E-12	33-18	促进城市垃圾资源化利用	33-E-3
10-25	低碳试点示范工程	10-E-13	33-19	倡导低碳方式	33-E-4
10-26	基础能力建设工程	10-E-14	33-20	建立温室气体排放统计监测体系和目标分解体系	33-E-5
11-15	低碳新城示范工程	11-E-1	33-21	建立温室气体排放目标考核制度	33-E-6
11-16	低碳园区示范工程	11-E-2	33-22	强化温室气体排放和能源管理	33-E-7
11-17	低碳企业示范工程	11-E-3	33-23	建立低碳发展生态补偿机制	33-E-8
11-18	低碳社区示范工程	11-E-4	33-24	探索市场机制	33-E-9
11-19	制定城市低碳发展规划	11-E-5	34-8	创新机制，政府主导，全民参与	34-E-1
11-20	建立碳排放统计核算体系	11-E-6	34-9	加强技术及人才保障	34-E-2
11-21	建立碳减排目标考核体系	11-E-7	34-10	深化宣传引导	34-E-3
11-22	完善鼓励低碳发展政策体系	11-E-8	35-5	创建"生态村"，推进社会主义新农村建设	35-E-1
11-23	建设关键低碳技术研发平台	11-E-9	36-1	大力发展先进新兴产业	36-E-1
11-24	组建低碳发展科技人才队伍	11-E-10	36-2	鼓励发展生物产业	36-E-2
11-25	开展低碳理念进机关活动	11-E-11	36-3	加快发展循环经济	36-E-3
11-26	开展低碳技术进企业活动	11-E-12	36-21	依法开展项目节能评估审查制度	36-E-4
11-27	开展低碳行为进人心活动	11-E-13	36-22	建立温室气体排放统计监测和管理体系	36-E-5

政策分析单元编码	政策分析单元	案例库编码	政策分析单元编码	政策分析单元	案例库编码
12-10	加强排放目标管理，探索总量控制制度	12-E-1	36-23	抓好重点企业能耗管理	36-E-6
12-11	增加公共绿地覆盖率，加绿地面积和湿地面积，	12-E-2	37-13	提高碳汇能力	37-E-1
12-14	强化典型示范引领，推进低碳新区建设	12-E-3	37-14	编制温室气体清单	37-E-2
12-15	优化完善配套机制，构建低碳支撑体系	12-E-4	37-15	建立温室气体排放数据管理体系	37-E-3
13-3	加强排放目标管理	13-E-1	37-16	建立碳排放控制指标分解和考核体系	37-E-4
13-7	推进低碳新区建设	13-E-2	37-17	引导绿色出行方式	37-E-5
13-9	提高垃圾资源化利用	13-E-3	37-18	培养低碳消费习惯	37-E-6
13-10	构建低碳支撑体系	13-E-4	37-19	推动重点排放行业和企业开展低碳行动	37-E-7
14-10	发展低碳消费模式	14-E-1	37-20	低碳能源示范	37-E-8
14-11	大力发展低碳旅游	14-E-2	37-21	低碳技术示范	37-E-9
14-12	提高城镇垃圾资源化处理能力	14-E-3	37-22	研究设立低碳发展专项资金，	37-E-10
14-13	提高全民低碳意识	14-E-4	37-23	积极开展国际国内低碳合作交流	37-E-11
14-14	强化规划引领	14-E-5	37-24	完善低碳技术创新体系建设	37-E-12
14-15	完善激励机制	14-E-6	37-25	加强人才队伍建设	37-E-13
14-16	强化项目支撑	14-E-7	37-26	建立低碳服务体系	37-E-14
14-17	建立温室气体统计核算体系	14-E-8	37-27	研究建立低碳发展绩效评估考核机制	37-E-15
15-13	推进城市绿化建设	15-E-1	37-28	探索建立碳减排市场服务体系	37-E-16
15-14	城乡建设与基础设施	15-E-2	38-27	探索城市调控机动车保有总量，适当控制城市机动车保有量，积极推广节能与新能源汽车	38-E-1
15-15	农林业	15-E-3	38-28	打造四大低碳示范区域	38-E-2
15-16	公共卫生	15-E-4	38-29	建设五个低碳示范基地	38-E-3
15-17	防灾减灾救灾	15-E-5	38-30	培育一批低碳示范企业	38-E-4
15-18	低碳产业促进工程	15-E-6	38-31	建设六项低碳示范工程	38-E-5
16-30	实施碳捕集工程	16-E-1	38-32	创新体制机制	38-E-6
16-31	建设低碳示范生态新城	16-E-2	38-33	建设低碳技术创新平台	38-E-7
16-32	推进低碳工业示范园区建设	16-E-3	38-34	加快低碳技术人才引进和培养	38-E-8
16-33	创建低碳示范社区	16-E-4	38-35	加快低碳技术的研发和成果转化	38-E-9
16-34	创建低碳示范机关	16-E-5	38-36	合理开发利用土地	38-E-10
16-35	创建低碳试点乡村	16-E-6			

三、数据的收集和处理

（一）数据的收集

通过查阅《成都市统计年鉴（2015）》和《中国城市统计年鉴（2015）》等资料，本书收集了成都市与案例城市的各个特征指标的数据，如表 9-7 所示。

表 9-7　目标城市与案例城市的特征指标

指标	成都	北京	天津	石家庄	秦皇岛	保定	晋城	呼伦贝尔	上海	苏州	淮安
I1	53.00	79.65	79.65	45.80	50.20	38.20	39.90	38.90	79.65	49.90	45.90
I2	4127 35.00	2702 26.00	2758 10.00	7612 78.00	7612 78.00	2130 06.00	1352 73.00	3154 8.00	5712 17.00	2425 364.00	2546 155.00
I3	49.00	80.07	48.48	64.79	64.50	46.28	37.43	48.08	65.20	24.87	33.22
I4	1719.03	6853.00	8408.00	892.49	723.23	959.40	3692.53	2254.41	6025.63	3667.11	777.90
I5	0.16	25.76	9.35	0.04	0.04	1.01	0.02	0.00	25.76	0.00	0.00
I6	0.18	12.15	39.25	0.00	0.75	21.65	0.97	0.99	12.15	0.96	0.84
I7	96.06	83.33	98.58	98.00	68.55	86.20	100.00	51.45	83.33	97.30	98.11
I8	318.72	402.13	398.57	45.87	79.99	44.97	0.00	0.00	17982.18	767.91	181.66
I9	11.04	7.46	13.65	13.08	15.21	13.74	15.28	20.86	7.96	25.01	10.14
I10	16.18	17.31	11.31	10.73	5.80	11.75	9.50	12.62	17.31	14.67	2.96
I11	596.81	1299.13	850.07	27.95	11.39	64.06	77.76	2.80	1285.47	750.02	1437 22.00
I12	100.00	99.80	99.00	95.41	100.00	99.99	100.00	94.45	99.80	100.00	90.52
I13	39.82	48.40	36.40	41.68	41.68	38.41	45.80	35.57	48.40	41.30	42.40
I14	31.37	13.59	10.10	29.53	44.88	1.84	7.80	28.59	13.59	33.18	14.07
I15	2.00	3.00	3.00	0.00	2.00	1.00	1.00	0.00	2.00	2.00	1.00
I16	2.00	2.00	1.00	0.00	0.00	2.00	1.00	0.00	1.00	3.00	0.00
I17	2.00	2.00	2.00	2.00	0.00	0.00	0.00	0.00	1.00	2.00	1.00
I18	1.00	3.00	3.00	3.00	3.00	3.00	2.00	0.00	2.00	3.00	3.00
I19	0.00	0.00	0.00	0.00	0.00	0.00	0.00	0.00	0.00	0.00	0.00
指标	镇江	杭州	宁波	温州	池州	厦门	南平	南昌	赣州	青岛	武汉
I1	0.47	58.24	47.40	53.40	0.37	55.71	0.35	55.71	0.41	52.80	0.51
I2	2546 155.00	6918 81.00	6910 32.00	6865 25.00	2669 94.00	3767 57.00	3767 57.00	3667 82.00	3667 82.00	7317 84.00	3498 25.00
I3	38.74	47.72	37.29	43.02	0.50	35.82	40.34	37.64	36.36	0.43	1.03
I4	1511.56	1961.00	6599.22	987.69	1139.24	584.00	2232.36	268.00	1139.24	2855.35	2938.00
I5	0.03	4.28	0.03	0.00	0.98	9.26	0.99	9.26	0.98	0.00	0.00
I6	0.96	22.14	0.38	0.86	0.02	64.71	0.01	64.71	0.02	0.32	0.42
I7	98.15	88.60	94.80	97.96	93.97	93.10	50.11	93.10	82.74	93.76	97.96
I8	66.32	12.30	114.14	255.06	0.00	217.76	0.00	42.36	0.00	16.06	85.03
I9	21.16	12.27	13.44	18.10	11.52	19.57	4.52	19.57	11.23	21.30	14.82
I10	13.07	16.05	20.36	14.15	8.34	22.22	4.97	22.22	4.50	18.10	16.09

续表

指标	镇江	杭州	宁波	温州	池州	厦门	南平	南昌	赣州	青岛	武汉
I11	1299.33	1087.56	1361.73	315.51	74.56	2149.08	190.93	477.00	354.12	535.48	542896.00
I12	94.68	88.60	100.00	100.00	92.92	100.00	97.82	100.00	57.84	100.00	100.00
I13	42.62	40.44	38.30	37.25	42.43	41.89	45.39	41.89	40.09	39.47	42.54
I14	73.38	8.47	38.30	9.83	12.07	20.92	5.35	20.92	5.36	32.01	22447.00
I15	1.00	2.00	2.00	2.00	2.00	1.00	0.00	3.00	1.00	2.00	2.00
I16	1.00	3.00	1.00	1.00	1.00	2.00	0.00	2.00	0.00	1.00	0.00
I17	2.00	2.00	2.00	0.00	0.00	2.00	1.00	0.00	1.00	1.00	2.00
I18	3.00	3.00	3.00	0.00	0.00	3.00	0.00	0.00	3.00	3.00	3.00
I19	0.00	0.00	0.00	0.00	0.00	0.00	0.00	0.00	0.00	0.00	0.00

指标	广州	深圳	桂林	重庆	广元	贵阳	遵义	昆明	延安	乌鲁木齐
I1	0.65	58.78	0.36	47.70	0.36	0.57	0.39	0.55	0.29	0.69
I2	3890108.00	3890108.00	143883.00	274149.00	514758.00	912301.00	912301.00	435906.00	241497.00	110901.00
I3	56.87	38.98	59.13	52.97	71.72	48.81	68.10	58.47	56.22	64.42
I4	2937.14	334.00	168.26	8068.00	372.35	469.43	1024.11	960.94	3009.79	2537.26
I5	0.00	7.88	0.00	14.57	0.00	0.00	0.00	0.01	0.08	0.10
I6	0.42	6.09	0.95	57.68	0.99	0.98	0.99	0.97	0.01	0.47
I7	95.15	100.00	98.11	98.85	100.00	13.09	63.00	99.00	89.00	90.37
I8	8.40	1137.00	49.79	601.31	0.00	82.67	0.00	14.63	0.00	49.20
I9	13.15	33.35	9.88	7.58	6.59	11.20	6.05	17.55	2.96	12.37
I10	16.31	89.34	14.67	4.41	4.11	5.59	9.28	20.21	9.25	17.21
I11	1613512.00	3518.05	175.10	339.72	383506.00	1098.34	113020.00	574.41	135.02	690.33
I12	95.24	100.00	95.89	98.85	91.80	100.00	90.90	86.58	92.75	98.98
I13	41.53	45.10	22133.00	40.30	37.38	36.43	29.15	40.15	41.69	40.30
I14	141041.00	16.90	3755.00	7.54	3131.00	0.01	2843.00	0.00	0.01	0.01
I15	2.00	2.00	2.00	3.00	1.00	2.00	1.00	1.00	0.00	3593.00
I16	0.00	2.00	0.00	3.00	2.00	0.00	1.00	1.00	0.00	1.00
I17	1.00	1.00	0.00	2.00	2.00	1.00	2.00	0.00	1.00	0.00
I18	1.00	0.00	0.00	0.00	3.00	3.00	3.00	0.00	0.00	2.00
I19	0.00	0.00	0.00	0.00	0.00	0.00	0.00	0.00	0.00	3.00

(二)数据的处理

1. 计算目标城市特征指标的熵权值

结合表 9-7 中的数据,依据公式(9-1)、(9-2)、(9-3),可以得出样本目标城市成都市的各个指标权重值,见表 9-8。

表 9-8　成都市各指标的权重

I1	I2	I3	I4	I5	I6	I7	I8	I9	I10
0.00284	0.057998	0.00392	0.05678	0.076508	0.021018	0.002765	0.218392	0.009231	0.025244

I11	I12	I13	I14	I15	I16	I17	I18	I19	
0.037093	0.000342	0.000384	0.030718	0.018703	0.051221	0.034519	0.036975	0.315358	

2. 计算目标城市各个维度与案例库中城市的相似度

参考表 9-7 中的数据，依据式(9-5)，对样本目标城市成都市与经验案例库中的 31 个案例城市在不同低碳建设维度下各个指标的相似度进行计算，计算结果见表 9-9。

表 9-9　目标城市(成都)与案例城市之间相似度计算结果

案例城市编号	案例城市	产业结构	能源结构	能源效率	碳汇水平	管理制度
1	北京	0.9201	0.4835	0.9650	0.9068	0.9324
2	天津	0.9450	0.6592	0.9797	0.8928	0.8950
3	石家庄	0.9011	0.7988	0.9603	0.9897	0.8440
4	秦皇岛	0.9051	0.8050	0.9513	0.9322	0.7957
5	保定	0.9390	0.9417	0.9611	0.8534	0.8568
6	晋城	0.9157	0.7902	0.9566	0.8799	0.8464
7	呼伦贝尔	0.8991	0.8526	0.9566	0.9835	0.7954
8	上海	0.9279	0.4233	0.2375	0.9068	0.8979
9	苏州	0.5140	0.8332	0.9597	0.9901	0.9087
10	淮安	0.4891	0.8659	0.9634	0.9130	0.8198
11	镇江	0.4942	0.8092	0.9502	0.7909	0.8950
12	杭州	0.9300	0.8654	0.9671	0.8866	0.9087
13	宁波	0.9219	0.8094	0.9571	0.9648	0.9087
14	温州	0.9318	0.8668	0.9777	0.9716	0.8601
15	池州	0.9517	0.7933	0.9592	0.9031	0.8601
16	厦门	0.9792	0.7177	0.9246	0.9471	0.9324
17	南平	0.9697	0.6363	0.9492	0.9897	0.8332
18	南昌	0.9783	0.7125	0.9690	0.9471	0.8838
19	赣州	0.9692	0.8022	0.9636	0.7984	0.8198
20	青岛	0.9218	0.9344	0.9724	0.8114	0.8709
21	武汉	0.9419	0.9195	0.9700	0.9961	0.8713
22	广州	0.1805	0.9195	0.9479	0.1570	0.8875
23	深圳	0.1844	0.8150	0.7641	0.9252	0.9352
24	桂林	0.9156	0.8073	0.9706	0.9206	0.8227
25	重庆	0.9604	0.5392	0.9634	0.7826	0.9220

续表

案例城市编号	案例城市	产业结构	能源结构	能源效率	碳汇水平	管理制度
26	广元	0.9445	0.8389	0.9618	0.9472	0.9324
27	贵阳	0.9220	0.8423	0.9524	0.9059	0.8335
28	遵义	0.8990	0.8508	0.9417	0.9654	0.8950
29	昆明	0.9055	0.8505	0.9751	0.9572	0.8464
30	延安	0.9340	0.6965	0.9587	0.9069	0.8332
31	乌鲁木齐	0.8816	0.6709	0.9824	0.4637	0.8576

四、挖掘案例城市

由于实证研究中的经验案例样本数为 31，按照前面提到的搜索范围确定方法，本实证研究的搜索范围基准数定为 5。根据表 9-9 中的数据对各维度的相似度进行排序，可以筛选出不同维度下与成都市相似度较高的五个城市，见表 9-10。

表 9-10　与成都市各维度相似度较高的案例城市

维度	城市 1	城市 2	城市 3	城市 4	城市 5
产业结构	厦门	南昌	南平	赣州	重庆
能源结构	保定	青岛	武汉	广州	温州
能源效率	乌鲁木齐	天津	温州	昆明	青岛
碳汇水平	武汉	苏州	石家庄	南平	呼伦贝尔
管理制度	深圳	北京	厦门	广元	重庆

五、低碳建设路径设计的实证结果

1. 产业结构低碳建设路径的设计结果

表 9-10 显示，与成都市产业结构相似度较高的五个城市分别是厦门市、南昌市、南平市、赣州市、重庆市。从经验案例库（见表 9-2）中可以挖掘这五个城市产业结构低碳建设的有关经验政策，如表 9-11。

基于表 9-11 中的信息可以总结梳理出可借鉴的经验如下：①促进工业园区的整合提升，进行高科技技术园区的产业园区循环改造；②成立自贸区，加快现代服务业发展；③产业结构优化升级，大力发展低碳旅游业、低碳农业、低碳环保产业，建立低碳产业体系；④积极推动工业减排，严格项目准入关，改造传统高污染高耗能产业；⑤大力发展清洁能源与新能源产业；⑥优化产业布局，力促产业集约化发展。这些经验可以为成都市在产业结构低碳建设维度设计低碳建设路径提供参考。

表 9-11　产业结构低碳建设路径的设计结果

	城市维度编码	案例库编码
产业结构	4-A	4-A-1
		4-A-2
		4-A-3
		4-A-4
	7-A	7-A-1
		7-A-2
	20-A	20-A-1
		20-A-2
		20-A-3
		20-A-4
		20-A-5
	22-A	22-A-1
	24-A	24-A-1
		24-A-2
		24-A-3
		24-A-4
		24-A-5
	2-A	2-A-1
		2-A-2
		2-A-3
		2-A-4
		2-A-5
		2-A-6

2. 能源结构低碳建设路径的设计结果

从表 9-10 中可以看出，与成都市能源结构相似度较高的五个城市分别是保定市、青岛市、武汉市、广州市和温州市。从经验案例库(表 9-2)中可以挖掘这五个城市能源结构低碳建设的有关经验政策，如表 9-12。并结合实地调研，总结梳理出可借鉴的经验如下：①加大天然气资源引进和应用；全面推行煤改气，铺设天然气管道，完善天然气基础设施；②推进可再生能源发展，如太阳能、风能、地热能等；③提高能源生产和输送效率；④鼓励能源生产企业探索碳捕集与资源化利用；⑤严格控制煤炭消费；⑥引进能源高效利用工程。这些经验可以为在成都市能源结构维度设计低碳建设路径提供参考。

表 9-12　能源结构低碳建设路径的设计结果

	城市维度编码	案例库编码
能源结构	25-B	25-B-1
		25-B-2
		25-B-3
		25-B-4
	28-B	28-B-1
	29-B	29-B-1
	19-B	19-B-1

3. 能源效率低碳建设路径的设计结果

表 9-10 表示，与成都市能源效率相似度较高的五个城市分别是乌鲁木齐市、天津市、温州市、昆明市、青岛市。从经验案例库(表 9-2)中可以挖掘这五个城市能源效率低碳建设的有关经验政策，如表 9-13。总结梳理出可借鉴的经验如下：①探索有效的绿色建筑开发与管理模式，完善绿色建筑环境评估体系，建立绿色建筑的技术支撑体系，推动绿色建材产业的发展；②强化新建建筑节能管理，加快既有建筑节能改造；③大力发展低碳公共交通，构建以轨道交通和大容量城市快速交通为主导、以普通公共交通为辅、其他交通方式为重要补充的现代低碳综合交通体系；④提高交通管理水平，进一步将物联网技术应用于"智能交通"建设，实施"智能交通"工程，提高公共交通智能化调度水平；⑤促进交通节能减排，严格标准促进新能源汽车推广使用，在公共服务领域推广使用新能源汽车，将公交车改装使用天然气燃料；⑥提高工业能效水平、改造燃煤锅炉(窑炉)、实施工业园区热电联产；⑦引导居民树立低碳理念，加快低碳消费方式的普及，引导和鼓励居民使用节能型家电，选择低碳交通出行，形成良好的低碳生活方式。这些经验可以为成都市在能源效率维度设计低碳建设路径提供参考。

表 9-13　能源效率低碳建设路径的设计结果

	城市维度编码	案例库编码				
能源效率	38-C	38-C-1	38-C-2	38-C-3	38-C-4	38-C-5
		38-C-6	38-C-7	38-C-8	38-C-9	38-C-10
		38-C-11	38-C-12			
	1-C	1-C-1	1-C-2	1-C-3	1-C-4	1-C-5
	35-C	35-C-1	35-C-2			
	36-C	36-C-1	36-C-2	36-C-3	36-C-4	36-C-5
		36-C-6	36-C-7			
	25-C	25-C-1	25-C-2	25-C-3	25-C-4	25-C-5
		25-C-6	25-C-7	25-C-8	25-C-9	25-C-10
		25-C-11	25-C-12			

4. 碳汇水平低碳建设路径的设计结果

基于表 9-10 中的数据可以看出，与成都市碳汇水平相似度较高的五个城市分别是武汉市、苏州市、石家庄市、南平市、呼伦贝尔市。从经验案例库(表 9-2)中可以挖掘这五个城市碳汇水平低碳建设的有关经验政策，如表 9-14。总结梳理出可借鉴的经验如下：①打造生态碳汇体系，加大生态的修复和保护力度，抓好生态廊道的建设，实施生态蓝网绿化和湿地保护修复工程、生态降碳工程；②将水资源保护和城市绿化结合起来，实施重要湿地恢复与保护工程；③大力开展植树造林、退耕还林、加强天然林保护等工作，加强森林植被的管理，增加城市绿化面积，提高人工造林吸收碳的效率，重点加强城市绿道建设和提高森林碳汇能力；④推广增汇减排的农业措施，加强对水稻等农作物的碳汇工作，并且重点开展湿地碳汇研究工作；⑤采用合理的农业管理措施，减少农田土壤释放 CO_2

或增强土壤固氮能力，增加土壤碳库；⑥支持符合条件的碳汇项目参与国内温室气体自愿减排交易。这些经验可以为成都市在碳汇水平维度设计低碳建设路径提供参考。

表 9-14　碳汇水平低碳建设路径的设计结果

	城市维度编码	案例库编码	
碳汇水平	28-D	28-D-1	28-D-2
		28-D-3	28-D-4
		28-D-5	
	15-D	15-D-1	15-D-2
		15-D-3	
	13-D	13-D-1	
	20-D	20-D-1	20-D-2
		20-D-3	20-D-4
		20-D-5	

5. 管理制度低碳建设路径的设计结果

表 9-10 表示，与成都市管理制度相似度较高的五个城市分别是深圳市、北京市、厦门市、广元市、重庆市。从经验案例库（表 9-2）中可以挖掘这五个城市管理制度低碳建设的有关经验政策，如表 9-15。总结梳理出可借鉴的经验如下：①建立健全科学规范的自然资源统计调查制度，完善资源消耗、环境损害、生态效益的生态文明绩效评价考核和责任追究制度；②构建城市生态系统生产总值（GEP）核算体系促进森林固碳，净化大气，改善生态环境，大力推进城市生态文明体制机制综合改革试点，加快创建国家生态文明先行示范区；③深入推进碳排放权交易试点，创新碳市场管控机制，扩大碳排放权交易领域和范围，健全碳排放权交易支撑体系，深化碳市场能力建设、碳市场产业链条构建；④积极开展碳金融产品研究，大力创新碳金融业务模式，充分发挥碳市场在应对气候变化、实现低碳发展方面的支撑作用；⑤发挥市场在资源配置中的决定性作用，推动资源价格体制改革，通过价格机制来引导、促进和提高可再生能源的利用；⑥探索建立低碳产品标识制度，研究碳排放核算方法和评价体系，加强温室气体排放核算和核查体系建设，逐步构建产品碳排放基础数据库，加强低碳技术服务机构能力建设，开展面向企业的能源、低碳领域技术培训；⑦积极引导和支持银行业等金融机构建立和完善绿色信贷机制，鼓励创新绿色金融产品和服务方式，拓展融资渠道，为低碳项目提供融资支持。这些经验可以为成都市在管理制度维度设计低碳建设路径提供参考。

表 9-15　管理制度低碳建设路径的设计结果

	城市维度编码	案例库编码				
管理制度	3-E	3-E-1	3-E-2	3-E-3	3-E-4	3-E-5
	4-E	4-E-1	4-E-2	4-E-3	4-E-4	4-E-5
		4-E-6	4-E-7	4-E-8	4-E-9	4-E-10
		4-E-11	4-E-12	4-E-13	4-E-14	4-E-15
		4-E-16	4-E-17			
	5-E	5-E-1	5-E-2	5-E-3	5-E-4	5-E-5
		5-E-6	5-E-7			

续表

	城市维度编码	案例库编码				
管理制度	31-E	31-E-1	31-E-2	31-E-3	31-E-4	
	32-E	32-E-1	32-E-2	32-E-3	32-E-4	32-E-5
		32-E-6	32-E-7	32-E-8	32-E-9	32-E-10
		32-E-11	32-E-12	32-E-13	32-E-14	32-E-15
		32-E-16				
	2-E	2-E-1	2-E-2	2-E-3	2-E-4	2-E-5
		2-E-6	2-E-7	2-E-8	2-E-9	

六、样本目标城市（成都）低碳建设路径设计

由于城市的地理位置不同，城市特征和资源禀赋各异，因此不能将匹配出的低碳建设路径直接作为目标城市的低碳建设路径，需要结合目标城市的实际情况对所挖掘出的参考路径进行调整和修改后方可应用。在实证分析中，成都市是平原城市，处于四川盆地中部，地势低，雨雾多，大气厚，太阳辐射被大气削弱，且常年风向多为静风，所以太阳能、风能等在成都的发展受到制约。同时，由于成都市地处亚热带湿润季风气候区，自然生态环境多样，生物资源十分丰富，农业发达，故发展低碳农业、开发生物质能源较为适合。因此，本书结合成都市的城市特征，对挖掘出的参考路径进行调整，提出了一套成都市低碳建设的路径，见表 9-16。

表 9-16　成都市低碳建设路径设计建议

维度	编号	基本措施
产业结构	措施 1	积极推动工业减排，控制工业领域排放；严格项目准入关，改造传统高污染高耗能产业
	措施 2	构建以低碳排放为特征的新兴产业体系，发展绿色循环经济
	措施 3	产业结构优化升级，大力发展现代服务业、高新技术产业、低碳环保产业
	措施 4	加大现代绿色农业发展，推动农业产业转型升级
能源结构	措施 1	实行煤炭消费目标责任管理，严控煤炭消费总量，实现煤炭清洁化利用
	措施 2	增加天然气供应，优化天然气消费结构，大力发展非化石能源
	措施 3	加大清洁能源和可再生能源开发力度，提高风能、生物质能、地热能等新能源和可再生能源利用比例
	措施 4	大力发展车用新能源，积极发展新能源汽车电池项目
	措施 5	鼓励能源生产企业探索碳捕集与资源化利用
能源效率	措施 1	建立绿色建筑的技术支撑体系；加大绿色建筑评价标识制度推进力度，加快新建建筑可再生能源推广应用，进行既有建筑绿色节能改造
	措施 2	大力发展低碳公共交通；构建以轨道交通和大容量城市快速交通为主导，以普通公共交通为辅，其他交通方式为重要补充的现代低碳综合交通体系
	措施 3	提高工业能效水平、改造燃煤锅炉（窑炉）、实施工业园区热电联产
	措施 4	积极探索低碳生活模式，引导居民树立低碳理念，加快低碳消费方式的普及；积极开展低碳生活主题宣传活动和低碳示范活动，强化市民低碳理念，培育低碳消费行为；引导和鼓励居民使用节能型家电，选择低碳交通出行，形成良好的低碳生活方式

续表

维度	编号	基本措施
碳汇水平	措施1	着力构建特大中心城市碳汇体系，建立联系城市内外的生态廊道和城市风道
	措施2	注重湿地保护与恢复；开展大型湖泊的生态修复，建设湿地公园等生态工程，科学扩展人工湿地，增强其吸纳碳和自我净化的效果
	措施3	大力开展植树造林、退耕还林、加强天然林保护等工作，加强森林植被的管理，增加城市绿化面积，提高人工造林吸收碳的效率，重点加强城市绿道建设和提高森林碳汇能力
	措施4	支持符合条件的碳汇项目参与国内温室气体自愿减排交易
管理制度	措施1	推进自然资源资产负债表核算，推动建立健全科学规范的自然资源统计调查制度，完善资源消耗、环境损害、生态效益的生态文明绩效评价考核和责任追究制度
	措施2	探索建立低碳产品标识制度，研究碳排放核算方法和评价体系，逐步构建产品碳排放基础数据库；加强低碳技术服务机构能力建设，开展面向企业的能源、低碳领域技术培训
	措施3	将低碳理念全面融入城市的规划建设，制定中长期低碳发展规划和低碳发展路线图，确立今后各发展阶段推进低碳发展的目标、途径和工作重点
	措施4	积极引导和支持银行业等金融机构建立和完善绿色信贷机制，鼓励创新绿色金融产品和服务方式，拓展融资渠道，为低碳项目提供融资支持
	措施5	发挥市场在资源配置中的决定性作用，推动资源价格体制改革，通过价格机制来引导、促进和提高可再生能源的利用
	措施6	深入推进碳排放权交易试点，创新碳市场管控机制，扩大碳排放权交易领域和范围，健全碳排放权交易支撑体系，深化碳市场能力建设、碳市场产业链条构建

第十章　低碳城市建设的政策建议

本书第七章构建了低碳城市建设评价指标体系,在第八章展示了低碳城市建设评价指标体系的应用,在第九章提出了设计低碳城市建设的路径方法,为认识我国当前低碳城市建设的现状和问题、完善低碳城市建设策略和机制、进一步全面推动低碳城市建设提供了理论依据。在此基础上,本章从低碳城市建设的五个维度(产业结构、能源结构、能源效率、碳汇水平、管理制度),提出了我国低碳城市建设政策措施建议。

第一节　优化产业结构

优化产业结构是实现经济低碳的重要途径,也是生态文明要求的发展经济发展模式。但处于不同发展阶段的城市的产业结构是不同的,因此优化产业结构的措施也应该有所不同。为实现低碳发展的产业结构优化措施主要包括推进传统产业低碳化、加快产业结构升级、因地制宜发展特色产业和推进低碳产业集群发展等。

一、推进传统产业低碳化

传统的产业结构在很大程度上是以 GDP 为导向的生产和经济优先而形成的,呈现明显的高碳化特征。为此,低碳建设首先就要对传统产业低碳化。然而,传统上以制造业为主的产业结构的形成是我国几十年来工业化发展的必经阶段,制造业的基础作用和经济主导地位是其他产业所无法替代的,因此,低碳城市建设的主要内容不是随意缩减这些传统上的高碳产业的比重,而是要积极采取措施对这些传统产业进行低碳化。

(1)提高高碳行业准入标准。修订企业投资项目核准目录,严格对焦炭、电石、铁合金等高耗能和易产生环境污染的行业进行生产条件审查,对不符合条件的不予发放生产许可证。

(2)淘汰落后产能。要进一步淘汰排放高、效率低下的企业,促使这种类型的企业通过技术更新或生产转型实施低碳化改造。

(3)发展绿色清洁生产。淘汰产能落后和污染严重的中小企业,通过财政投入和科技投入帮助这些企业转行。

(4)应用高新技术开发精深加工产品,提高低碳工业增加值。通过延伸产业链、拓宽产业幅及提高资源综合利用率等,降低资源型产业的碳排放强度。

对传统的产业进行低碳化改造需要经历一段较长时间的过程,必须保持这些措施的持续性。

二、加快产业结构升级

在我国产业结构中，碳排放量大的行业主要是黑色金属冶炼及压延加工业、非金属矿物制造业、化学原料及化学制品制造业、电力煤气及水生产供应业等重工业行业，这些行业都属于高碳行业。而低碳行业主要是知识密集型和技术密集型产业。最典型的低碳行业是信息产业，其能耗和物耗都很低，对环境的影响也很小，其他典型的低碳行业包括 IT 产业和现代服务业，它们是能耗低、污染小、就业容量大的低碳产业。因此，加快产业升级转变的低碳措施主要是减小高碳产业的比重，发展新兴产业和高技术产业、节能环保产业、电子信息产业、技术密集型的制造业等。有研究表明，在产业结构低碳化的过程中，当服务业比重每上升 1%，工业的比重则相应下降 1%，全国的总体碳排放强度将下降1.438%(刘新宇，2010)。

(1)加强产业从劳动密集型到技术密集型的转变，不断加大对高新技术产业的投资，培育高新技术人才，为高新技术产业提供发展空间。

(2)推进生物医药产业、装备制造产业和战略性新兴产业的迅速发展，降低高碳工业在工业经济中的比重，改变资源型产业一家独大的局面，实现结构性减排。

(3)调整外资引进结构，重点引进通信、电子等技术密集型产业，严格控制引进外资流入"三高"(高能耗、高污染、高排放)产业，坚决抵制境外将其高污染、高能耗的产业链条转入我国。

三、因地制宜发展特色产业

优化产业结构不应简单地追求第三产业的增加或者完全模仿国内外的优秀模式，而应该在学习、借鉴的基础上，结合城市发展水平，将产业结构优化与城市自身特点和背景相结合，发展因地制宜的产业。一些老工业基地城市，近年来其服务业占比快速提升，工业占比下降，虽然这在一定程度上为低碳建设在经济生产结构上进行了优化，但也存在作为创新基础的制造业"空心化"风险。因此振兴这些老工业基地城市经济的关键是抓住新的科技革命和产业变革机遇，以智能化制造为引领，通过供给侧结构性改革培育内生动力，尽快实现制造业转型升级、加快整个制造业朝着低碳生产发展。具有新能源资源优势的城市，要积极发展新能源和节能环保等新兴产业，信息技术和服务业比较发达的城市应该进一步加大知识、技术和管理密集型的现代服务业和电子信息产品等高附加值产业。农业人口比重较大的城市要积极发展低碳农业和与农业产品相关的低碳服务业。

四、推进产业集群发展

产业集群对于实现城市的低碳建设有着极大的推动作用。发展产业集群可以把更多的相关产业吸引到城市来集聚，进一步加深城市区域内的生产分工和协作，提高生产效率，降低因企业间频繁交易而产生的交通运输成本。另一方面，发展产业集群也可以吸引很多研发服务机构和专业人才，从而产生专业知识、生产技能、市场信息等方面的累积效应，促进城市的创新，提升城市第三产业水平。更进一步，由于产业集群内部分工的不断细化，可以衍生出更多的新生企业，这些新生企业的发展可以产生更多的就业机会和市场机遇，扩大区域产业的规模，增强集聚体自身的竞争能力，从而扩大和加强集聚效应。因此，低碳产业集群可以依托集群优势，以建设低碳城市为目标，沿着集群产业链推广低碳技术与政策，在产业链中各节点全面推行低碳措施，从而实现产业的整体低碳化发展。推进低碳产业集群发展的措施有：

(1)加强政策研究，利用各种政策手段支持低碳产业集群的有序发展。有效的政策工具是低碳产业集群建设的根本保障，城市政府相关部门可以在国家低碳经济的法规政策体系指导下，根据自身低碳产业集群的实际情况，一方面，制定扶持性财税政策和要素保障政策，支持新型低碳项目和产品；另一方面，制定一些限制性政策来制约"高碳"行为，健全奖惩制度，强化激励和约束的共同作用。

(2)按照布局集中、产业集聚、用地集约的要求，统一规划建设各类低碳工业园区内的电力、热气供应等设施，推进园区能量梯级利用。完善园区空间布局，促进低碳产业向交通沿线聚集，形成若干低碳工业和服务业聚集区，配套发展输、配、变电系统，降低物流、电力等基础设施建设成本，减少相关能源资源消耗。

(3)发挥集群优势，促进低碳技术的创新与推广。产业集群所特有的结构和网络有其独特的自主创新优势。横向上，集群企业的地理位置邻近，可通过经验借鉴或知识共享来产生协同效应、激发创新潜能，促使低碳技术快速创新。纵向上，低碳技术可通过产业链上下游企业进行传递和推广，由此产生技术创新的联动效应，促进低碳技术创新。集群内部企业网络联系是动态的，有很大活力，在其交流互动的过程中容易激发技术知识的累积和交互扩散，由此形成低碳技术创新体系，提升集群中整个网络的低碳技术创新能力。

第二节　调整能源结构

根据国际能源署(International Energy Agency，IEA)的研究，在人类的各项活动中，能源生产与消耗环节产生的温室气体占全部温室气体排放量的比重高达83%，而二氧化碳在温室气体排放量中占94%。因此，减少能源生产与消耗环节的温室气体排放是降低碳排放的关键。我国是一个能源消费大国，还处于发展阶段，在短期内降低的能源消耗量是有限的。为了保证经济可持续发展的同时，实现城市的低碳建设，必须对能源的结构进行调整，主要包括推进煤炭的清洁生产与高效利用以及鼓励开发和使用新能源。

一、推进煤炭的清洁生产和高效利用

我国经济快速增长产生了对煤炭能源的大量刚需，全面采用其他清洁能源和新能源来替代煤炭是不切实际的。因此，加快推进煤炭的清洁生产和高效利用是实现低碳城市建设的重要措施。

(1)推进大型煤电基地建设，通过集约化开发模式，鼓励煤炭企业和电力企业合作，推进煤电联营、煤电一体化进程。

(2)鼓励采用高效低碳技术，积极推进煤矸石、煤泥、洗中煤等低热值煤炭资源的综合利用，提高煤炭资源的利用效率。

(3)依托于高等院校和科研机构，推进适用于无烟煤的先进煤气化技术、煤质适应性试验及煤化工多联产模式的产、学、研、用相结合。

(4)鼓励企业开发和引进国内外先进的大型煤气化装置、烯烃合成技术等，积极推进以煤炭液化、煤制气、煤制烯烃、煤基多联产、煤油气资源综合利用等清洁生产措施。

二、开发和使用新能源

新能源的开发是推广清洁能源使用的基础，是调整能源结构和实现低碳发展的基础。新能源产业作为当今一种新兴的高技术产业，是在全球推广低碳经济的重要抓手，我国必须全面大力鼓励新能源产业的发展。

(1)完善市场驱动政策，包括监管政策、财政激励措施和公共融资政策。新能源产业是一种新兴产业，还处于发展阶段，其推广在很大程度上需要政府发挥主导作用。欧盟国家广泛采用的上网电价监管制政策，有效地保证了新能源电力生产商能够将在一定期限内把可再生电力销售到电网中去。财政激励措施包括资本补贴、赠款或退税、税收优惠、赠款。公共融资方式包括公共投资贷款或赠款、公开竞标等，政府可以通过这些方式来协助将需要的资金分配给可再生能源的生产商。其中公共投资贷款通过使用公共资金、贷款以及其他融资选项来促进新能源生产的基础设施项目的发展。公开招标可再生能源项目是通过鼓励能源生产者之间的竞争来降低新能源的供应价格。

(2)制定新能源产业的发展规划。城市政府应制定新能源产业的顶层设计，制定新能源产业发展规划，明确新能源产业的战略目标、发展重点、配套政策以及发展时间表和路线图，以指导新能源产业的发展方向和布局。政府应根据自身资源禀赋选择可以重点开发的新能源产业。具有丰富太阳能资源的西北部城市可以将太阳能利用、太阳能发电作为新能源产业发展的重点；而东南沿海地区作为我国最大的风能资源区，处于该地区的城市应重点对风能进行开发利用。

第三节　提升能源效率

国际能源署(IEA)在其"2017年能源效率"全球报告中指出，能源效率是推进全球能源系统转型、解决能源消费引起的环境问题的关键之一。我国现阶段的能源消费效率仍然偏低，有较大的提升空间。以2014年为例，我国能源利用效率约为36.3%，比发达国家低了近10%，单位GDP能耗是世界平均水平的2倍。提升能源的主要措施包括提升建筑能耗效率、提升交通能耗效率和因地制宜地提高能源效率。

一、提升建筑能耗效率

我国现在仍处于城市化快速发展的阶段，城市建筑密度越来越大，产生的建筑能耗急剧增加，建筑能耗是社会总能耗的 40% 左右，建筑能耗产生的碳排放成为碳排放总量的重要部分。因此，提升建筑能耗效率是建设低碳城市的重要措施。

（1）对新建建筑积极采用绿色建筑标准。新建建筑应当严格执行建筑节能标准和绿色建筑评价标准；各级政府应加强监督检查，进一步提高设计、图审和施工等环节的建筑节能标准，强调执行质量，强化标准执行，确保建筑节能标准在设计施工过程中的认真执行，积极建设低碳社区。

（2）对既有建筑的低碳绿色更新改造。既有的建筑物包括各种事业行政办公楼、商业办公楼、大型公共建筑、各种居住建筑。我国既有建筑的体量庞大，应该对这些建筑物有计划地进行节能改造，提高能耗效率，建立各类低碳建筑群样板，推广节能型 LED 照明设备和节能电器。

（3）推进政府公共机构节能。充分发挥政府在低碳城市建设行动中的示范积极作用，设立政府部门的节能标准。制定并实施政府机构能耗使用定额预算标准和用能支出标准。对政府部门建筑物全面普及绿色照明、绿色电器、能耗智能管理等措施，推进政府办公电子化，减少办公能耗。

二、提升交通能耗效率

交通运输行业是国民经济的基础性和服务性行业，其能耗体量也是巨大的。特别是在城镇化持续的建设过程中，交通领域的能耗将继续增加，因此交通领域是节能减排重点领域之一。交通行业的节能减排效果对我国城市的低碳建设具有重大意义。

（1）采取基于城市可持续发展的交通规划和建设。转变传统交通规划和建设模式，建立以城市可持续发展为目标的交通规划体系，推动交通、经济和环境的协调发展，实现交通系统的供需和环境质量水平之间的动态平衡。城市交通发展规划和建设应该基于科学地分析交通需求，采取措施提高路网利用率，将城市交通规划建设从粗放型转化为质量型和效益型。通过构建安全、便捷、连续的非机动车车道网络以鼓励无碳化交通出行。积极培育绿色低碳交通意识，以达到减少废气排放、保护环境的目的。

（2）优先发展公共交通。公共交通是提供公共出行的交通措施，而公共出行是减少交通量的主要措施。只有构建完善的公共交通网络、提高公共交通服务水平才能有效引导公共出行方式，从根本上缓解城市交通拥堵、减少交通产生的碳排放量、改善城市人居环境，促进城市可持续发展。因此，发展公共交通所需的用地、资金和路权等资源应该得到优先保障。另一方面，保证公共交通有效运行的配套设施应该得到优化，包括优化城市公交网络和公交调度、加快公交场站建设和改造。优化公交路线的布局，优化公交专用车道以及停车站点、调度中心等配套设施的建设，使公交出行的分担率提高。提高出租车的准入门槛，鼓励机动车辆使用新能源，适当提高新能源车辆的比例。随着城镇化的进一步发展，还需制定和推行城市快速公交系统，引进智能公共交通系统，发展大容量、低碳的地上和地下交通干线。

（3）提升绿色低碳交通结构。我国城市的进一步发展要求低碳交通的发展。低碳交通的结构是以公共交通为主导、慢行交通为辅的城市交通结构，规划一定范围的非机动化慢行区域，引导城市绿色低碳出行方式。

三、因地制宜提高能源效率

我国城市间的能源差距较大，呈现出"东高西低、南高北低"的特点。因此，要提高能源效率，不仅要从国家宏观层面进行整体规划，调整能源结构，还需结合城市自身特点，因地制宜，根据不同城市面临的不同问题针对性地制定措施提高能源效率。对于中西部地区城市，要积极引进能源利用先进技术，加强城市区域之间的交流，通过革新技术来提高能源使用效率。对于东北地区城市，要积极改变能源利用方式，加强能源利用管理，积极优化能源结构，以提高能源利用效率。对于北方的沿海地区城市，要减少低质低效能源的使用，改善能源消费结构，提高能源效率。对于东南沿海地区城市，要推进产业升级，改善能源消费结构，持续优化能源的利用效率。

第四节　提高城市碳汇水平

碳汇主要以森林、绿地、湿地形式出现，在减少温室气体排放、稳定二氧化碳浓度方面扮演着重要的角色，其中森林碳汇尤为重要。森林是陆地生态系统最重要的碳汇和碳贮存库。在森林中每生长 1 立方米的木材需从大气中吸收 1.83 吨二氧化碳。因此，增加森林面积以提高森林的碳汇功能，是减缓大气中温室气体浓度的重要途径。增加森林碳汇还可以保护生物多样性，减少风沙，净化空气，涵养水源。提高城市碳汇水平主要采取因地制宜发展特色碳汇和加快建设碳汇交易市场的途径。

一、因地制宜发展特色碳汇

提高城市碳汇水平要求对城市的各种类型的土地利用面积进行合理规划，保证有足够的土地用于建设城市碳汇。近年来，随着城市的发展，部分农地或森林用地转化为建设用地，导致城市的碳汇水平受到影响。由于不同城市的总行政面积和占建设用地面积有较大区别，因此不同城市间要因地制宜，提高森林覆盖率和城市绿化覆盖率、改善城市的碳汇水平。

(1)对于土地面积大而人口数量较少的城市，可以适当多规划一些森林种植的面积。对土地面积小而人口数量多的城市很难通过增加森林面积提高碳汇水平，而需要加强城市绿化建设，提高城市绿化覆盖率，因地制宜地选择种植树木，扩大碳吸收率高的树种规模。

(2)因地制宜规划要结合城市自身特色和资源优势，在森林碳汇、草地碳汇、耕地碳汇和海洋碳汇等碳汇类型间合理规划构成比例，灵活地采取提升城市碳汇水平的措施。沿海城市可以充分发挥海域碳汇的优势，结合陆域碳汇的能力建设，发展"绿碳-蓝碳"统一的碳汇系统，建设"海陆一体化"的低碳生态城市。内陆城市可以充分开拓森林和草地碳汇，有条件的情况下尽可能发展湿地碳汇，构建由不同类型碳汇构成的碳汇系统。

二、加快建设碳汇交易市场

碳汇交易市场是碳汇提供者与碳排放者之间发生经济利益冲突的结果,最典型的是森林碳汇市场。碳汇市场的核心内容是碳排放者如何向碳汇提供者购买碳汇的机理。只有建立这种有效的碳汇市场机理,才能促进碳汇交易的顺利进行,从而促进我国碳汇水平的建设和提升。

(1)大力宣传碳汇市场相关知识。碳汇市场是一种新兴的产物,其发展对城市建设意义重大。为了推动这一市场的发展,必须首先大力宣传有关碳汇市场交易的知识,使碳排放者和碳汇提供者充分认识到从碳汇交易过程中实现的经济利益和社会利益,从而有兴趣参与碳汇交易。

(2)建立碳汇市场的基础制度。碳汇市场和一般的市场一样,具有主体、产权等诸多基本要素。在建立碳汇市场时,需要认清市场的主体,明确产权,方可构建相应的交易机制。

(3)制定碳汇市场运行的监管制度。为了规范市场的运行,需要建立相应的监管制度,这对碳汇市场也不例外。要建立碳汇市场的统计制度、报告制度和奖惩制度等监管制度。

(4)制定碳汇市场发展的激励政策。市场的发展,特别是像碳汇这样的新兴市场的发展,需要依托政府的引导和支持,才能调动社会各界参与到碳汇市场的交易过程中。因此,政府部门要制定相应的财税政策、投资政策、科技人才政策等激励碳汇交易的政策。

(5)开拓碳汇市场交易项目的种类。我国目前碳汇市场的发展主要起步于森林碳汇市场。碳汇市场未来可以不断开拓碳汇项目的种类,将草地、耕地、湿地等碳汇也引入碳汇市场。同时,交易的方式上也可以从现货演变为期货形式。

第五节   完善管理制度

管理制度是推动低碳城市建设措施实施的重要保障,也是实现城市低碳建设目标的前提,特别是政府的有效政策措施是推动社会各行各业实施碳排放工作的驱动力。

一、建立低碳政绩观

国家领导人在十九大报告中强调,要坚持人与自然和谐共生,必须树立和践行"绿水青山就是金山银山"的理念,坚持节约资源和保护环境的基本国策。政府部门的决策者必须建立新型的低碳政绩观,转变传统上以追求短期经济效益为主的观念,树立追求长远的经济效益、社会效益和环境效益相结合的可持续发展观念。政府部门的考核机制应改变传统上以 GDP 为主要考核指标的政绩考核机制,将低碳城市建设相关指标纳入政绩考核机制。对负责执行和监督低碳建设工作的政府责任部门的业绩评估,应结合城市的低碳建设效果,并将低碳城市建设评价指标的应用程度作为考核内容。

二、发展职住功能集成的产业园区

在建设低碳城市的过程中，产业园区的建设会发挥重要的示范作用。然而，以往许多园区建设没有将职住功能集成，职住分离形成了大量的交通，反而增加了由于交通产生的碳排放。在进一步的低碳城市建设规划中，要完善产业园区的功能布局，将职住功能集成，缩短职住距离，减少交通产生的碳排放。这需要有政府的政策保障。政府的园区规划政策要保障产业园区的以职住为主的多功能建设，建立配套的职住设施，特别注重劳动力的培训和科技创新人才的引进和支持，从人力和财力两方面推动产业园区的产业结构升级。另一方面，在实施促进产业园区集聚措施的过程中，应将城市低碳发展理念贯穿于从招商引资到生产的全生命期过程中，提高清洁生产和循环生产的能力，降低园区的资源和能源消耗。

三、建立低碳城市建设水平动态检测评价机制

对低碳城市建设水平进行评价是为认识城市碳排放现状、趋势及需要改善的环节，据此决策者可以采取措施进行纠正和提升。因为低碳城市建设是一个动态过程，对低碳建设水平的评价应该是动态的、持续的。为了有效地进行动态评价，就必须建立动态的评价机制。才能保证对城市的低碳工作效果的动态掌握。这种动态评价的机制包括对低碳建设实际效果进行诊断，对诊断的报告予以公开，邀请有关专家和居民对诊断报告提出建议。诊断报告的主要内容应该包括在低碳建设中采取了哪些措施、措施的实施进度、措施的实施效果、措施未落实的原因或未产生效果的原因以及今后进一步的工作方案等。这一评价机制的构建应由低碳城市建设的主要政府部门直接负责，其他相关部门配合建立。动态评价机制在评价方法的选取时应该重视量化分析与定性分析相结合，采用指标分析工具来评价减碳效果，确保评价结果有据可循。

四、建立打破数据壁垒的低碳指标监测平台

通过建立一个打破数据壁垒的低碳指标监测平台，将城市有关碳排放量公开呈现，向社会公布碳排放量相关信息。数据壁垒是目前低碳建设评估的重要障碍。只有打破数据壁垒，才能动态地对低碳建设状况进行评估，公布有关碳排放信息才能约束和引导企业和居民的低碳行为。政府有关部门要采取措施来提升检测成效，定期开展数据核查以提升监测精度，确保监测平台数据的有效性。要特别保证重点监测指标的数据精确性，包括高污染、高能耗的相关指标。基于监测结果，政府有关部门应该不定期地对相关主要碳排放行业和企业着重考察，以检查相关企业是否落实低碳建设相关措施。政府应该组织企业进行学习交流，学习先进的低碳技术或表现良好的企业的低碳管理模式，使所有企业的低碳水平得到普遍提升。

五、建立有效的数据统计机制

1. 加强组织机构建设

充分发挥城市低碳建设主管部门的协调职能,保证有关碳排放数据的有效性和可获得性。在有条件的城市,可以设立城市低碳建设监测数据协调办公室,保证将低碳建设评价指标数据纳入统计报告中。

2. 保证数据统计的可获得性

通过完善碳排放统计制度,定期编制全市碳排放清单,强化清单数据的完整性和可应用性。特别是制定能源平衡表和碳排放清单,建立能源碳排放年度核算方法和报告制度。对重点的碳排放企业单位,可以要求提交碳排放数据报告,建立企业碳排放数据信息系统。政府应推动建立企业碳排放信息披露制度,鼓励企业主动公开碳排放信息。

六、建立市场运作机制

1. 逐渐开展碳排放权交易试点

积极组织制定出符合地方实际情况的碳排放交易实施方案。加快建立包括总量目标、配额管理、监测报告核查、交易、政策法规和市场监管等要素的基本交易框架体系,有效推进碳排放权交易支撑体系建设,鼓励企业自愿加入碳排放交易体系,逐步建立规范的自愿碳减排管理机制。建立符合城市特点的碳排放权交易体系。

2. 建立碳减排交易市场的管理措施

碳排放交易市场的有效运作必须建立在一个有效的管理机制上。要建立健全配套碳排放交易权的登记结算、信息发布、核证认证等制度,积极开发交易产品,完善交易服务,培育交易市场。

3. 完善碳排放交易的税收体系和补贴激励政策

为了使碳交易市场更具活力,政府主管部门要完善相关的税收制度,制定补贴激励办法。可以返还有效控制污染的企业的部分纳税额,以此鼓励其保持节能减排的积极性。还可通过补贴的方式提高企业和消费者参与低碳建设的积极性。在生产过程中,政府可以给予企业直接补贴,降低其经营成本,从而有效提高企业节能减排的积极性,推动整体的节能减排工作。在消费过程中,政府一方面要加强对节能产品的宣传力度,增加人们的绿色消费意识。另一方面,可在消费者购买节能产品时给予一定的经济补贴,带动消费者对节能产品的购买热情。

参 考 文 献

巴里·菲尔德, 玛莎·菲尔德. 2010. 环境经济学. 原毅军译. 大连: 东北财经大学出版社.

蔡博峰, 刘春兰, 陈操操. 2009. 城市温室气体清单研究. 北京: 化学工业出版社.

车生泉, 谢长坤, 陈丹, 等. 2015. 海绵城市理论与技术发展沿革及构建途径. 中国园林, 31(6): 11-15.

陈虎, 蒋霁云. 2011. 基于 AHP 的集成化物流服务供应链绩效评价. 中国物流与采购, (17): 66-67.

陈俊武, 陈香生. 2011. 中国中长期碳减排战略目标初探(V)——非化石能源的需求与碳排放. 中外能源, 16(9): 1-14.

陈黎明, 赵辉. 2012. 大型工程项目管理度的多层次灰色模型探析. 统计与决策, (1): 73-75.

陈劭锋, 刘扬, 邹秀萍, 等. 2010. 1949 年以来中国环境与发展关系的演变. 中国人口·资源与环境, 20(2): 43-48.

陈为公, 张胜昔, 王会会. 2016. 基于向量夹角余弦的项目成本/进度/质量集成化评价. 土木工程与管理学报, (2): 18-21.

陈武, 常燕, 李云峰. 2012. 中国低碳发展的国际比较研究——基于历史和经济发展阶段的审视. 中国人口·资源与环境, 22(7): 1-7.

陈晓娟, 姜雯. 2019. 面向公共服务的智慧城市建设研究. 中国管理信息化, 22(8): 188-189.

陈迎. 1997. 可持续发展指标体系与国际比较研究. 世界经济, (6): 62-68.

陈玉玲. 2014. 生态环境的外部性与环境经济政策. 经济研究导刊, (16): 291-292.

楚春礼, 鞠美庭, 王雁南, 等. 2011. 中国城市低碳发展规划思路与技术框架探讨. 生态经济(中文版), (3): 45-48.

崔耀杰. 2009. 基于快速公共交通发展下的低碳城市发展模式研究. 中国人口·资源与环境, 19(11).

达良俊, 田志慧, 陈晓双. 2009. 生态城市发展与建设模式. 现代城市研究, (7): 11-17.

戴小文. 2013. 中国低碳城市建设支撑要素研究. 成都: 西南财经大学.

戴亦欣. 2009. 中国低碳城市发展的必要性和治理模式分析. 中国人口·资源与环境, 19(3): 12-17.

董秉直. 2016. 海绵城市管理与建设的国外经验借鉴. 人民论坛·学术前沿, (21): 19-28.

董家华, 高成康. 2018. 城市生态管理. 北京: 化学工业出版社.

董利民. 2016. 城市环境学. 西安: 陕西科学技术出版社.

董锁成, 陶澍, 杨旺舟, 等. 2010. 气候变化对中国沿海地区城市群的影响. 气候变化研究进展, 6(4): 284-289.

杜栋, 葛韶阳. 2016. 基于系统工程方法统筹低碳城市规划、建设与管理. 科技管理研究, 36(24): 255-259.

杜栋, 王婷. 2011. 低碳城市的评价指标体系完善与发展综合评价研究. 中国环境管理, (3): 8-11.

杜栋, 庄贵阳, 谢海生. 2015. 从"以评促建"到"评建结合"的低碳城市评价研究. 城市发展研究, 22(11): 7-11.

段晓男, 王效科, 逯非, 等. 2008. 中国湿地生态系统固碳现状和潜力. 生态学报, 28(2): 463-469.

方精云, 郭兆迪, 朴世龙, 等. 2007. 1981~2000 年中国陆地植被碳汇的估算. 中国科学: 地球科学, 37(6): 804-812.

方精云, 刘国华, 徐嵩龄. 1996. 中国陆地生态系统的碳循环及其全球意义//王庚臣, 温玉璞. 温室气体浓度和排放监测及相关过程. 北京: 中国环境科学出版社.

方时姣. 2010. 绿色经济视野下的低碳经济发展新论. 中国人口·资源与环境, 20(4): 8-11.

方行明, 魏静, 郭丽丽. 2017. 可持续发展理论的反思与重构. 经济学家, (3): 24-31.

冯吉芳. 2017. 中国绿色发展的创新驱动机制研究. 南京: 东南大学.

冯现学. 2006. 快速城市化进程中的城市规划管理. 北京: 中国建筑工业出版社.

付加锋, 庄贵阳, 高庆先. 2010. 低碳经济的概念辨识及评价指标体系构建. 中国人口·资源与环境, 20(8): 38-43.

付允, 刘怡君, 汪云林. 2010. 低碳城市的评价方法与支撑体系研究. 中国人口·资源与环境, 20(8): 44-47.

付允, 汪云林, 李丁. 2008. 低碳城市的发展路径研究. 科学与社会, (2): 5-10.

高如峰. 2012. 海平面上升对我国沿海生态环境的影响. 科技资讯, (25): 181-183.

高煜, 张雪凯. 2016. 政策冲击、产业集聚与产业升级——丝绸之路经济带建设与西部地区承接产业转移研究. 经济问题, (1): 1-7.

谷永新, 李洪欣. 2008. "低碳城市"的思考. 中国建设信息, (16): 24-25.

关海玲, 孙玉军. 2012. 我国省域低碳生态城市发展水平综合评价——基于因子分析. 技术经济, 31(7): 91-98.

管东生, 陈玉娟, 黄芬芳. 1998. 广州城市绿地系统碳的贮存、分布及其在碳氧平衡中的作用, 18(5): 437-441.

郭少青. 2018. 基于大数据治理对气候变化背景下城市可持续发展的对策研究. 西南民族大学学报(人文社科版), (3): 205-213.

国家发展和改革委员会应对气候变化司. 2013. 中华人民共和国气候变化第二次国家信息通报. 北京: 中国经济出版社.

国家林业局. 1999. 中国林业统计年鉴. 北京: 中国林业出版社.

国家统计局. 2004. 中华人民共和国国家统计局. http://www.stats.gov.cn/

国家统计局. 2016. 中国能源统计年鉴. 北京: 中国统计出版社.

国务院发展研究中心 "中国特色城镇化战略和政策研究"的重大课题组. 2010. 中国城镇化前景、战略与政策. 北京: 中国发展出版社.

郝华勇. 2011. 基于主成分分析的我国省域城镇化质量差异研究. 中共青岛市委党校. 青岛行政学院学报, (5): 27-30.

郝寿义, 倪方树. 2011. 试论低碳城市. 城市发展研究, 8: 103-108.

洪银兴. 2013a. 关于创新驱动和协同创新的若干重要概念. 经济理论与经济管理, 33(5): 5-12.

洪银兴. 2013b. 论创新驱动经济发展战略. 经济学家, (1): 5-11.

胡鞍钢. 2012. 中国如何应对全球气候变暖挑战. 国情报告.

胡翔, 刘海燕, 甘启宁, 等. 2014. 可持续发展实验区建设期评价指标体系的建立. 安全与环境工程, 21(6): 13-17.

华坚, 任俊. 2011. 基于ANP的低碳城市评价研究. 科技与经济, 24(6): 101-105.

黄光宇, 陈勇. 1997. 生态城市概念及其规划设计方法研究. 城市规划, 6: 17-20.

黄建, 冯升波, 牛彦涛. 2019. 智慧城市对绿色低碳发展的促进作用研究. 经济问题, (5): 122-129.

黄文贺. 2015. 大型工程项目多目标集成管理评价体系的构建研究. 中外建筑, (8): 129-131.

黄宗盛, 刘盾, 胡培. 2014. 基于粗糙集和DEA方法的低碳经济评价模型. 软科学, 28(3): 16-20.

戢晓峰, 刘澜. 2009. 基于案例推理的交通拥挤管理方法. 西南交通大学学报, 44(3): 415-420.

姜仁良. 2012. 低碳经济视阈下天津城市生态环境治理路径研究. 北京: 中国地质大学.

蒋艳灵, 刘春腊, 周长青, 等. 2015. 中国生态城市理论研究现状与实践问题思考. 地理研究, 34(12): 2222-2237.

金国平, 朱坦, 唐骞, 等. 2008. 生态城市建设中的产业生态化研究. 环境保护, (4): 56-59.

金石. 2008. WWF启动中国低碳城市发展项目. 环境保护, (3): 22.

匡耀求, 欧阳婷萍, 邹毅, 等. 2010. 广东省碳源碳汇现状评估及增加碳汇潜力分析. 中国人口资源与环境, 20(12): 56-61.

雷刚, 吴先华. 2014. 基于发展阶段的低碳生态城市质量评价——以山东省为例. 经济与管理评论, 30(1): 155-160.

雷军, 张利, 张小雷. 2011. 中国干旱区特大城市低碳经济发展研究——以乌鲁木齐市为例. 干旱区地理(汉文版), 34(5): 820-829.

李斌, 曹万林. 2014. 经济社会发展与环境污染关系的库兹涅茨曲线分析. 财经问题研究, (8): 100-106.

李超骕，马振邦，郑憩，等. 2011. 中外低碳城市建设案例比较研究. 城市发展研究，18(1)：31-35.

李德仁，邵振峰，杨小敏. 2011. 从数字城市到智慧城市的理论与实践. 地理空间信息，9(6)：1-5.

李金兵，唐方方. 2010. 低碳城市系统模型. 中国人口·资源与环境，20(12)：67-71.

李克让，陈育峰，黄玫，等. 2000. 气候变化对土地覆被变化的影响及其反馈模型. 地理学报，55(s1)：57-63.

李龙熙. 2005. 对可持续发展理论的诠释与解析. 行政与法，(1)：3-7.

李强. 2011. 可持续发展概念的演变及其内涵. 生态经济，(7)：87-90.

李青，史雅琴，周扬. 2007. 基于案例推理方法在飞机故障诊断中的应用. 北京航空航天大学学报，33(5)：622-626.

李雪铭，丛雪萍，同丽嘎，等. 2017. 城市边界的划分方法及其应用. 城市问题，(2)：46-51.

李远慧. 2016. 低碳经济下中国汽车制造企业绿色竞争能力研究. 北京：北京交通大学.

李云燕，羡瑛楠，殷晨曦. 2017. 低碳城市发展评价方法模式研究——以四直辖市为例. 生态经济(中文版)，33(12)：46-51.

李增福，郑友环. 2010. "低碳城市"的实现机制研究. 经济地理，30(6)：28-33.

理查德·P. 格林，詹姆斯·B. 皮克. 2011. 城市地理学. 中国地理学会城市地理专业委员会译. 北京：商务印书馆.

连玉明. 2012. 基于城市价值的低碳城市指标体系及实证研究. 中国：中国地质大学.

廖世菊. 2016. 智慧城市发展水平评价及差异比较. 重庆：重庆大学.

廖晓东，关芬娜. 2014. 基于 CMM 模型的广东省低碳经济能力成熟度评估研究. 科技管理研究，310(12)：232-237.

林坚. 2010. 城乡空间边界划分的国际经验及启示. 中国发展观察，(7)：54-57.

刘传祥，承继成，李琦. 1996. 可持续发展的基本理论分析. 中国人口·资源与环境，(2)：3-7.

刘丹丹. 2012. 对我国低碳产业集群发展现状的述评. 经济师，(1)：14-15.

刘红玉，彭福扬. 2013. 创新理论的拓荒者. 北京：人民出版社.

刘洁. 2016. 新常态下我国经济可持续发展的动力机制研究. 曲阜：曲阜师范大学.

刘晶. 2015. 基于案例推理的电力变压器故障诊断系统研究. 南昌：华东交通大学.

刘骏，何轶. 2015. 我国低碳试点城市经济增长与碳排放解耦分析. 科技进步与对策，(8)：51-55.

刘骏，胡剑波，罗玉兰. 2015. 低碳城市测度指标体系构建与实证. 统计与决策，(5)：59-62.

刘绍辉，方精云. 1997. 土壤呼吸的影响因素及全球尺度下温度的影响. 生态学报，17(5)：469-476.

刘晓洁，沈镭. 2006. 资源节约型社会综合评价指标体系研究. 自然资源学报，21(3)：382-391.

刘晓丽. 2012. A 集团基于目标管理的绩效管理体系设计研究. 北京：北京邮电大学.

刘新宇. 2010. 论产业结构低碳化及国际城市比较. 生产力研究，(4)：199-202.

刘志林，戴亦欣，董长贵，等. 2009. 低碳城市理念与国际经验. 城市发展研究，16(6)：1-7.

刘中文，高朋钊，张序萍. 2011. 国外低碳经济发展的经验及比较. 企业经济，30(3)：62-65.

卢婧. 2013. 中国低碳城市建设的经济学探索. 长春：吉林大学.

鲁丰先，王喜，秦耀辰，等. 2012. 低碳发展研究的理论基础. 中国人口·资源与环境，22(9)：8-14.

路超君，秦耀辰，张金萍. 2014. 低碳城市发展阶段划分与特征分析. 城市发展研究，21(8)：12-16.

路超君. 2016. 中国低碳城市发展阶段与路径研究. 开封：河南大学.

路立，田野，张良，等. 2011. 天津城市规划低碳评估指标体系研究. 城市规划，35(1)：26-31.

吕一博，程露，苏敬勤. 2011. 基于共词网络的我国中小企业管理研究现状与趋势分析. 科学学与科学技术管理，32(2)：
    110-116.

罗栋燊. 2011. 低碳城市建设若干问题研究. 福州：福建师范大学.

罗丽艳. 2003. 关于人口、资源、环境经济学的若干思考. 经济学家，4(4)：67-72.

骆小平. 2010. "智慧城市"的内涵论析. 城市管理与科技, 12(6)：34-37.

马世骁, 王一, 杨明泽. 2018. 智慧城市视角下的低碳生态城市建设. 沈阳建筑大学学报(社会科学版), 20(6)：574-578.

闵继胜, 胡浩. 2012. 中国农业生产温室气体排放量的测算. 中国人口•资源与环境, 22(7)：21-27.

穆贤清, 黄祖辉, 张小蒂. 2004. 国外环境经济理论研究综述. 国外社会科学, (2)：29-37.

倪少凯. 2002. 7种确定评估指标权重方法的比较. 华南预防医学, 28(6)：54-55.

牛凤瑞. 2010. 现代城市发展的低碳内涵与实现路径. 上海城市管理, 19(6)：7-11.

牛胜男. 2012. 基于可持续发展的低碳城市评价指标体系与方法研究. 北京：华北电力大学.

牛文元. 2010. 资源消耗大国的低碳谋略. 国土资源导刊, 7(1)：58-61.

欧定余, 尹碧波. 2006. 现代城市化标准与城市边界. 统计与决策, (20)：68-70.

欧阳志远. 1994. 持续发展的价值导向. 电子政务, 12(9409)：39-40.

潘家华. 2004. 低碳发展——中国快速工业化进程面临的挑战. 中英双边气候变化政策圆桌会议, 北京.

潘文砚, 王宗军. 2016. 基于核主成分分析的低碳经济发展水平评价研究. 金融与经济, (4)：55-59.

潘小军. 2013. 低碳城市的评价方法与支撑体系研究. 资源节约与环保, (1)：47.

潘岳. 2007. 谈谈环境经济新政策. 环境经济, (10)：17-22.

齐文同. 2002. 生物礁生态系统演化和全球环境变化历史. 北京：北京大学出版社.

气候变化组织. 2011. 低碳领导力. 北京：中国时代经济出版社.

钱杰. 2004. 大都市碳源碳汇研究——以上海市为例. 上海：华东师范大学.

钱倩. 2011. 气候变化背景下中国低碳城市建设的法律制度研究. 上海：复旦大学.

秦耀辰. 2013. 低碳城市研究的模型与方法. 北京：科学出版社.

邱宇. 2015. 山海关船厂项目多目标集成管理评价研究. 秦皇岛：燕山大学.

仇保兴. 2006. 紧凑度和多样性——我国城市可持续发展的核心理念. 城市规划, (11)：18-24.

仇保兴. 2009. 我国城市发展模式转型趋势——低碳生态城市. 城市发展研究, (8)：1-6.

仇保兴. 2015. 海绵城市(LID)的内涵、途径与展望. 给水排水, (3)：1-7.

任成好. 2016. 中国城市化进程中的城市病研究. 沈阳：辽宁大学.

上海市政府. 2017. 上海市节能和应对气候变化"十三五"规划.

申立银, 杜小云, 李天坤, 等. 2017. 中国低碳城市研究现状的文献计量学分析——基于共词聚类法和战略坐标图. 现代城市研究, (8)：108-114.

沈乐, 单延功, 陈文权, 等. 2017. 国内外海绵城市建设经验及研究成果浅谈. 人民长江, 48(15)：21-24.

沈小波. 2008. 环境经济学的理论基础、政策工具及前景. 厦门大学学报(哲学社会科学版), 6(6)：19-25.

帅晶, 唐丽. 2011. 中国产业结构变动对碳排放量的影响分析. 中南财经政法大学研究生学报, (2)：132-137.

宋雅杰. 2010. 我国发展低碳经济的途径、模式与政策选择. 特区经济, (4)：237-238.

孙菲, 纪锋, 王怡. 2014. 大庆市低碳生态城市建设评价. 辽宁工程技术大学学报(社会科学版), (2)：145-148.

孙菲, 罗杰. 2011. 低碳生态城市评价指标体系的设计与评价. 辽宁工程技术大学学报(社会科学版), 13(3)：258-261.

孙立行. 2015. 因地制宜推动产业结构升级. 中国发展, 15(1)：84-85.

孙毅. 2011. 发达国家与中国发展低碳经济的政策比较. 青岛：青岛大学.

孙志林, 卢美, 聂会, 等. 2014. 气候变化对浙江沿海风暴潮的影响. 浙江大学学报：理学版, 41(1)：90-94.

谈明洪, 吕昌河. 2003. 以建成区面积表征的中国城市规模分布. 地理学报, 58(2)：285-293.

谈琦. 2011. 低碳城市评价指标体系构建及实证研究——以南京、上海动态对比为例. 生态经济, (12)：81-84.

碳交易网. 低碳省区和低碳城市试点工作进展情况分析报告最新版. http://www.tanpaifang.com/tanguihua/2014/0215/29028.html[2018-3-1]

唐红侠, 韩丹, 赵由才. 2009. 农林业温室气体减排与控制技术. 北京: 化学工业出版社.

陶许, 陶怡, 杨文娟, 等. 2018. 基于 CAS 理论的低碳生态城市指标体系构建——以南京为例. 工程建设与设计, (6): 77-79.

陶在朴. 2012. 低碳经济的目标与经济发展的碳中性. 工业技术经济, 31(8): 3-14.

万碧玉. 2015. 智慧城市建设评估与评价趋热. 经济, (18): 36-38.

万光侠. 2000. 人的普遍关怀: 可持续发展的核心理念. 社会科学辑刊, (2): 9-14.

万以诚, 万岍. 2000. 新文明的路标: 人类绿色运动史上的经典文献. 长春: 吉林人民出版社.

王爱兰. 2012. 我国能源结构与能源经济效率的国际比较. 中国国情国力, (6): 43-45.

王彬彬, 邢景丽. 2019. 新时期绿色低碳城市测评研究. 阅江学刊, (1): 63-73.

王波, 曲艳娇, 杨小毛, 等. 2014. 城区生态文明低碳发展评价指标体系研究——以深圳市南山区为例. 安徽农业科学, 42(23): 7949-7951.

王波, 尤志斌. 2014. 低碳生态城规划实现途径与创新实践研究——以无锡中瑞低碳生态城示范区的规划和建设为例//2014(第九届)城市发展与规划大会论文集.

王发曾. 2008. 洛阳市双重空间尺度的生态城市建设. 人文地理, (3): 49-53.

王锋, 傅利芳, 刘若宇, 等. 2016. 城市低碳发展水平的组合评价研究——以江苏 13 城市为例. 生态经济(中文版), 32(3): 46-51.

王韬. 2008. 中国低碳经济未来. 北京: 中国环境出版社.

王小姣. 2013. FANUC 数控机床故障智能诊断系统研究. 长沙: 中南大学.

王修兰. 1996. 全球农作物对大气 CO_2 及其倍增的吸收量估算. 气象学报, 54(4): 466-473.

王彦庆. 2016. 产业园区服务体系创新发展研究. 学习与探索, (4): 97-100.

吴丹洁, 詹圣泽, 李友华, 等. 2016. 中国特色海绵城市的新兴趋势与实践研究. 中国软科学, (1): 79-97.

吴季松. 2000. 谈可持续发展和知识经济. 中国科技产业, (10): 11-12.

吴健生, 许娜, 张曦文. 2016. 中国低碳城市评价与空间格局分析. 地理科学进展, 35(2): 204-213.

吴仑. 2015. 城市生态系统指数的理论研究与网络优化. 保定: 河北大学.

吴秋明. 2004. 集成管理理论研究. 武汉: 武汉理工大学.

吴玉萍, 董锁成. 2001. 环境经济学与生态经济学学科体系比较. 生态经济, (9): 7-10.

武静静, 柴立和, 赵静静. 2015. 低碳生态城市发展水平评价的新模型及应用——以天津市为例. 环境科学学报, 35(5): 1563-1570.

夏堃堡. 2008. 发展低碳经济实现城市可持续发展. 环境保护, (3): 33-35.

谢鸿宇, 陈贤生, 林凯荣, 等. 2008. 基于碳循环的化石能源及电力生态足迹. 生态学报, 28(4): 1729-1735.

谢连庆, 谢强. 2005. 可持续发展的核心——人口数量、资源消耗、环境退化三个零增长//济南市 2005 年学术年会, 中国山东济南.

辛玲. 2011. 低碳城市评价指标体系的构建. 统计与决策, (7): 78-80.

许珊. 2016. 基于低碳经济的我国节能减排路径设计与绩效评价研究. 哈尔滨: 哈尔滨工程大学.

薛怡. 2015. 大型 EPC 项目管理能力成熟度模型研究. 建筑工程技术与设计, (23): 1135-1136.

颜廷武, 张俊飚. 2003. 可持续发展战略的国际比较与借鉴. 世界经济研究, (1): 8-13.

杨德志. 2011. 低碳城市发展进程评估模型的研究. 贵阳学院学报(自然科学版), 6(1): 38-40.

杨立，唐柳. 2013. 曲周县碳平衡分析与预测. 中国人口•资源与环境，159(s2)：10-13.

杨青林，赵荣钦，邢月，等. 2017. 中国城市碳排放的空间分布特征研究. 环境经济研究，2(1)：73-89.

杨小波. 2002. 吴庆书. 城市生态学. 北京：科学出版社.

杨艳芳. 2012. 低碳城市发展评价体系研究——以北京市为例. 安徽农业科学，40(1)：344-344.

杨阳，林广思. 2015. 海绵城市概念与思想. 南方建筑，(3)：59-64.

叶笃正，陈泮勤. 1992. 中国的全球变化预研究. 北京：气象出版社.

叶瑞克，李亦唯，高壮飞，等. 2017. 低碳城市与智慧城市交互发展研究. 科技与经济，30(4)：12-15，85.

尤建新，隋明刚. 2005. 闭环供应链的经济学解释. 同济大学学报(社会科学版)，16(5)：102-106.

于贵瑞，方华军，伏玉玲，等. 2011. 区域尺度陆地生态系统碳收支及其循环过程研究进展. 生态学报，31(19)：5449-5459.

于秀明，郭楠，王程安，等. 2016. 智能制造能力成熟度模型研究. 信息技术与标准化，(5)：39-42.

余红. 2004. 新闻内容分析的信度和效度. 华中科技大学学报(社会科学版)，18(4)：107-110.

余凌曲，张建森. 2009. 轨道交通对低碳城市建设的作用. 开放导报，(5)：26-30.

余强毅，陈佑启，许新国. 2010. 土地利用科学中的"城乡交错带"概念辨析. 中国土地科学，24(8)：46-51.

俞孔坚，李迪华，袁弘，等. 2015. "海绵城市"理论与实践. 城市规划，39(6)：26-36.

袁家军，王卫东，欧立雄. 2007. 神舟项目管理成熟度模型的建立与应用. 航天器工程，16(1)：1-9.

袁晓芳，田水承，王莉. 2011. 基于PSR与贝叶斯网络的非常规突发事件情景分析. 中国安全科学学报，21(1)：169.

袁艺. 2011. 我国低碳城市发展模式研究. 保定：河北农业大学.

袁媛. 2016. 基于城市内涝防治的海绵城市建设研究. 北京：北京林业大学.

约翰•德赖泽克. 2008. 地球政治学：环境话语. 蔺雪春，郭晨星译. 济南：山东大学出版社.

曾德珩，李生萍，吴雅，等. 2016. 重庆市五大功能区碳失衡及其对策. 经济地理，36(8)：152-157.

曾德珩，罗丽姿. 2014. 城市扩张与转型对碳排放影响研究. 统计与决策，(17)：115-119.

曾德珩. 2017. 城市化与碳排放关系研究以重庆市为例的实证分析. 重庆：重庆出版社.

曾五一，黄炳艺. 2005. 调查问卷的可信度和有效度分析. 统计与信息论坛，20(6)：11-15.

张春晓. 2014. 案例推理的认知改进策略及学习性能研究. 北京：北京工业大学.

张坤民，潘家华，崔大鹏. 2008. 低碳经济论. 北京：中国环境科学出版社.

张来武. 2013. 论创新驱动发展. 中国软科学，(1)：1-5.

张良，陈克龙，曹生奎. 2011. 基于碳源/汇角度的低碳城市评价指标体系构建. 能源环境保护，25(6)：8-11.

张宁. 2017. 基于可持续发展理论的资源税改革探讨. 会计师，(23)：8-10.

张世英. 1994. 北京城市发展宏观政策分析系统. 中国系统工程学会学术年会.

张水清，杜德斌. 2001. 上海中心城区的职能转移与城市空间整合. 城市规划，25(12)：16-20.

张炜铃，许申来，焦文涛，等. 2012. 北京市低碳发展水平及潜力研究. 中国人口•资源与环境，1(s2)：57-61.

张晓第. 2008. 创新驱动在转变经济增长方式中的理论与实践探索. 经济研究导刊，(3)：6-8.

张晓菲，刘翀，邹为. 2016. 建设项目BIM应用的成熟度模型研究. 建筑设计管理，(1)：68-73.

张亚明，裴琳，刘海鸥. 2010. 我国数字城市治理成熟度实证研究. 中国科技论坛，(5)：70-76.

张征华. 2013. 城市低碳发展理论与实证研究——以南昌市为例. 南昌：南昌大学.

赵炅. 2014. 基于低碳经济的华煤集团企业文化建设研究. 西安：西安科技大学.

赵国杰，郝文升. 2011. 低碳生态城市：三维目标综合评价方法研究. 城市发展研究，(6)：31-36.

赵民，赵蔚. 2004. 社区发展规划——理论与实践. 城市规划学刊，(3)：42.

赵荣钦, 黄贤金, 彭补拙. 2012. 南京城市系统碳循环与碳平衡分析. 地理学报, 67(6): 758-770.

赵荣钦, 黄贤金. 2013. 城市系统碳循环: 特征、机理与理论框架. 生态学报, 33(2): 358-366.

赵荣钦. 2012. 城市系统碳循环及土地调控研究. 南京: 南京大学出版社.

中国科学院可持续发展战略研究组. 2009. 2009 中国可持续发展战略报告: 探索中国特色的低碳道路. 北京: 科学出版社.

中华人民共和国国家统计局工业交通统计司, 国家统计局能源统计司, 国家能源局综合司. 2013. 中国能源统计年鉴. 北京: 中国统计出版社.

中华人民共和国上海统计局. 1984. 上海统计年鉴. 北京: 中国统计出版社.

钟芙蓉. 2013. 环境经济政策的伦理研究. 长沙: 湖南师范大学.

周景阳. 2015. 城镇化发展的可持续性评价研究. 重庆: 重庆大学.

周茜. 2016. 我国创新驱动低碳发展研究. 郑州: 郑州大学.

朱婧, 刘学敏, 姚娜. 2013. 低碳城市评价指标体系研究进展. 经济研究参考, (14): 18-28.

朱婧, 刘学敏, 张昱. 2017. 中国低碳城市建设评价指标体系构建. 生态经济(中文版), 33(12): 52-56.

朱守先, 梁本凡. 2012. 中国城市低碳发展评价综合指标构建与应用. 城市发展研究, 19(9): 93-98.

诸大建. 2009. 低碳经济能成为新的经济增长点吗? 解放日报, 6: 41-44.

庄贵阳, 朱守先, 袁路, 等. 2014. 中国城市低碳发展水平排位及国际比较研究. 中国地质大学学报(社会科学版), 14(2): 17-23.

庄贵阳. 2005. 中国经济低碳发展的途径与潜力分析. 国际技术经济研究, (3): 8-12.

Abunawass A M, Bhella O S, Ding M, et al. 1998. Fuzzy clustering improves convergence of the backpropagation algorithm// Proceedings of the 1998 ACM symposium on Applied Computing, ACM: 277-281.

Ahmad N, Du L, Lu J, et al. 2016. Modelling the CO_2, emissions and economic growth in croatia: is there any environmental kuznets curve?. Energy, 123: 164-172.

Alam M M, Murad M W, Noman A H M, et al. 2016. Relationships among carbon emissions, economic growth, energy consumption and population growth: testing environmental kuznets curve hypothesis for Brazil, China, India and Indonesia. Ecological Indicators, 70: 466-479.

Aldy J E. 2005. An environmental Kuznets curve analysis of US state-level carbon dioxide emissions. The Journal of Environment & Development, 14(1): 48-72.

Al-Mulali U, Saboori B, Ozturk I. 2015. Investigating the environmental Kuznets curve hypothesis in Vietnam. Energy Policy, 76: 123-131.

Al-Mulali U, Solarin S A, Ozturk I. 2016. Investigating the presence of the environmental Kuznets curve (EKC) hypothesis in Kenya: an autoregressive distributed lag (ARDL) approach. Natural Hazards, 80(3): 1729-1747.

Althoff K D, Bergmann R L K. 2005. Case-based reasoning research and development. Lecture Notes in Computer Science, 36(20): 523-540.

Apergis N, Christou C, Gupta R. 2017. Are there Environmental Kuznets Curves for US state-level CO_2 emissions?. Renewable and Sustainable Energy Reviews, 69: 551-558.

Apergis N, Ozturk I. 2015. Testing environmental kuznets curve hypothesis in asian countries. Ecological Indicators, 52: 16-22.

Assembly U G. 1987. Report of the world commission on environment and development: Our common future. United Nations.

Baeumler A, Ijjasz-Vasquez E, Mehndiratta S. 2012. Sustainable low-carbon city development in China. World Bank Publications.

Barrett J, Peters G, Wiedmann T, et al. 2013. Consumption-based GHG emission accounting: a UK case study. Climate Policy, 13(4): 451-470.

Behbahani M，Saghaee A，Noorossana R. 2012. A case-based reasoning system development for statistical process control：case representation and retrieval. Computers & Industrial Engineering，63（4）：1107-1117.

Brundtland G H.1987.What is sustainable development？Our Common future, 8（9）：29-31.

Cao S，Li C. 2011. The exploration of concepts and methods for low-carbon eco-city planning. Procedia Environmental Sciences，5（1）：199-207.

Caragliu A，Del Bo C，Nijkamp P. 2011. Smart cities in Europe. Journal of Urban Technology，18（2）：65-82.

Carnegie Mellon University/SEI. 1991. Capability Maturity Model. http：//www. sei. cmu. edu.

CCICED-WWF. Report on ecological footprint in China. http：//www. Foot printnet work. org/.

Chen J，Shen L，Song X，et al. 2017. An empirical study on the CO_2 emissions in the Chinese construction industry. Journal of Cleaner Production，168：645-654.

Churkina G. 2008. Modeling the carbon cycle of urban systems. Ecological Modelling，216（2）：107-113.

Cooper I，Curwell S. 1997. Building environmental quality evaluation for sustainability through time. In Buildings and the environment. International Conference，515-523.

Dhakal S. 2009. Urban energy use and carbon emissions from cities in China and policy implications. Energy Policy，37（11）：4208-4219.

Dinda S. 2004. Environmental Kuznets curve hypothesis：a survey. Ecological Economics，49（4）：431-455.

DTI U K. 2003. Energy White Paper：Our Energy Future-creating a Low Carbon Economy. DTI，London（In Chinese）.

Ehrhardt-Martinez K，Crenshaw E M，Jenkins J C. 2002. Deforestation and the environmental kuznets curve：a cross-national investigation of intervening mechanisms. Social Science Quarterly，83（1）：226-243.

Esteve V，Tamarit C. 2012. Threshold cointegration and nonlinear adjustment between CO_2 and income：the environmental Kuznets curve in Spain，1857–2007. Energy Economics，34（6）：2148-2156.

Fleming Q W. 1988. Cost/schedule control systems criteria：The management guide to C/SCSC. Irwin Professional Publishing.

Fosten J，Morley B，Taylor T. 2012. Dynamic misspecification in the environmental kuznets curve：evidence from CO_2，and SO_2，emissions in the united kingdom. Ecological Economics，76（1）：25-33.

Friedl B，Getzner M. 2003. Determinants of CO_2 emissions in a small open economy. Ecological Economics，45（1）：133-148.

Giffinger R，Pichler-Milanović N. 2007. Smart cities：Ranking of European medium-sized cities. Centre of Regional Science，Vienna University of Technology.

Grand M C. 2016. Carbon emission targets and decoupling indicators. Ecological Indicators，67：649-656.

Hair J F，Black W C，Babin B J，et al. 2010. Multivariate data analysis. Technometrics，30（1）：130-131.

Halicioglu F. 2009. An econometric study of CO_2 emissions，energy consumption，income and foreign trade in Turkey. Energy Policy，37（3）：1156-1164.

Hardi P，Zdan T. 1997. Assessing Sustainable Development：Principles in Practice. Winnipeg：International Institute for Sustainable Development.

Harlem B G. 1987. Our common future—call for action. Environmental Conservation，14（4）：291-294.

He Z，Xu S，Shen W，et al.，2017. Impact of urbanization on energy related CO_2 emission at different development levels：regional difference in China based on panel estimation. Journal of Cleaner Production，140：1719-1730.

He Z，Xu S，Shen W，Long R，et al. 2017. Impact of urbanization on energy related CO_2 emission at different development levels：Regional difference in China based on panel estimation. Journal of Cleaner Production，140：1719-1730.

Ibrahim M H, Law S H. 2014. Social capital and CO_2 emission—output relations: a panel analysis. Renewable & Sustainable Energy Reviews, 29(7): 528-534.

IPCC. 2006. IPCC Guidelines for National Greenhouse Gas Inventories. Intergovernmental Panel on Climate Change.

IPCC. 2007. Climate Change: The Physical Sience Basis. New York: Cambridge University Press.

IPCC. 2013. Climate Change 2013: The Physical Science Basis. Contribution of Working Group I to the Fifth Assessment Report of the Intergovernmental Panel on Climate Change //Stocker T F, Qin Q, Plattner G K, et al. Cambridge University Press, Cambridge, United Kingdom and New York, NY, USA, 1535.

IPCC. 2014. Climate Change 2013: the Physical Science Basis: Working Group I Contribution to the Fifth Assessment Report of the Intergovernmental Panel on Climate Change.

Jalil A, Mahmud S F. 2009. Environment Kuznets curve for CO_2 emissions: a cointegration analysis for China. Energy Policy, 37(12): 5167-5172.

Jha R, Singh V P, Vatsa V. 2008. Analysis of urban development of Haridwar, India, using entropy approach. Ksce Journal of Civil Engineering, 12(4): 281-288.

Kaika D, Zervas E. 2013. The environmental kuznets curve (ekc) theory—part a: concept, causes and the CO_2 emissions case. Energy Policy, 62(5): 1392-1402.

Kang J, Zhao T, Liu N, et al. 2014. A multi-sectoral decomposition analysis of city-level greenhouse gas emissions: case study of tianjin, China. Energy, 68(4): 562-571.

Kaya Y. 1989. Impact of carbon dioxide emission control on GNP growth: interpretation of proposed scenarios. Intergovernmental Panel on Climate Change/Response Strategies Working Group, May.

Khanna N, Fridley D, Hong L. 2014. China's pilot low-carbon city initiative: A comparative assessment of national goals and local plans. Sustainable Cities and Society, 12: 110-121.

Kuznets S. 1955. Economic growth and income inequality. The American Economic Review, 1-28.

Lau L S, Choong C K, Eng Y K. 2014. Investigation of the environmental Kuznets curve for carbon emissions in Malaysia: do foreign direct investment and trade matter? Energy Policy, 68: 490-497.

Li Z, Chang S, Ma L, et al. 2012. The development of low-carbon towns in China: concepts and practices. Energy, 47(1): 590-599.

Liao H, Cao H S. 2013. How does carbon dioxide emission change with the economic development? Statistical experiences from 132 countries. Global Environmental Change, 23(5): 1073-1082.

Lin J, Jacoby J, Cui S, et al. 2014. A model for developing a target integrated low carbon city indicator system: The case of Xiamen, China. Ecological Indicators, 40: 51-57.

Liu Z, Guan D, Crawford-Brown D, et al. 2013. Energy policy: A low-carbon road map for China. Nature, 500(7461): 143.

Lucas R E, Wheeler D, Hettige H. 1992. Economic Development, Environmental Regulation, and the International Migration of Toxic Industrial Pollution, 1960-88(Vol. 1062). World Bank Publications.

Mahlich J, Pascha W. 2012. Korean science and technology in an international perspective. Springer Science & Business Media.

McDonald R I, Fargione J, Kiesecker J, et al. 2009. Energy sprawl or energy efficiency: climate policy impacts on natural habitat for the United States of America. PLoS One, 4(8): e6802.

Mi Z F, Pan S Y, Yu H, et al. 2014. Potential impacts of industrial structure on energy consumption and CO_2 emission: a case study of Beijing. Journal of Cleaner Production, 103: 455-462.

Narayan P K, Narayan S, 2010. Carbon dioxide emissions and economic growth: panel data evidence from developing countries.

Energy Policy，38（1）：661-666.

Nelson A C，Moore T. 1993. Assessing urban growth management：The case of Portland，Oregon，the USA's largest urban growth boundary. Land Use Policy，10（4）：293-302.

Ozturk I，Acaravci A. 2010. CO_2 emissions，energy consumption and economic growth in Turkey. Renewable and Sustainable Energy Reviews，14（9）：3220-3225.

Ozturk I，Acaravci A. 2013. The long-run and causal analysis of energy，growth，openness and financial development on carbon emissions in Turkey. Energy Economics，36：262-267.

Panayotou T. 1993. Empirical tests and policy analysis of environmental degradation at different stages of economic development. Ilo Working Papers，4.

Pao H T，Tsai C M. 2011. Modeling and forecasting the CO_2 emissions，energy consumption，and economic growth in Brazil. Energy，36（5）：2450-2458.

Pereira I，Madureira A. 2013. Self-optimization module for scheduling using case-based reasoning. Applied Soft Computing Journal，13（3）：1419-1432.

Perner P. 2014. Mining sparse and big data by case-based reasoning. Procedia Computer Science，35：19-33.

Phillips R. 2014. Urban Sustainability Indicators. ll Encyclopedia of Quality of Life and Well-Being Research（pp. 6869-6872）. Springer Netherlands.

Poumanyvong P，Kaneko S. 2010. Does urbanization lead to less energy use and lower CO_2，emissions？ A cross-country analysis. Ecological Economics，70（2）：434-444.

Price L，Zhou N，Fridley D，et al. 2013. Development of a low-carbon indicator system for China. Habitat International，37：4-21.

Redelift M. 1990. The role of agriculture in sustainable development. 1990），Technological Change and the Rural Environment，London，David Fulton Publishers Ltd. ，Tea Directory of HP（1997），Tea Board of India.

Register R. 1987. Ecocity Berkeley：Building Cities for a Healthy Future. Berkeley：North Atlantic Books.

Robalino-López A，Ángel Mena-Nieto，García-Ramos J E，et al. 2015. Studying the relationship between economic growth，CO_2，emissions，and the environmental kuznets curve in venezuela（1980–2025）. Renewable & Sustainable Energy Reviews，41：602-614.

Roberts J T，Grimes P E. 1997. Carbon intensity and economic development 1962–1991：a brief exploration of the environmental Kuznets curve. World Development，25（2）：191-198.

Shemshadi A，Shirazi H，Toreihi M，et al. 2011. A fuzzy VIKOR method for supplier selection based on entropy measure for objective weighting. Expert Systems with Application，38（10）：12160-12167.

Shen L Y，Ochoa J J，Shah M N，et al. 2011. The application of urban sustainability indicators – a comparison between various practices. Habitat International，35（1）：17-29.

Shen L Y，Jiang S，Yuan H. 2012. Critical indicators for assessing the contribution of infrastructure projects to coordinated urban–rural development in China. Habitat International，36（2）：237-246.

Shen L Y，Lou Y，Huang Y，et al. 2018. A driving–driven perspective on the key carbon emission sectors in China. Natural Hazards，1-23.

Shen L Y，Shuai C，Jiao L，et al. 2016. A global perspective on the sustainable performance of urbanization. Sustainability，8（8）：783.

Shen L Y，Wu Y，Lou Y，et al. 2018a. What drives the carbon emission in the Chinese cities？ —A case of pilot low carbon city of Beijing. Journal of Cleaner Production，174：343-354.

Shen L Y，Wu Y，Shuai C，et al. 2018b. Analysis on the evolution of low carbon city from process characteristic perspective. Journal of Cleaner Production，187：348-360.

Shuai C，Chen X，Wu Y，et al. 2018. Identifying the key impact factors of carbon emission in China: results from a largely expanded pool of potential impact factors. Journal of Cleaner Production，175：612-623.

Shuai C，Shen L Y，Jiao L，et al. 2017. Identifying key impact factors on carbon emission: evidences from panel and time-series data of 125 countries from 1990 to 2011. Applied Energy，187：310-325.

Stern D I. 2004. The rise and fall of the environmental kuznets curve. World Development，32(8)：1419-1439.

Tan S，Yang J，Yan J，et al. 2017. A holistic low carbon city indicator framework for sustainable development. Applied Energy，185：1919-1930.

United Nations. 2007. Indicators of sustainable development: Guidelines andmethodologies. New York.

UNODRR. 2015. Extreme Weather Tied to over 600,000 Deaths over 2 Decades. http: //world. huanqiu. com/exclusive/2015-11/8030827. html? referer=huanqiu&qq-pf-to=pcqq. c2c

Uysal M，Yarman-Vural F T. 2003. Selection of the best representative feature and membership assignment for content-based fuzzy image database. 625-630.

Wang C，Wang F，Zhang X，et al. 2017. Examining the driving factors of energy related carbon emissions using the extended stirpat model based on ipat identity in XinJiang. Renewable & Sustainable Energy Reviews，67：51-61.

Wang Q，Wu S D，Zeng Y E，et al. 2016. Exploring the relationship between urbanization, energy consumption, and CO_2, emissions in different provinces of China. Renewable & Sustainable Energy Reviews，54：1563-1579.

Wang S S，Zhou D Q，Zhou P，et al. 2011. CO_2 emissions, energy consumption and economic growth in China: A panel data analysis. Energy Policy，39(9)：4870-4875.

Wang Y，Zhao H，Li L，et al. 2013. Carbon dioxide emission drivers for a typical metropolis using input–output structural decomposition analysis. Energy Policy，58(9)：312-318.

Wang Y，Zhao T，2014. Impacts of energy-related CO_2 emissions: Evidence from under developed, developing and highly developed regions in China. Ecological Indicators，50：186-195.

Wang Z，Yin F，Zhang Y，et al. 2012. An empirical research on the influencing factors of regional CO_2 emissions: evidence from Beijing city，China. Applied Energy，100：277-284.

Washburn D，Sindhu U，Balaouras S，et al. 2009. Helping CIOs understand "smart city" initiatives. Growth，17(2)：1-17.

World Bank. 2012. Global City Indicator Programme Report. Canada: World Bank.

Wu Y，Shen J，Zhang X，et al. 2016. The impact of urbanization on carbon emissions in developing countries: a chinese study based on the u-kaya method. Journal of Cleaner Production，135：589-603.

World Conservation Strategy. 1980. World Conservation Strategy: Living Resource Conservation for Sustainable Development. IUCN/WWF, 1196 Gland, Switzerland, and UNEP, Nairobi, Kenya: special pack of brochures, etc., totalling 50 printed pages.

Xu R，Lin B. 2016. Why are there large regional differences in CO_2 emissions? Evidence from China's manufacturing industry. Journal of Cleaner Production，140：1330-1343.

Xu S C，He Z X，Long R Y，et al. 2016. Factors that influence carbon emissions due to energy consumption based on different stages and sectors in China. Journal of Cleaner Production，115：139-148.

Xu S C，He Z X，Long R Y. 2014. Factors that influence carbon emissions due to energy consumption in China: decomposition analysis using lmdi. Applied Energy，127(6)：182-193.

Yang X，Lou F，Sun M，et al. 2017. Study of the relationship between greenhouse gas emissions and the economic growth of russia based on the environmental kuznets curve. Applied Energy，193：162-173.

Yang Y，Zhao T，Wang Y，et al. 2015. Research on impacts of population-related factors on carbon emissions in Beijing from 1984 to 2012. Environmental Impact Assessment Review，55：45-53.

Yang Z，Liu Y. 2016. Does population have a larger impact on carbon dioxide emissions than income？ Evidence from a cross-regional panel analysis in China. Applied Energy，180(180)：800-809.

Yin J，Zheng M，Chen J. 2015. The effects of environmental regulation and technical progress on CO_2 Kuznets curve: An evidence from China. Energy Policy，77：97-108.

Zhang C，Zhao W. 2014. Panel estimation for income inequality and CO_2 emissions: A regional analysis in China. Applied Energy，136：382-392.

Zheng H，Hu J，Guan R，et al. 2016. Examining determinants of CO_2 emissions in 73 cities in China. Sustainability，8(12)：1296.

Zhou N，He G，Williams C，et al. 2016. Elite cities: a low-carbon eco-city evaluation tool for China. Ecological Indicators，48：448-456.

Zimmermann H J. 1987. Fuzzy Sets，Decision Making，and Expert Systems// Fuzzy sets，decision making，and expert systems.

Zoundi Z. 2017. CO_2 emissions，renewable energy and the environmental kuznets curve，a panel cointegration approach. Renewable & Sustainable Energy Reviews，72：1067-1075.